校企合作双元开发“互联网+”创新型教材
高等职业本科教育智能制造技术“十四五”新形态教材

数控车铣加工工艺与编程

（智媒体版）

主　编　魏　梅　安惠玲　刘　星

校企合作　新形态一体化教材　微课　课件

西南交通大学出版社
·成　都·

图书在版编目（CIP）数据

数控车铣加工工艺与编程：智媒体版 / 魏梅，安惠玲，刘星主编. 一成都：西南交通大学出版社，2021.8
ISBN 978-7-5643-8189-9

Ⅰ. ①数… Ⅱ. ①魏… ②安… ③刘… Ⅲ. ①数控机床 - 车床 - 加工工艺 - 高等职业教育 - 教材②数控机床 - 铣床 - 加工工艺 - 高等职业教育 - 教材 Ⅳ. ①TG519.1 ②TG547

中国版本图书馆 CIP 数据核字（2021）第 159421 号

Shukong Chexi Jiagong Gongyi yu Biancheng (Zhimeiti Ban)
数控车铣加工工艺与编程（智媒体版）

主编 魏 梅 安惠玲 刘 星

责任编辑 李华宇
封面设计 何东琳设计工作室

出版发行 西南交通大学出版社
（四川省成都市金牛区二环路北一段 111 号
西南交通大学创新大厦 21 楼）
邮政编码 610031
发行部电话 028-87600564 028-87600533
网址 http://www.xnjdcbs.com
印刷 成都中永印务有限责任公司

成品尺寸 185 mm × 260 mm
印张 13.25
字数 328 千
版次 2021 年 8 月第 1 版
印次 2021 年 8 月第 1 次
书号 ISBN 978-7-5643-8189-9
定价 38.00 元

课件咨询电话：028-81435775
图书如有印装质量问题 本社负责退换

前言

PREFACE

随着我国装备制造业的迅猛发展，数控技术及装备得到广泛应用，企业对数控技能人才提出了更高的要求。本书在编写过程中，遵从“淡化理论，够用为度，培养技能，贴合实际”的编写原则，从高等职业教育的实际出发，以培养高端技能型人才为目的，在理论上以“必需、够用”为度，加强职业培养的针对性和技术的实用性，突出人才创新素质和创新能力的培养，着重介绍数控加工工艺、数控加工定位安装及数控刀具、数控程序编制和仿真软件运用等相关知识。为了培养学生的创新精神，提高技能训练力度，本书的实例大部分来源于生产实际和技能鉴定考题，同时还介绍了与实训车间同步的仿真加工软件，让同学们边学边练。本书注重理论与实践相结合，对培养学生数控加工技术方面的能力有极大的促进作用。本书遵循职业教育的规律，以就业为导向，以培养技能型人才为根本，依据国家职业资格鉴定要求，力求在通用性、实用性、创新性和开放性的基础上，以模块化教学为引领，再配上大量的企业实际案例作为技能训练的“蓝本”。本书还结合了多年从事高职学生数控车、铣中/高级考证教师的经验，以企业实际产品作为案例进行工艺分析和编制加工程序，有利于实践“学做一体、工学结合、理实一体化”的教学模式。

本书的编者均具有数控车、铣技师及以上专业技术职务，有丰富的实操经验。本书由重庆机电职业技术大学魏梅、安惠玲、刘星担任主编。具体编写分工如下：魏梅编写第 1、4、6 章，安惠玲编写第 2、3、5 章，刘星编写第 6 章。本书在编写过程中得到了学院领导及从事数控专业教学部分老师的关心和大力支持，同时还参阅了大量国内外同行的教材资料与文献，在此一并表示感谢。限于编者水平有限，加上技术发展迅速，书中难免存在不当之处，恳请读者批评指正。

编 者

2021 年 6 月

数字资源索引

序号	资源名称	资源类型	页码
1	数控加工	视频	2
2	数控机床结构简介	微课	6
3	图形交互式自动编程	微课	12
4	刀具补偿相关的机床界面	微课	87
5	开机和回零操作	微课	88
6	程序的导入	微课	90
7	机床基本设置操作	微课	93
8	外圆车刀对刀	微课	94
9	例 4-4 仿真加工	微课	100
10	切槽刀对刀	微课	100
11	螺纹刀对刀	微课	107
12	例 4-9 仿真加工	微课	116
13	例 5-6 五孔加工	微课	177
14	例 5-8 铣槽	微课	180
15	例 5-9 粗精轮廓加工	微课	181
16	仿真加工 1	微课	189
17	仿真加工 2	微课	192
18	仿真加工 3	微课	197
19	VNUC 加工中心仿真软件对刀操作教程	微课	201
20	仿真加工 4	微课	201

目录

CONTENTS

第 1 章　概　论 ……………………………………………………………… 001

1.1　数控加工技术概况 ……………………………………………………… 001

1.2　数控加工的特点 ………………………………………………………… 004

1.3　数控机床的加工原理 …………………………………………………… 005

1.4　数控加工技术的主要应用对象 ………………………………………… 007

1.5　数控编程技术 …………………………………………………………… 008

1.6　数控技术的发展趋势 …………………………………………………… 014

复习思考题 …………………………………………………………………… 017

第 2 章　数控加工工艺基础 ……………………………………………………… 020

2.1　数控加工工艺概述 ……………………………………………………… 020

2.2　数控加工工艺分析与工艺设计 ………………………………………… 022

2.3　数控机床的工具系统 …………………………………………………… 040

2.4　数控加工工艺文件的编制 ……………………………………………… 044

复习思考题 …………………………………………………………………… 048

第 3 章　数控编程基础 …………………………………………………………… 051

3.1　程序的格式 ……………………………………………………………… 051

3.2　数控程序的指令代码 …………………………………………………… 055

3.3　数控机床的坐标系统 …………………………………………………… 056

3.4　程序编制中的数学处理 ………………………………………………… 063

复习思考题 …………………………………………………………………… 065

第 4 章　数控车床加工及其程序编制······068
4.1　数控车床加工工艺与刀具······068
4.2　数控车常用功能介绍······081
4.3　数控车床基本操作······087
4.4　数控车床编程······094
4.5　数控车削综合实例······126
复习思考题······129
第 5 章　数控铣削加工及程序编制······132
5.1　数控铣削加工工艺基础······132
5.2　数控铣床和加工中心编程······149
复习思考题······182
第 6 章　数控车铣加工实操综合实例······186
6.1　数控车床安全操作规程······186
6.2　综合实例······188
参考文献······203

第 1 章　概　论

本章导学

1. 了解数控加工技术发展概况。
2. 了解数控加工的特点。
3. 了解数控机床的工作原理。
4. 了解数控加工技术的主要应用对象。
5. 了解数控编程技术发展概况。
6. 了解数控技术发展趋势。

1.1　数控加工技术概况

1. 数控概念

数字控制（numerical control，NC）简称“数控”，是用数字化信息进行控制的自动控制技术。数控是近代发展起来的一种自动控制技术，是用数字化信息实现机械设备控制的一种方法，在数控加工技术方面得到了广泛的应用。

数控加工（numerical control machining），是指由控制系统发出指令使刀具做符合要求的各种运动，以数字、字母形式表示工件的形状、尺寸等技术要求和加工工艺要求进行的加工。它泛指在数控机床上进行零件加工的工艺过程。

随着科学技术的不断发展，社会对产品多样化的要求日益强烈，产品更新换代越来越快，多品种、中小批量生产的比重明显增加，复杂形状的零件越来越多，精度要求也越来越高。此外，激烈的市场竞争要求产品研制生产周期越来越短，传统的加工设备和制造方法已难以适应这种多样化、柔性化与复杂形状零件的高效、高质量的加工要求。因此，近几十年来，能有效解决复杂、精密、小批多变零件加工问题的数控加工技术得到了迅速发展和广泛应用，使制造技术发生了根本性的变化。图 1-1 所示为数控加工零件。

2. 数控机床的出现和发展史

数控加工是根据被加工零件的图样和工艺要求，编制成以数码表示的程序输入机床的数控装置或控制计算机中，以控制工件和工具的相对运动，使之加工出合格零件的方法。

该项技术是20世纪40年代后期为适应加工复杂外形零件而发展起来的一种自动化加工技术。1948年，美国帕森斯公司接受美国空军委托，研制飞机螺旋桨叶片轮廓样板的加工设备。由于样板形状复杂多样，精度要求高，一般加工设备难以适应，于是提出使用计算机控制机床的设想。1949年，该公司在美国麻省理工学院伺服机构研究室的协助下，开始数控机床的研究，并于1952年试制成功第一台三坐标数控铣床（见图1-2)，揭开了数控加工技术研究的序幕。

翻转课堂：学生自己搜索查阅中国第一台数控机床的诞生并阐述。

数控加工

图1-1　数控加工零件

图1-2　世界上第一台数控铣床

半个多世纪以来，数控系统经历了两个阶段和六代的发展，见表1-1。

表 1-1 数控技术的发展

阶段	时代	开始时间	数控系统	主要特点
第 1 阶段：硬件数控	第 1 代	1952 年	电子管、继电器等元件构成模拟电路	体积庞大，价格昂贵
	第 2 代	1959 年	晶体管和印刷电路	相比于第 1 代体积缩小，成本有所下降
	第 3 代	1965 年	中小规模集成电路	相比于前两代不仅体积小，功率消耗少，且可靠性得到进一步的提高，价格进一步下降
第 2 阶段：计算机数控	第 4 代	1970 年	小型计算机	小型计算机功能强大，但不经济
	第 5 代	1974 年	微处理器	数控系统的软件功能加强，可靠性也得到极大的提高，进一步推动了数控机床的普及应用和大力发展
	第 6 代	1990 年	基于 PC	开放性、低成本、高可靠性、软硬件资源丰富，即 CNC（computer numerical control）

目前，为满足用户的不同需求，世界主要数控系统生产厂商可提供低、中、高端领域的全套解决方案，常用的有法兰克、西门子、海德汉、广州数控、华中数控等数控系统。

3. 重要性

数控技术是制造业实现自动化、柔性化、集成化生产的基础；数控技术的应用是提高制造业的产品质量和劳动生产率必不可少的重要手段；数控机床是国防工业现代化的重要战略装备，是关系到国家战略地位和体现国家综合国力水平的重要标志。

翻转课堂：同学们搜索“东芝事件”并阐述自我观点。

当今的数控机床已经在装备制造企业占有非常重要的地位，是柔性制造系统（fexible manufacturing system，FMS）、计算机集成制造系统（computer integrated manufacturing system，CIMS）、自动化工厂（factory automation，FA）的基本构成单位。努力发展数控加工技术，并向更高层次的自动化、柔性化、敏捷化、网络化和数字化制造方向推进，是当前装备制造业发展的方向。

4. 社会需求

曾有专家预言：21 世纪机械制造业的竞争，其实质是数控技术的竞争。

自加入世贸组织后，我国正在逐步变成“世界制造中心”。为了增强竞争能力，我国制造业开始广泛使用先进的数控技术。同时，劳动力市场出现数控技术应用型人才的严重短缺，媒体不断呼吁“高薪难聘高素质的数控技工”。数控人才的严重短缺成为全社会普遍关注的热点问题。

在发达国家中，数控机床已经大量普遍使用。我国制造业与国际先进工业国家相比存在着很大的差距，机床数控化率还不到 2%。对于目前我国现有的有限数量的数控机床（大部分为进口产品）也未能充分利用，原因是多方面的，数控人才的匮乏无疑是主要原因之一，由于数控技术是最典型的、应用最广泛的机电光一体化综合技术，我国迫切需要大量的从研究开发到使用维修的各个层次的技术人才。

1.2 数控加工的特点

与普通机床加工相比，数控加工具有以下特点：

1. 自动化程度高

在数控机床上加工零件时，除了手工装卸工件外，全部加工过程都可由机床自动完成。在柔性制造系统上，上/下料、检测、诊断、对刀、传输、调度、管理等也都可由机床自动完成，这样大大减轻了操作者的劳动强度，改善了劳动条件。

2. 具有加工复杂形状零件的能力

复杂形状零件在飞机、汽车、造船、模具、动力设备和国防工业等制造领域的产品中具有十分重要地位，其加工质量直接影响整机产品的性能。数控加工运动的任意可控性使其能完成普通加工方法难以完成或者无法进行的复杂型面的加工。

3. 生产准备周期短

在数控机床上加工新的零件，大部分准备工作是根据零件图样编制数控程序，而不是去准备靠模、专用夹具等工艺装备，而且编程工作可以离线进行，这样大大缩短了生产的准备时间。因此，应用数控机床十分有利于产品的升级换代和新产品的开发。

4. 加工精度高，质量稳定

目前，普通数控加工的尺寸精度通常可达 ± 0.005 mm，最高尺寸精度可达 ± 0.01 μm。数控机床是按预先编制好的加工程序进行工作的，加工过程中无须人的参与或调整，因此不受操作工人技术水平和情绪的影响，加工精度稳定。另外，数控机床可以通过采用在线自动补偿（实时补偿）技术来消除或减少热变形、力变形、重量变形和刀具磨损等因素的影响，使加工精度的一致性得到保证，这在传统机床上则是无法做到的。因此，采用数控加工技术可以提高零件的加工精度和产品质量。

5. 生产效率高

数控机床的加工效率一般比普通机床高 2 ~ 3 倍，尤其是在加工复杂零件时，生产率可提高十几倍甚至几十倍。一方面，因为其自动化程度高，具有自动换刀和其他自动化辅助操作等功能，而且工序集中，在一次装夹中能完成较多表面的加工，省去了画线、多次装夹、检测等工序；另一方面，加工中可采用较大的切削用量，有效地减少了加工中的切削工时。数控在配有适当的刀库、工件毛坯库、上下料装置和多种传感器的条件下，不仅具有全自动的加工功能，而且具有对加工过程进行自动监控、检测、报警及修正误差等功能。因此，数控机床可以实现白班有人看管和做好各种准备工作后，二、三班则可以在“无人看管”的条件下进行 24 h 乃至 72 h 的连续加工，国外称为“熄灯生产”（lights out manufacturing）。这不仅改善了劳动条件，解决了晚上和节假日（含周六、周日）连续工作的问题，也大大提高了劳动生产率、设备利用率，缩短了生产周期，增加了企业的经济效益。

6. 易于建立计算机通信网络

由于数控机床使用数字信息，易于与计算机辅助设计和制造（CAD/CAM）系统连接，形成算机辅助设计和制造与数控机床紧密结合的一体化系统。另外，现在的数控机床通过因特网（Internet)、内联网（Intranet)、外联网（Extranet）已可实现远程故障诊断及维修，已初步具备远程控制和调度，进行异地分散网络化生产的可能。从而为今后进一步实现制造过程网络化、智能化提供必备的基础条件。

当然，数控加工在某些方面也有不足之处：数控机床价格昂贵，加工成本高，技术复杂，对工艺和编程要求较高，加工中难以调整，维修困难等。

1.3 数控机床的加工原理

数控机床的加工原理如图 1-3 所示。在数控机床上加工工件时，要事先根据零件加工图样的要求确定零件加工的工艺过程、工艺参数和刀具参数，再按规定编写零件数控加工程序，然后通过手动数据输入（manual data input，MDI）方式或与计算机通信等方式将数控加工程序送到数控系统，在数控系统控制软件的支持下，经过分析处理与计算后发出相应的指令，通过伺服系统使机床按预定的轨迹运动，从而控制机床进行零件的自动加工。

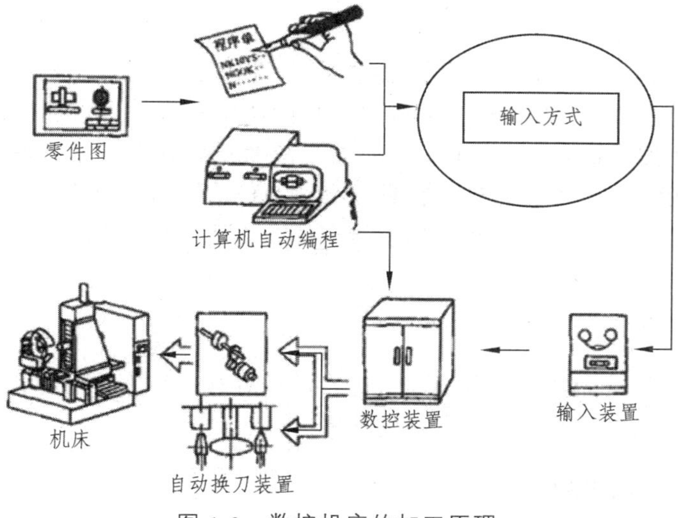

图 1-3 数控机床的加工原理

1. 工艺与程序编制

数控程序是数控机床自动加工零件的工作指令。在对加工零件进行工艺分析的基础上确定零件坐标系在机床坐标系上的相对位置，即零件在机床上的装夹位置、刀具与零件相对运动的尺寸参数、零件加工的工艺路线或加工顺序、切削加工的工艺参数以及辅助装置的动作等。这样得到零件的所有运动、尺寸、工艺参数等加工信息，然后按数控机床规定采用的代码和程序格式，将工件的尺寸、刀具运动中心轨迹、位移量、切削参数（切削速度、进给量、背吃力量等）以及辅助功能（换刀、主轴的正转与反转、切削液的开与关等）编制成数控加工程序。编制程序的工作可人工进行，或者在数控机床以外用自动编程计算机系统来完成，比较先进的数控机床可以在其数控装置上直接编程。

2. 输入/输出装置

数控机床在进行加工前，必须接收由操作人员输入的零件加工程序，然后才能根据输入的程序进行加工。在加工过程中，操作人员要向机床数控装置输入操作命令，数控装置要为操作人员显示必要的信息，如坐标值、报警信号等。此外，输入的程序并非全部正确，有时需要编辑、修改和调试。以上工作都是机床数控系统和操作人员进行信息交流的过程，要进行信息交流必须具备输入/输出装置。

将数控程序输入数控装置，可采用以下几种方式：

1）控制介质输入

控制介质输入方法主要有两种。一种方法是通过纸带输入，即在特制的纸带上穿孔，用孔的不同位置的组合构成不同的数控代码，通过纸带阅读机将指令输入。穿孔纸带使用 ISO（国际标准化组织）标准和 EIA（美国电子工业协会）制定的两种标准信息代码，现在的数控系统两种代码都可以识别应用。另一种方法是对于配置有计算机软驱动器的数控机床，可以将存储在磁盘上的程序通过软驱输入系统，尽管穿孔纸带已被淘汰，但是规定的标准信息代码仍然是数控程序编制、制备控制介质所遵守的标准。

2）手动输入

操作者可以利用机床上的显示屏及键盘输入加工程序指令，控制机床的运动。一种是手动输入（MDI），它适用于一些比较短的程序，只能使用一次，另一种是在控制装置的编辑（EDIT）状态下，用按键输入加工程序，存入控制装置的内存中。用这种方式可以对程序进行编辑，程序可重复使用。除此之外，在具有会话编程功能的数控装置上，可以按照显示屏上提示的问题，选择不同的菜单，将图样上指定的有关尺寸数字等输入，就可自动生成加工程序。

3）直接输入存储器

利用这种方式可以使用数控装置的串行口，通过对有关参数的设定和相关软件，直接读入在自动编程机上或其他计算机上编制好的程序。

3. 数控装置及辅助控制装置

数控装置是数控机床的核心，它接收输入装置送来的脉冲信号，经过数控装置的系统软件或逻辑电路进行编译、插补运算和逻辑处理后，输出各种信号和指令控制机床的各个部分，进行规定的、有序的动作。其中最基本的控制信号是：由插补运算决定的各坐标轴的进给位移量、进给方向和速度的指令，经伺服驱动系统驱动执行部件做进给运动。其他还有主运动部件的变速、换向和启/停信号，刀具选择和交换的指令信号，冷却液、润滑液的启停，工件和机床部件松开、夹紧，分度工作台转位等辅助指令信号。

数控机床结构简介

辅助控制装置是连接数控装置和机床机械、液压部件的控制系统，其主要作用是接收数控输出的主运动变速、换刀、辅助装置动作等指令信号，经过编译、逻辑判断、功率放大后驱动相应的电气、液压、气动和机械部件，以完成指令所规定的动作。此外，行程开关和监控检测等开关信号也要经过辅助控制装置送到数控装置进行处理。

4. 伺服驱动系统及位置检测装置

伺服驱动系统由伺服驱动电路和伺服驱动电动机组成，并与机床上的执行部件和机械传动部件组成数控机床的进给系统。它根据数控装置发来的速度和位移指令控制执行部件的进给速度、方向和位移。每个做进给运动的执行部件，都配有一套伺服驱动系统。伺服驱动系统有开环、半闭环和闭环之分。在半闭环和闭环伺服驱动系统中，还有位置检测装置，间接或直接地测量执行部件的实际位移和速度并发送反馈信号与指令信号进行比较，按闭环原理，将其误差转换放大后控制执行部件的运动，以提高系统精度。

5. 机械部件

数控机床的机械部件包括主运动部件、进给运动执行部件（如工作台、拖板）、传动部件和床身立柱等支承部件，此外还有冷却、润滑、排屑、转位和夹紧等辅助装置。对于加工中心类的机床，还有自动刀具交换装置、自动交换工作台装置等部件。数控机床机械部件的组成与普通机床相似，但传动结构要求更为简单，在精度、刚度、抗振性、耐磨性、耐热性等方面要求更高，而且其传动和变速系统要便于实现自动化控制。

1.4 数控加工技术的主要应用对象

数控加工是一种可编程的柔性加工方法，但其设备费用相对较高，故目前数控加工主要应用于加工零件形状比较复杂、精度要求较高，以及产品更换频繁、生产周期要求短的场合。具体地说，下面这些类型的零件最适宜于数控加工：

（1）形状复杂、加工精度要求高或用数学方法定义的复杂曲线、曲面轮廓。

（2）公差带小、互换性高、要求精确复制的零件。

（3）用通用机床加工时，要求设计制造复杂的专用工装或需很长调整时间的零件。

（4）价值高的零件。

（5）小批量生产的零件。

（6）钻、镗、铰、攻螺纹及铣削联合进行加工的零件。

由于现代工业生产的需要，目前应用数控机床进行加工的部分典型行业及典型复杂零件如下：

（1）航空航天工业——高压泵体、导弹仓、喷气叶片、框架 、机翼、大梁等。

（2）造船业——螺旋桨。

（3）电器、塑料制造业和汽车制造业等——模具型面。

（4）动力工业——叶片、叶轮、机座、壳体等。

（5）机床工具业——箱体、盘轴类零件、凸轮、非圆齿轮、复杂形状刀具与工具。

（6）兵器工业——炮架件体、瞄准陀螺仪壳体、恒速器壳件。

另外，20 世纪 60—80 年代，以数控机床应用为基础的柔性制造技术在汽车、飞机及一些行业中得到发展，其应用结果表明：柔性制造适于多品种、变化批量产品的生产。当前，柔性制造技术发展了以数控加工中心、数控加工模块及多轴加工模块组成的柔性自动线，使自动线柔性化，给单一品种的大量生产方式带来了转机。这种技术已广泛应用于汽车制造业发动机等零件的制造中，目前世界上许多汽车制造厂，包括我国上海通用汽车公司等企业，已经采用以高速加工中心组成的生产线部分替代组合机床。

可见，目前的数控加工主要应用于以下两个方面：

（1）常规零件加工，如二维车削、箱体类镗铣等，其目的在于：① 提高加工效率，避免人为误差，保证产品质量；② 以柔性加工方式取代高成本的工装设备，缩短产品制造周期，适应市场需求。这类零件一般形状较简单。实现上述目的的关键：一方面在于提高机床的柔性自动化程度、高速高精加工能力、加工过程的可靠性与设备的操作性能；另一方面在于合理的生产组织、计划调度、工艺过程安排。

（2）复杂形状零件加工，如涡轮叶片、叶轮、手机模具等（见图 1-4）在众多的制造行业中具有重要的地位，其加工质量直接影响以至决定着整机产品的质量。这类零件型面复杂，常规加工方法难以实现，它不仅促使了数控加工技术的产生，而且也一直是数控加工技术的主要研究及应用对象。由于零件型面复杂，在加工技术方面，除要求数控机床具有较强的运动控制能力（如多轴联动）外，更重要的是如何有效地获得高效、优质的数控加工程序，并从加工过程整体上提高生产率。

（a）玲珑盒

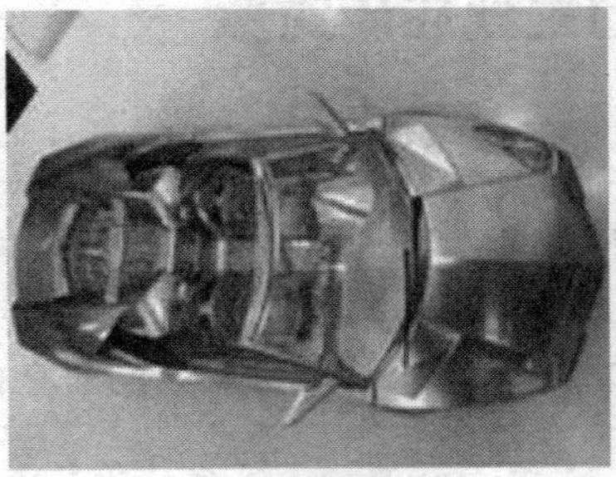
（b）汽车模型

（c）头盔

图 1-4　数控机床加工的复杂形状零件

1.5　数控编程技术

在数控机床上加工零件，首先要编制零件的加工程序，然后才能加工。

程序编制，就是将零件的工艺过程、工艺参数、刀具位移量与方向以及其他辅助动作（换刀、冷却、夹紧等），按运动顺序和所用数控机床规定的指令代码及程序格式编成加工程序单（相当于普通机床加工的工艺过程卡），再将程序单中的全部内容记录在控制介质上，然后输给数控装置，从而指挥数控机床加工。这种从零件图纸到制成控制介质的过程为数控加工的程序编制。

1.5.1 数控编程的内容

数控编程的主要内容包括：

1. 分析零件图样，确定工艺过程

要分析零件的材料、形状、尺寸、精度及毛坯形状和热处理要求等，以便确定该零件是否适宜在数控机床上加工，或适宜在哪台数控机床上加工。有时还要确定在某台数控机床上加工该零件的哪些工序或哪几个表面。

2. 确定工艺过程

在认真分析图纸的基础上，确定零件的加工方法、工装夹具、定位夹紧方法和走刀路线、对刀点、换刀点，并合理选定机床、刀具及切削用量等。

3. 数值计算

根据零件形状和加工路线设定坐标系，算出零件轮廓相邻几何元素的交点或切点坐标值。当用直线或圆弧逼近零件轮廓时，需要计算出其节点的坐标值，以及数控机床需要输入的其他数据。

4. 编写程序单

根据计算出的运动轨迹坐标值和已确定的运动顺序、刀号、切削参数以及辅助动作，按照数控装置规定使用的功能指令代码及程序段格式，逐段编写加工程序单。在程序段之前加上程序的顺序号，在其后加上程序段结束标志符号。此外，还应附上必要的加工示意图、刀具布置图、机床调正卡、工序卡以及必要的说明（如零件名称与图号、零件程序号、机床类型以及日期等）。

5. 制备控制介质

程序单只是程序设计完成后的文字记录，还必须将程序单的内容记录在控制数控机床的控制介质上，作为数控装置的输入信息。最初数控机床常用穿孔纸带、磁盘、磁带等作为控制介质，随着计算机技术的发展，目前常用的控制介质有 CF 卡、移动硬盘等，也可以直接将程序通过键盘输入带数控装置的程序存储器中。另外，随着 CAD/CAM 技术的发展，有些数控设备利用 CAD/CAM 软件在其他计算机上自动编程，然后通过计算机与数控系统通信（如局域网），将程序和数据直接传送到数控装置中。

6. 程序检校和首件试切

程序单和所制备的控制介质必须经过检校和试切削才能正式使用。一般的方法是将控制介质上的内容直接输入 CNC 装置进行机床的空运转检查，即在机床上用笔代替刀具，坐标纸代替工件进行空运转画图，检查机床运动轨迹的正确性。在具有 CRT（阴极射线管）屏幕图形显示的数控机床上，用图形模拟刀具相对工件的运动，则更为方便。但这些方法只能检查运动是否正确，不能检查出由于刀具调整不当或编程计算不准而造成工件误差的大小。因此，必须用首件试切的方法进行实际切削检查。它不仅可查出程序单和控制介质的错误，还可以知道加工精度是否符合要求。当发现尺寸有误差时，应分析错误的性质，或者修改程序单，或者进行尺寸补偿，或调整刀具补偿参数，直到加工出合格的零件。程序编制的一般过程如图 1-5 所示。

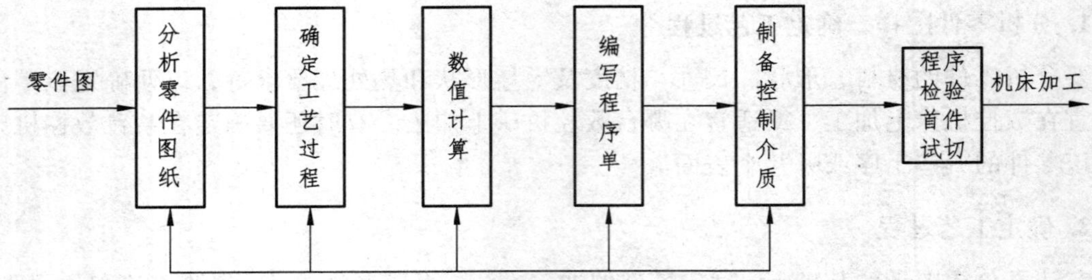

图 1-5　程序编制的一般过程

1.5.2　数控编程的方法

根据问题复杂程度的不同，数控加工程序可通过手工编程或自动编程来获得。

1. 手工编程

手工编程是指零件图样分析、工艺处理、数值计算、书写程序单、纸带制作和检验等均由人工来完成。它要求编程人员不仅要熟悉数控指令及编程规则，而且还要具备数控加工工艺知识和数值计算能力。例如在加工中心上用立铣刀加工如图 1-6 所示形状的工件，因该零件轮廓由直线和简单的圆弧轮廓组成，可以手工计算坐标值（见表 1-2）并确定刀具路径来完成数控编程，使刀具沿 $P_1 \to P_2 \to P_3 \to P_4 \to P_5 \to P_6 \to P_1$ 的轨迹运动加工。

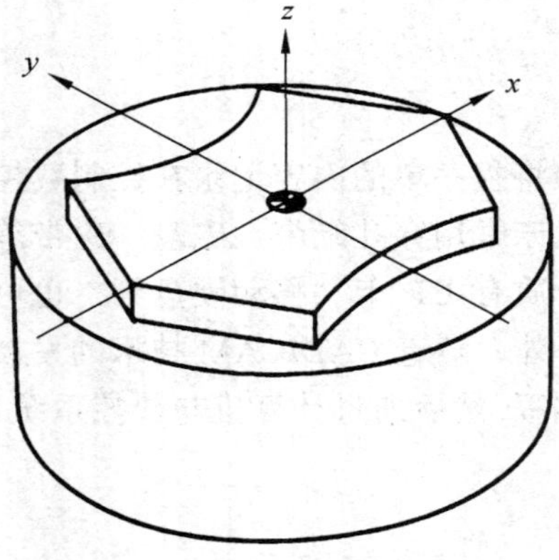

（a）工件立体图

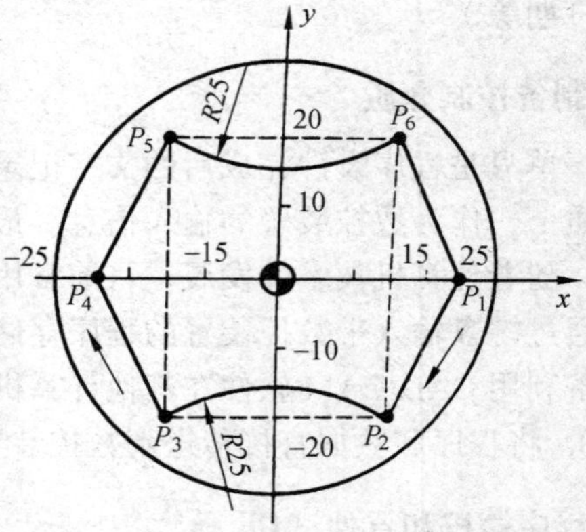

（b）刀具走刀路线

图 1-6　手工编程零件实例

表 1-2　计算坐标值　　单位：mm

坐标	P_1	P_2	P_3	P_4	P_5	P_6
x	25	15	−15	−25	−15	15
y	0	−20	−20	0	20	20

手工编制的加工程序如下（为简化，此处没有考虑铣刀半径）：

O1001；	（程序号）
G90 G00 G54 X25 Y0；	（建立工件坐标系，刀具快速运动到 P_1 点）
G43 Z100 H01；	（建立刀具长度补偿，快速移动到 Z100 位置）
S1000 M03；	（主轴以 1 000 r/min 的转速正转）
G00 Z3	（刀具快速移动到 Z = 3 位置）
G01 Z-2 F150；	（刀具以 150 mm/min 的进给速度沿直线切入 Z = －2 位置）
X15 Y-20；	（刀具沿直线运动到 P_2 点）
G03 X-15 R25；	（刀具沿逆时针圆弧运动到 P_3 点）
G01 X-25 Y0；	（刀具沿直线运动到 P_4 点）
X-15 Y20；	（刀具沿直线运动到 P_5 点）
G03 X15 R25；	（刀具沿逆时针圆弧运动到 P_6 点）
G01 X25 Y0；	（刀具沿直线运动到 P_1 点）
G00 Z10 M05；	（刀具沿 Z 轴方向快速退刀至 Z = 10 位置，主轴停止）
G91 G28 Z0；	（Z 轴回机床参考点）
G28 X0 Y0；	（X、Y 轴回机床参考点）
M30；	（程序结束）

在机械制造行业中，均有大量仅由直线、圆弧等几何元素构成的形状并不复杂的零件需要加工。这些零件的数值计算较为简单，程序段数不多，程序检验也容易实现，因而可采用手工编程方式完成编程工作。由于手工编程不需要特别配置专门的编程软硬件，易于掌握和运用，因此在国内外，手工编程仍然是一种运用十分普遍的编程方法。然而它也有以下缺点：

（1）人工完成各个阶段的工作，效率低，易出错；

（2）每个点的坐标都需要计算，工作量大、难检查；

（3）对复杂形状的零件，如螺旋桨的叶片形状，不但计算复杂，有时也难以实现。

但上述问题若由计算机进行处理，难题就迎刃而解了。

2. 自动编程

自动编程是借助数控自动编程系统由计算机来辅助生成加工程序。此时，编程人员一般只需借助数控编程系统提供的各种功能对加工零件的几何参数、工艺参数及加工过程进行较简单的描述后，即可由计算机自动完成程序编制的全过程。自动编程解决了手工编程难以解决的复杂零件的编程问题，既减轻了编程的劳动强度，又提高了效率和准确性，在数控加工中的应用日益广泛。

对几何形状不复杂，加工程序不长、计算不烦琐的零件，如点位加工或几何形状不复杂的轮廓加工，一般选用手工编程。

1.5.3 数控编程技术的发展概况

为解决复杂型面零件在数控机床上加工的编程问题，随着微电子技术和 CAD 技术的发展，为降低编程难度、提高效率，减少和避免程序错误，自动编程技术不断发展，大约经历了以下几个阶段：

20 世纪 50 年代：出现第一台数控机床，美国麻省理工学院（MIT）开发 APT 语言。

20 世纪 60 年代：诞生交互式图像显示设备，MIT 组织美国各大飞机公司共同开发 APT Ⅱ、APT Ⅲ。

20 世纪 70 年代：兴起工作站（Workstation）和造型技术（Wireframe Modeling、Solid Modeling、Surface Modeling），出现基于 APT Ⅲ 的 APT-Ⅳ、APT-AC，APT 衍生出其他语言，如 ADAPT、EXAPT、HAPT、FAPT、IF- APT 等。

20 世纪 80 年代：产生智能机器人及专家系统，CAD/CAM 历经形成、发展、提高和集成各个阶段。

应用 CAD/CAM 集成系统设计加工的流程如图 1-7 所示。

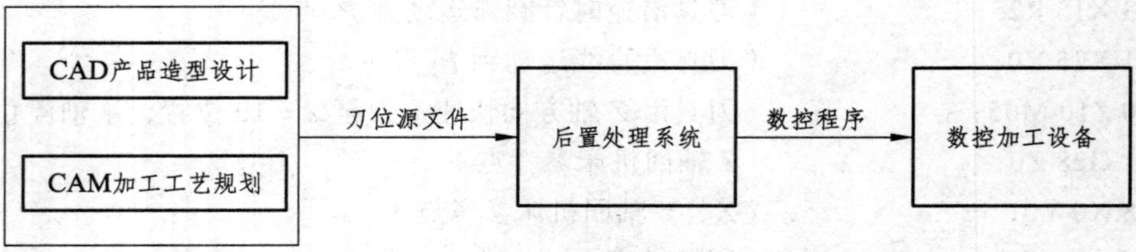

图 1-7　应用 CAD/CAM 集成系统设计加工的流程

现代图形交互式自动编程建立在 CAD 和 CAM 系统的基础上，图形交互自动编程是计算机配备了图形终端和三维绘图软件后进行编程的一种方法，它以人-机对话的形式，在图形显示终端上绘制出加工零件及毛坯，选择机床和刀具并制定加工工艺，计算机便按预先存储的图形自动编程系统计算刀具轨迹，然后由相应机床的后处理器自动生成 NC 代码。典型的图形交互式自动编程系统都采用 CAD/CAM 集成数控编程系统模式。与早期的语言型的自动编程系统相比，它有如下特点：

（1）输入工件图形并采用人机对话方式，而不需要使用数控语言编制源程序；

（2）从加工工件的图形再现、进给轨迹的生成、加工过程的动态模拟，到生成数控加工程序，都是通过屏幕菜单驱动，因而速度快、精度高、直观性好、使用简便、便于检查；

图形交互式自动编程

（3）可以通过软件的数据接口共享已有的 CAD 设计结果，实现 CAD/CAM 集成一体化，实现无图纸设计制造；

（4）为提高生产率、缩短新产品研制周期、保证产品产量、降低成本创造了有利的条件，尤其是对三维复杂曲面零件，只要作适当的修改就能产生新的 NC 代码，因而它具有相当大的柔性。

近年来，随着计算机技术、空间几何造型技术、工程数据库技术和系统集成技术的不断发展进步，已出现了一批功能强大的 CAD/CAM 软件，如法国达索飞机制造公司的 CATIA、美国麦道航空公司的 UG-Ⅱ 和美国参数技术公司的 Pro/E、我国北航海尔的制造工程师（CAXA-ME）等，这些软件都具有空间异型曲面的数控加工程序编制功能，且具有智能型后置处理环境，可以面向众多的数控机床和大多数数控系统。

高速数控加工的出现不仅对机床结构和数控系统提出了新的要求，对于加工工艺的策划、工艺参数的设置和加工约束的设置也提出了新的要求。各种数控系统在曲面加工时，所用的曲面拟合模型不尽相同，有的用 Nurbs 拟合模型，有的用 Bezier 拟合模型，有的用 Polymial 拟合模型，还有的用 Spline 拟合模型，后置处理器就面临支持相应的多种曲面拟合模型的问题。

因此，要使所生成的数控程序不经手工修改，直接应用于数控机床加工，则必须针对每一台数控机床定制专用的后置处理器。特别是对于多轴数控加工机床，各大 CAD/ CAM 软件厂家提供的多轴后置处理器还有很大的局限性，通用性不好，有的软件仅提供了三轴后置处理器。而针对五轴数控机床，目前只有一些经过改良的后置处理器，五轴数控机床的后置处理器还有待进一步开发。

因此，能够处理不同类型格式的刀具路径文件，并做优化处理，以适应不同类型的机床、不同类型的系统、不同类型的零件的加工需求，生成的 NC 程序不需人工做二次修改，而直接应用于机床是后置处理器技术的发展方向。

1997 年欧洲共同体提出了 STEP-NC 概念，将产品数据转换标准 STEP 扩展至 CNC 领域，重新定义了 CAD/CAM 与 CNC 之间的接口，它要求 CNC 系统直接使用符合 STEP 标准的 CAD 三维产品数据模型（包括几何数据、设计和制造特征），加上工艺的信息和刀具信息，直接产生加工程序来控制机床。STEP-NC 使产品模型数据库用作数控机床的直接输入文档，不存在单独的刀具路径文件，废弃了 G 代码和 M 代码，从而不再需要后直处理系统。

STEP-NC 提供了一种基于特征的面向对象的数控数据模型。其基本原理是基于四道特征进行编程，告诉 CNC 的是“加工什么”，而不是直接对刀具运动轨迹（路径）进行编程，以及告诉 CNC“如何加工”的具体动作。加工流程是以工步作为基本单位，将制造特征和工艺技术信息联系到一起，每个工步只定义一种操作（“干什么”“如何干”等，仅能用一种刀具和一种策略）。STEP-NC 通过任务描述（钻中心孔、钻孔，粗加工、精加工等）把工件的加工程序传到加工车间，在车间机床控制器根据机床知识产生刀具路径，也可以根据车间实际需要对加工程序进行修改，修改后的加工过程信息可以保存并返回到设计制造部门，使经验和知识能更好地交换和保留，也实现产品生命周期数据的共享。

STEP-NC 是目前世界工业化国家研究的热点，其中代表性的研究项目有欧洲的 STEP-NC 项目、美国的 Super modal 项目、日本的 Digital Master 项目等。但 STEP-NC 的推广需更新或废弃现有数控系统和 CAM 系统，这不是短期内可以实现的事。

1.5.4 数控技术的现状

日益增多的复杂形状零件和高精、高效的加工对数控编程技术提出了越来越高的要求，面向复杂形状零件、多轴加工和加工过程优化的数控编程技术越来越重要。同时，为适应高速加工、CIMS、并行工程和敏捷制造等先进制造技术的发展，缩短产品研制生产周期以柔性与快速地响应市场需求，数控编程技术呈现出进一步向集成化、智能化、自动化、易使用化和面向车间编程等方向发展的趋势。

复杂形状零件的加工一直是数控编程技术的主要研究内容。对于三坐标加工，目前的编程系统一般能较好地完成，达到较高的稳定性。但由于多轴加工在加工复杂形状零件的能力、质量和效率等诸多方面的显著优势，多轴编程显得越来越重要。但多轴加工编程较复杂，特别是由于零件形状的复杂多变，要实现较通用的多坐标自动编程有较大难度。因此，目前编程系统中对多坐标加工的处理一般采取面向专用零件的方式。

数控加工的效率与质量极大地取决于加工方案与加工参数的合理选择，包含合适的机床、刀具形状与尺寸、刀具相对加工表面的姿态、走刀路线、主轴速度、背吃刀量和进给速度等。为了优化这些参数，必须知道在复杂的切削状态下这些参数与刀具受力、磨损、加工表面质量及机床颤振等众多因素之间的关系。在复杂形状零件的加工过程中，切削状态往往一直是变化的，其优化措施还必须具有动态自适应的特点。对于加工方案与参数的自动选择与优化是数控编程走向智能化与自动化的重要标志和要解决的关键问题，同时也是实现面向车间编程的重要前提。在建立工艺数据库的基础上，采取自动特征识别和基于特征与知识的编程是解决该问题的重要途径。

1.6 数控技术的发展趋势

1952 年美国研制出世界上第一台数控铣床，开创了世界数控机床发展的先河。随后，德、日、苏等国于 1956 年分别研制出本国第一台数控机床。我国于 1958 年由清华大学和北京第一机床厂合作研制了第一台数控铣床。近年来，由于引进了国外的数控系统与伺服系统的制造技术，使我国数控机床在品种、数量和质量方面得到了迅速发展。在国外数控技术向高速、精密、多轴、复合发展的总趋势下，我国高速加工技术、精密加工技术、五轴联动及复合加工技术也取得了突破，打破了国外的长期垄断和封锁，自主创新开发了一大批新产品，并进入国民经济中的重要领域和国外市场。下面简单介绍数控系统和数控机床的发展趋势。

1.6.1 数控系统的发展趋势

从 1952 年美国麻省理工学院研制出第一台试验性数控系统，到现在已走过了 60 多年的历程。目前，国内外新一代数控系统的总体发展趋势是：

1. 数控系统采用开放式体系结构

20 世纪 90 年代以来，受通用微机技术飞速发展的影响，数控系统正朝着以通用微机（PC）为基础、体系结构开放和智能化的方向发展。1994 年基于 PC 的 NC 控制器在美国首先出现于市场，此后得到迅速发展。由于基于 PC 的开放式数控系统可充分利用通用微机丰富的软硬件资源和适用于通用微机的各种先进技术，已成为数控技术发展的潮流和趋势。世界上许多数控系统生产厂家利用PC丰富的软硬件资源开发出了开放式体系结构的新一代数控系统。开放式体系结构的数控系统具有良好的通用性、柔性、适应性、扩展性，并向智能化、网络化方向发展。例如，Cincinnati-Milacron 公司从 1995 年开始在其生产的加工中心、数控铣床、数控车床等产品中采用了开放式体系结构的 A2100 系统。开放式体系结构可以大量采用通用微机的先进技术，实现声控自动编程、图形扫描自动编程等。数控系统继续向高集成度方向发展，芯片上可以集成更多的晶体管，使系统更加小型化、微型化，可靠性大大提高。利用多 CPU 的优势，实现故障自动排除；增强通信功能，提高进线、联网能力。开放式体系结构的新一代数控系统，其硬件、软件和总线规范都是对外开放的，由于有充足的软、硬件资源可供利用，不仅使数控系统制造商和用户进行的系统集成得到有力的支持，而且也为用户的二次开发带来了极大方便，促进了数控系统多档次、多品种的开发和应用，既可通过升级或组合构成各种档次的数控系统，又可通过扩展构成不同类型数控机床的数控系统。

2. 数控系统的控制性能大大提高

数控系统在控制性能上向智能化方向发展。随着人工智能在计算机领域的应用，数控系统引入了自适应控制、模糊系统和神经网络的控制机理，使新一代数控系统具有自动编程、前馈控制、模糊控制、学习控制、自适应控制、工艺参数自动生成、三维刀具补偿、运动参数动态补偿等功能，而且人机界面极为友好，并具有故障诊断专家系统，使自诊断和故障监控功能更趋完善。伺服系统智能化的主轴交流驱动和智能化进给伺服装置，能自动识别负载并自动优化、调整参数。直线电动机驱动系统已进入实用阶段。

1.6.2 数控机床的发展趋势

新一代数控系统技术水平大大提高，大大促进了数控机床性能的提高。当前，世界数控技术及其装备发展趋势主要体现在以下几个方面：

1. 高速、高效化

数控机床向高速化方向发展，可充分发挥现代刀具材料的性能，大幅度提高加工效率，降低加工成本，提高工件的表面加工质量和精度。超高速加工技术对制造业实现高效、优质、低成本生产有广泛的适用性。

20 世纪 90 年代以来，美、日及欧洲各国争相开发应用新一代高速数控机床，加快了机床高速化发展步伐。高速加工的巨大吸引力在于提高效率的同时，提高了加工精度。高速切削可以减小切削深度，有利于克服机床振动，降低传入工件的热量，减小热变形，从而提高加工精度，改善加工表面质量。随着超高速切削机理、超硬耐磨长寿命刀具材料和磨料磨具、大功率高速电主轴、高加/减速度直线电动机驱动进给部件以及高性能控制系统（含监控系统）和防护装置等一系列技术领域中关键技术的解决，新一代高速数控机床的车削和铣削速度已达到 5 000 ~ 8 000 m/min 以上；主轴转数在 40 000 r/min（有的高达 100 000 r/min）以上；工作台的移动速度（进给速度），在分辨率为 1 μm 时，为 100 m/min 以上（有的达到 200 m/min），在分辨率为 0.1 μm 时，为 24 m/min 以上；自动换刀时间在 1 s 以内；工作台交换时间在 2.5 s 以内。高速化的趋势目前有增无减，甚至有人提出了达到“非切削时间为零”的目标。

2. 高精度化

随着高新技术的发展和对机电产品性能与质量要求的提高，机床用户对机床加工精度的要求也越来越高。为了满足用户的需要，近 10 多年来，普通级数控机床的加工精度已由 ± 10 μm 提高到 ± 5 μm，精密级加工中心的加工精度则从 ±（3 ~ 5）μm，提高到 ±（1 ~ 1.5）μm。

随着现代科学技术的发展，对超精密加工技术不断提出新的要求。新材料及新零件的出现、更高精度要求的提出等都需要超精密加工工艺，发展新型超精密加工机床、完善现代超精密加工技术是适应现代科技发展的必由之路。当前，精密加工精度提高了两个数量级，超精密加工精度进入纳米级（0.001 μm），主轴回转精度要求达到 0.01 ~ 0.05 μm，加工圆度为 0.1 μm，加工表面粗糙度为 *Ra*0.003 μm 等。

3. 高可靠性

数控机床要发挥高性能，高精度、高效率，并获得良好的效益，关键取决于其可靠性。衡量可靠性的重要量化指标是平均无故障工作时间 MTBF（mean time between failure），具体是指产品每连续两次故障之间的平均间隔时间。数控系统的 MTBF 已由 20 世纪 80 年代的 10 000 h，提高到目前的 30 000 ~ 50 000 h。数控机床整机的可靠性水平也有显著提高，其 MTBF 值已由 20 世纪 80 年代初期的 100 ~ 200 h，提高到目前的 1 000 h。

4. 智能化

现代数控机床将引进自适应控制技术，根据切削条件的变化，自动调节工作参数，使加工过程保持在最佳工作状态，从而得到较高的加工精度和较小的表面粗糙度值，同时也能提高刀具的使用寿命和设备的生产率，确保生产安全；具有自诊断、自修复功能，在整个工作状态中，随时对 CNC 系统本身以及与其相连的各种设备进行自诊断、检查。一旦出现故障，立即采用停机等措施，并进行故障报警，提示发生故障的部位、原因等。还可以自动使故障模块脱机，接通备用模块，以满足无人化工作环境的要求。

5. 数控编程自动化

随着计算机应用技术的发展，目前已得到较多的应用，是数控技术发展的新趋势。它利用 CAD 绘制的零件图样，再经计算机内的刀具轨迹数据进行计算和后置处理，从而自动生成 NC 零件加工程序，以实现 CAD 与 CAM 的集成。随着 CIMS 技术的发展，当前又出现了 CAD/CAPP/CAM 集成的全自动编程方式，它与 CAD/CAM 系统编程的最大区别是其编程所需的加工工艺参数不必由人工输入，直接从系统内的 CAPP 数据库获得。

6. 复合化

复合化包含工序复合化和功能复合化。数控机床的发展已模糊了粗精加工工序的概念。车铣复合中心的出现，又把车、铣、镗等工序集中到一台机床来完成，打破了传统的工序界限和分开加工的工艺规程。近年来，又相继出现了许多跨度更大的功能集中的超复合化数控机床，如日本池贝铁工所的 TV4L 立式加工中心，由于采用 U 轴，也可进行车削加工。

7. 出现新一代数控加工工艺与装备

为适应制造自动化的发展，向 FMC、FMS 和 CIMS 提供基础设备，要求数字控制制造系统不仅能完成通常的加工功能，而且还要具备自动测量、自动上下料、自动换刀、自动更换主轴头（有时带坐标变换）、自动误差补偿、自动诊断、网络通信等功能，广泛地应用机器人、物流系统；数控技术、制造过程技术在快速成形、并联机构机床、机器人化机床、多功能机床等整机方面已有所突破。近年来出现了所谓六条腿结构的并联机床(parallel machine tools)，这种新颖的数控机床是以可伸缩的六条“腿”（伺服轴）支撑并连接上平台（装有主轴头）与下平台（装有工作台）的构架结构形式，取代传统的床身、立柱等支撑结构，而没有任何导轨与滑板的所谓“虚轴机床”，如图 1-8 所示。其最显著的优点是机床基本性能高，精度、刚度和加工效率均可比传统加工中心高出许多倍。随着这种结构技术的成熟和发展，数控机床技术将进入一个有重大变革和创新的新时代。并联杆系结构的新型数控机床的出现，开拓了数控机床发展的新领域。

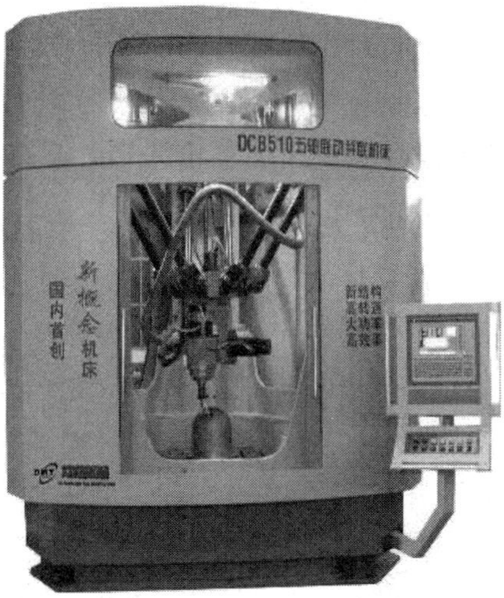

图 1-8　我国自主研发的并联机床

复习思考题

一、填空题

1. 数控机床是按加工要求预先编制程序，由控制系统发出＿＿＿＿＿＿指令对工件进行加工的机床。

2. 数控机床一般由控制介质、＿＿＿＿＿＿、伺服系统、测量反馈装置和机床主体组成。

3. 将零件加工信息传送到数控装置去的程序载体是＿＿＿＿＿＿。

4. 数控机床的中枢是＿＿＿＿＿＿，它将接收到的全部功能指令进行解码、运算，然后有序地发出各种需要的运动指令和各种机床功能的控制指令，直至运动和功能结束。

5. 伺服系统由驱动装置和执行部件组成，它是数控机床的＿＿＿＿＿＿机构。

6. 伺服系统分为＿＿＿＿＿＿伺服系统和＿＿＿＿＿＿伺服系统。

7. 伺服系统的作用是把来自____________的指令信号转换为机床移动部件的运动。

8. 测量反馈装置的作用是通过测量元件将机床移动的实际位置、速度参数检测出来，转换成电信号，并反馈到_______装置中。

9. 测量反馈装置安装在数控机床的_________或_________上。

10. 机床主体是数控机床的本体，主要包括床身、___________进给机构等机械部件，还有冷却、润滑等辅助装置。

二、判断题

1. 数控机床是在普通机床的基础上将普通电气装置更换成 CNC 控制装置。（ ）
2. 数控机床必须应用控制介质向数控装置传递加工程序。（ ）
3. MDI 键盘和显示器是数控系统不可缺少的人机交互设备。（ ）
4. 进给伺服系统的性能是决定数控机床加工精度和生产效率的主要因素之一。（ ）
5. 适应性强是数控机床最突出的优点，也是数控机床得以产生和迅速发展的主要原因。（ ）
6. 就所加工工件的尺寸一致性而言，数控机床不如普通机床。（ ）

三、选择题

1. 下列特点中，数控机床不具备的是（ ）。

   A. 适应性强　　B. 高效率

   C. 加工的零件精度高，质量稳定　　D. 大批量生产

2. 数控系统的核心是（ ）。

   A. 伺服装置　　B. 计算机数控装置

   C. 反馈装置　　D. 检测装置

3. 数控机床的进给运动是由（ ）完成的。

   A. 进给伺服系统　　B. 主轴伺服系统

   C. 辅助控制系统　　D. 数控装置

4. 数控机床是（ ）技术与机床相结合的产物。

   A. 计算机　　B. 数字控制

   C. 通信　　D. 电子

四、名词解释

1. 数控机床
2. 数控技术
3. 控制介质

五、简答题

1. 数控机床主要由哪几部分组成？
2. 数控装置有何作用？
3. 伺服系统有何作用？
4. 测量装置有何作用？
5. 简述数控机床的工作过程。
6. 同普通机床相比，数控机床有哪些特点？

第 2 章　数控加工工艺基础

本章导学

1. 了解数控加工工艺和普通加工工艺的主要异同点。
2. 掌握数控加工工艺设计的主要内容和应遵循的基本原则。
3. 了解刀具材料的主要类型及特点，能根据加工要求正确选择刀具材料。
4. 认识切削用量对切削加工的影响规律，会正确选择切削用量。
5. 了解数控机床的工具系统。
6. 了解数控加工工艺文件的主要内容和编制要求。

2.1　数控加工工艺概述

合理确定数控加工工艺对实现优质、高效和经济的数控加工具有极为重要的作用。其内容包括选择合适的机床、刀具、夹具、走刀路线及切削用量等，只有选择合适的工艺参数及切削策略才能获得较理想的加工效果。从加工的角度看，数控加工技术主要是围绕加工方法与工艺参数的合理确定及有关其实现的理论与技术。数控加工通过计算机控制刀具做精确的切削加工运动，是完全建立在复杂的数值运算之上的，能实现传统的机加工无法实现的合理、完整的工艺规划。

2.1.1　数控加工工艺的基本特点

数控加工工艺问题的处理与普通加工工艺基本相同，但在数控机床上加工零件比在普通机床上加工零件的工艺规程要复杂得多。首先要遵循普通加工工艺的基本原则和方法，同时还必须考虑数控加工本身的特点以及编程的要求。数控加工工艺的基本特点：

1. 工艺的内容明确而具体

在用通用机床加工时，许多具体的工艺问题，如工艺中各工步的划分与顺序安排、刀具的几何形状、走刀路线及切削用量等，在很大程度上都是由操作者根据自己的实践经验习惯自行考虑而决定的，一般无须工艺人员在设计工艺规程时进行过多的规定。而在数加工时，上述这些具体工艺问题，不仅成为数控工艺设计时必须认真考虑的内容，而且还须做出正确的选择并编入加工程序中。也就是说，本来是由操作者在加工中灵活掌握并通过适时调整来处理的许多具体工艺问题和细节，在数控加工时就转变为工艺人员必须事先具体设计和明确安排。

2. 工艺工作要求准确而严密

数控机床虽然自动化程度高，但自适应性差，它不能像普通加工时那样可以根据加工过程中出现的问题自由地进行人为调整。例如，在数控机床上加工盲孔时，它并不知道孔中是否挤满了切屑，何时需要退一次刀，待清除切屑后再进行加工。所以，在数控加工的工艺设计中必须注意加工过程中的每一个细节。同时，在对图形进行数学处理、计算和编程时一定要力求准确无误，在实际加工中，一个小数点的差错就可能酿成重大机床事故和质量事故。

3. 采用多坐标联动自动控制加工复杂表面

对于一般简单表面的加工方法，数控加工与普通加工无太大的差别。但是对于一些复杂表面、特殊表面或有特殊要求的表面，数控加工与普通加工方法有着根本的不同。例如：对于曲线和曲面的加工，普通加工是用划线、样板、靠模、钳工、成形加工等方法进行的，不仅生产率低，而且难以保证加工质量；而数控加工则采用多坐标联动自动控制加工方法，其加工质量与生产率是普通加工方法无法比拟的。

4. 采用先进的工艺装备

为了满足数控加工高质量、高效率和高柔性的要求，数控加工中广泛采用先进的数控刀具、组合夹具等工艺装备。

5. 采用工序集中

由于现代数控机床具有刚性大、精度高、刀库容量大、切削参数范围广及多坐标、多工位等特点，因此在工件的一次装夹中可以完成多个表面的多种加工，甚至可在工作台上装夹几个相同或相似的工件进行加工，从而缩短了加工工艺路线和生产周期，减少了加工设备、工装的数量和工件的运输工作量。

实践证明，数控加工中失误的主要原因多为工艺方面考虑不周和计算、编程粗心大意。因此，工艺和编程人员除必须具备较扎实的工艺知识和较丰富的实际工作经验外，还必须具有耐心、细致的工作作风和高度的工作责任感。

2.1.2 数控加工工艺的主要内容

根据实际应用需要，数控加工工艺主要包括以下内容：

（1）选择适合在数控机床上加工的零件，确定数控机床加工内容。

（2）对零件图样进行数控加工工艺分析，明确加工内容及技术要求。

（3）具体设计数控加工工序，如工步的划分、工件的定位与夹具的选择、刀具的选择、切削用量的确定等。

（4）处理特殊的工艺问题，如对刀点、换刀点的选择，加工路线的确定，刀具补偿等。

（5）编程误差分析及其控制。

（6）处理数控机床上部分工艺指令，编制工艺文件。

2.2 数控加工工艺分析与工艺设计

数控机床加工中所有工步的刀具选择、走刀轨迹、切削用量、加工余量等都要预先确定好并编入加工程序。一个合格的编程员首先是一个合格的工艺人员，对数控机床的性能、特点和应用、切削规范和标准工具系统等要非常熟悉，否则就无法做到全面、周到地考虑加工的全过程，并正确、合理地编制零件的加工程序。数控加工工艺一般应进行以下几个方面的工作：① 数控加工工艺内容的选择；② 数控加工工艺性分析；③ 数控加工工艺路线的设计。

2.2.1 数控加工工艺内容的选择

对于一个零件来说，并非全部加工工艺过程都适合在数控机床上完成，而往往只是其中的一部分工艺内容适合数控加工。这就需要对零件图样进行仔细的工艺分析，选择那些最适合、最需要进行数控加工的内容和工序。在考虑选择内容时，应结合本企业设备的实际，立足于解决难题和提高生产效率，充分发挥数控加工的优势。

1. 适于数控加工的内容

在选择时，一般可按下列顺序考虑：

（1）通用机床无法加工的内容应作为优先选择内容；

（2）通用机床难加工、质量也难以保证的内容应作为重点选择内容；

（3）通用机床加工效率低、工人手工操作劳动强度大的内容，可在数控机床尚存富余加工能力时选择。

2. 不适于数控加工的内容

一般来说，上述这些加工内容采用数控加工后在产品质量、生产效率与综合效益等方面都会得到明显提高。相比之下，下列一些内容不宜选择采用数控加工：

（1）占机调整时间长。如以毛坯的粗基准定位加工第一个精基准，需用专用工装协调的内容。

（2）加工部位分散，需要多次安装、设置原点。这时，采用数控加工很麻烦，效果不明显，可安排通用机床加工。

（3）按某些特定的制造依据（如样板等）加工的型面轮廓。主要原因是获取数据困难，易与检验依据发生矛盾，增加程序编制的难度。

此外，在选择和决定加工内容时，也要考虑生产批量、生产周期和工序间周转情况等。总之，要尽量做到“优质、高产、低消耗”，要防止把数控机床降格为通用机床使用。

2.2.2 数控加工工艺性分析

被加工零件的数控加工工艺性问题涉及面很广，下面结合编程的可能性和方便性提出一些必须分析和审查的主要内容。

1. 零件精度与技术要求分析

对被加工零件的精度与技术要求进行分析，是零件工艺性分析的重要内容。只有在分析零件精度和表面粗糙度的基础上，才能对数控加工方法、装夹方式、切削加工进给路线、刀具选择以及切削用量等工艺内容进行正确、合理的选择。

2. 零件结构工艺性分析

零件结构工艺性是指在满足使用要求的前提下，零件加工的可行性和经济性，换言之，就是设计的零件结构要便于加工成本低、效率高。对零件加工工艺性分析时应注意的几个问题：

（1）尺寸标注应符合数控加工的特点。

在数控编程中，所有点、线、面的尺寸和位置都是以编程原点为基准的。因此，零件图样上最好直接给出坐标尺寸，或尽量以同一基准引注尺寸。

（2）几何要素的条件应完整、准确。

在程序编制中，编程人员必须充分掌握构成零件轮廓的几何要素参数及各几何要素间的关系。因为在自动编程时要对零件轮廓的所有几何元素进行定义，手工编程时要计算出每个节点的坐标，无论哪一点不明确或不确定，编程都无法进行。但由于零件设计人员在设计过程中考虑不周，常常出现参数不全或不清楚，如圆弧与直线、圆弧与圆弧是相切还是相交或相离。所以在审查与分析图样时，一定要仔细核算，发现问题及时与设计人员联系。

（3）保证定位基准统一、可靠。

数控加工的高柔性、高精度和高生产率等特点决定了在数控机床上加工的工件必须有可靠的定位基准。为了便于采用工序集中原则，避免因工件重复定位和基准变换所引起的定位误差以及生产率的降低，一般都采用统一基准的原则定位。如果工件上没有合适的定位基准，则应在工件上设置辅助基准，以保证数控加工的定位准确、可靠、迅速方便。如图 2-1（a）所示的零件，为增加定位的稳定性，可在底面增加一工艺凸台，如图 2-1（b）所示，在完成定位加工后再除去。

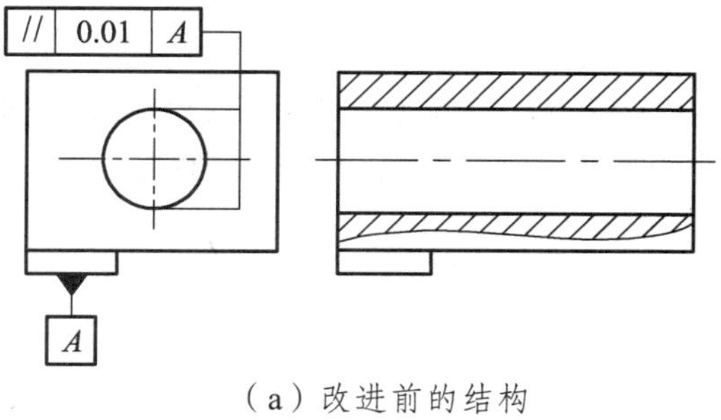

（a）改进前的结构

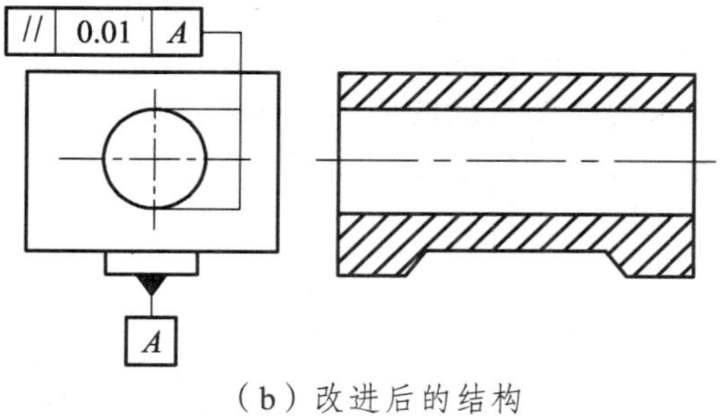

（b）改进后的结构

图 2-1　工艺凸台的应用

（4）统一几何类型及尺寸。

零件的内腔和外形尽可能地采用统一的几何类型和尺寸。这样可以减少刀具的规格和换刀次数，有利于编程和提高生产率。如图 2-2（a）所示的零件，在数控加工中需要使用三把不同的切槽刀或使用一把切槽刀多次进行切削，在无特殊需要时，这显然是不合理的，若改成图 2-2（b）所示的结构，一把切槽刀就可完成加工，这样即减少了刀具数量，也节省了加工中的运行和换刀时间。

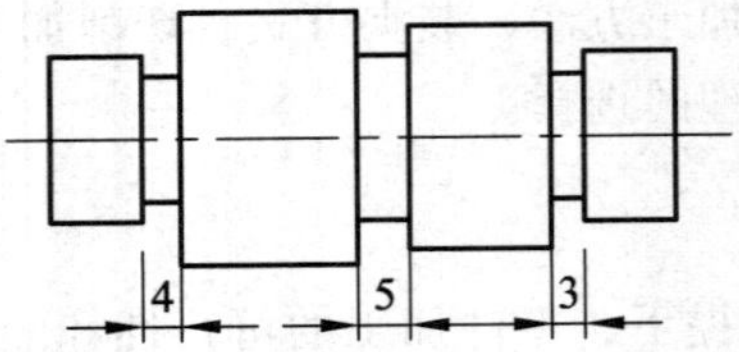

图 2-2　结构工艺性示例

（5）铣削加工零件中内槽圆角的大小决定了刀具直径的大小，因此内槽圆角不应过小。零件结构工艺性与被加工轮廓精度的高低、过渡圆弧半径的大小等有关。如图 2-3 中，图（b）与图（a）相比，过渡圆弧半径较大，可采用直径较大的铣刀来加工；加工平面时，进给次数也相应地减少，表面加工质量也较好，所以其结构工艺性较好。通常 $R<0.2H$（H 为被加工轮廓面的最大高度）时，可判定零件该部位的结构工艺性不好。

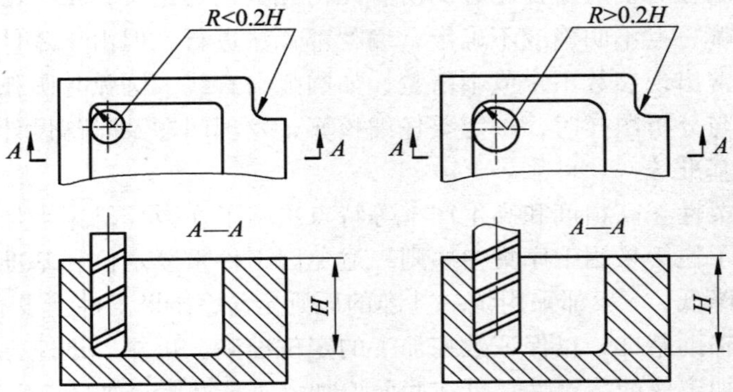

（a）工艺性不好　　　（b）工艺性好

图 2-3　数控加工工艺性对比

（6）铣削零件的底平面时，槽底圆角半径 r 不应过大。如图 2-4 所示，圆角半径 r 越大，铣刀端刃铣削平面的能力就越差，效率也越低。因为铣刀与铣削平面接触的最大直径 $d=D-2r$，当铣刀直径 D 一定时，r 越大，铣刀端刃铣削面积越小，加工工艺性就越差。

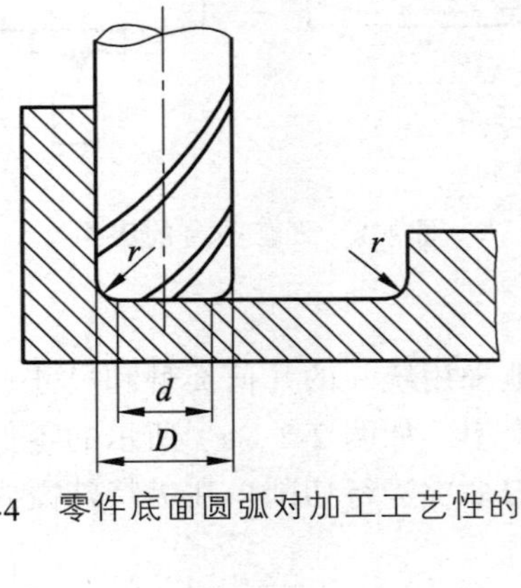

图 2-4　零件底面圆弧对加工工艺性的影响

2.2.3 数控加工工艺设计

数控加工工艺设计与普通加工工艺设计相似。首先需要选择定位基准；再确定所有加工表面的加工方法和加工方案；然后确定所有工步的加工顺序，合理划分数控加工工序，最后再将需要的其他工序（如普通加工工序、辅助工序、热处理工序等）插入，并衔接于数控加工工序序列之中，就得到了零件的数控加工工艺路线。

1. 加工方法和加工方案的确定

1）加工方法的选择

加工方法的选择原则是首先保证加工表面的加工精度和表面粗糙度的要求。由于获得同一精度和表面粗糙度的加工方法有许多，因而在实际选择时，要结合零件的结构形状、尺寸大小和热处理要求等全面考虑。例如，对于 IT7 级精度的孔采用镗削、铰削、磨削等加工方法均达到精度要求，但箱体上较大的孔一般采用镗削，较小的孔宜选择铰削，箱体上的孔不宜采用磨削。此外，还应考虑生产率和经济性的要求以及现有实际生产情况等。常用加工方法的经济加工精度和表面粗糙度可查阅有关工艺手册。

表面轮廓可分为平面和曲面两大类，其中平面类中的斜面轮廓又分为有固定斜角的外轮廓面和有变斜角的外轮廓面。工件表面的轮廓不同，选择的数控机床和加工方法等也不同。在选择时应根据零件的尺寸精度、倾斜角的大小、刀具的形状、零件的装夹方法、编程的难易程度等因素，选择一个较合理的加工方案。

此外，还要考虑选择机床的合理性。例如，单纯铣轮廓表面或铣槽的中小型零件，选择数控镗铣床进行加工较好；而大型非圆曲线、曲面的加工或者是不仅需要铣削而且有孔加工的零件宜在加工中心上加工。

2）加工方案的确定

任何一种零件都是由平面、内外圆柱面、内外圆锥面和成形表面等简单几何表面组成的。因此，确定各种零件的加工方案，实际上就是依据零件要求的加工精度、表面粗糙度及零件的结构特点，把每一几何表面的加工方案确定下来，按合理的顺序排列起来，也就确定了零件加工工艺方案。

确定加工方案时，首先应根据表面的加工精度和表面粗糙度要求，初步确定为达到这些要求所需要的最终加工方法，然后再确定其前面一系列的加工方法，即获得该表面的加工方案。例如，对于箱体上孔径不大的 IT7 级精度的孔，先确定最终加工方法为精铰，而精铰孔前则通常要经过钻孔、扩孔和粗铰等工序的加工。在确定表面的加工方案时，可查阅有关工艺手册。

2. 工序的划分和加工顺序的安排

1）工序的划分

根据数控加工的特点，数控加工工序的划分一般可按下列方法进行：

（1）以一次安装加工作为一道工序。这种方法适合加工内容较少的零件，加工完成后就能达到待检状态。

（2）用一同把刀具加工的内容划分工序。有些零件虽然能在一次安装中加工出很多待加工表面，但考虑到程序太长，会受到某些限制，如控制系统的限制、机床连续工作时间的限制（如一道工序在一个工作班内不能结束）等，以及程序太长会增加出错率，查错与检索困难。

（3）以加工部位划分工序。对于加工内容很多的工件，可按其结构特点将加工部位分成几部分，如内腔、外形、曲面或平面，将每一部分的加工作为一道工序。

（4）以粗、精加工划分工序。对于经加工后易发生变形的工件，由于粗加工后可能发生变形而需进行校形，故需将粗、精加工分开。

2）加工顺序的安排

加工顺序安排合理与否，将直接影响到零件的加工质量、生产率和加工成本。在安排数控加工顺序时应遵循以下原则：

（1）工序集中。根据数控加工特点，合理进行工序组合，尽量采用工序集中，即将工件的加工集中到少数工序完成，每道工序的加工内容较多。

（2）基准先行。定位基准面应在工艺过程一开始就进行粗、精加工，然后再加工其余表面。

（3）先粗后精。先安排粗加工，再半精加工和精加工。

（4）先主后次。精度要求较高的主要表面的粗加工一般应安排在次要表面粗加工之前，这样有利于及时发现毛坯的内在缺陷。加工中容易损伤的表面（如螺纹等）应放在加工路线的后面。

（5）先面后孔。对箱体类零件，为提高孔的位置精度，应先加工面，后加工孔。

（6）尽量使工件的装夹次数、工作台转动次数、刀具更换次数及所有空行程时间减至最少，提高加工精度和生产率。例如：对于加工中心，若换刀时间较工作台转位时间长，在不影响加工精度的前提下，可按刀具集中工序，即在一次装夹中，用同一把刀具加工完该刀具能加工的所有部位，再换下一把刀具加工其他部位，这样可以减少换刀次数和时间。若换刀时间远短于工作台转位时间，则应采用相同工位集中加工的原则，即在不转动工作台的情况下尽可能加工完毕所有可以加工的待加工表面，然后再转动工作台去加工其他表面。

（7）为了提高机床的使用效率，在保证加工质量的前提下，可将粗加工和半精加工合为一道工序。

下面通过一个实例来说明这些原则的应用。

如图 2-5 所示，该零件可以先在普通机床上把底面和四个轮廓面加工好（“基准先行”），其余的顶面、孔及沟槽安排在立式加工中心上完成（工序集中原则），加工中心工序按“先面后孔”“先粗后精”“先主后次”等原则可以划分为如下 15 个工步：

（1）粗铣顶面。

（2）钻 $\phi32$、$\phi12$ 孔的中心孔。

（3）钻 $\phi32$、$\phi12$ 孔至 $\phi11.5$。

（4）扩 $\phi32$ 孔至 $\phi30$。

（5）钻 $3\times\phi6$ 孔至尺寸。

（6）粗铣 $\phi60$ 沉孔及沟槽。

(7）钻 4 × M8 底孔至ϕ6.8。

(8）镗ϕ32 孔至ϕ31.7。

(9）精铣顶面。

(10）铰ϕ12 孔至尺寸。

(11）精镗ϕ32 孔至尺寸。

(12）精铣ϕ60 沉孔及沟槽至尺寸。

(13）ϕ12 孔口倒角。

(14）3 × ϕ6、4 × M8 孔口倒角。

(15）攻 4 × M8 螺纹。

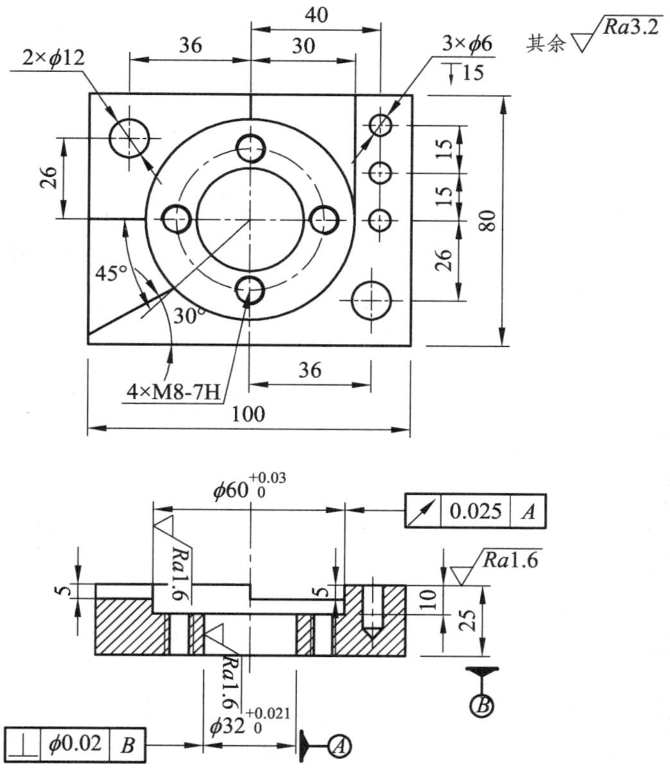

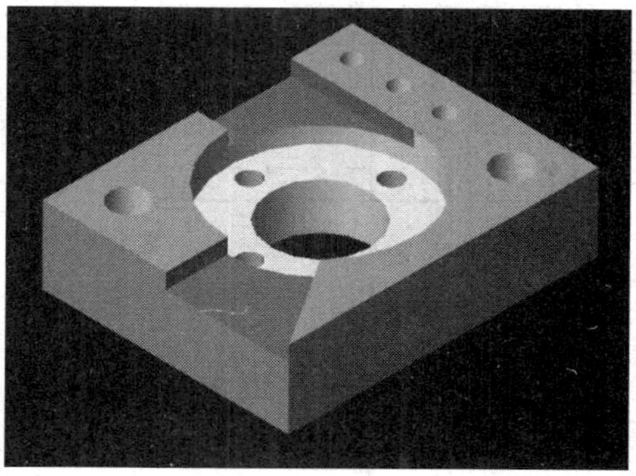

图 2-5　零件简图

此外，数控加工工序前后一般都穿插有其他普通加工工序，因此在安排加工顺序时，还要注意数控加工工序与普通加工、热处理和检验等工序的衔接。如果衔接得不好就容易产生矛盾，最好的解决办法是建立工序间的相互状态联系，在工艺文件中做到互审会签。如是否预留加工余量，留多少；定位基准的要求；零件的热处理等，要做到前后兼顾，统筹衔接。

3. 刀具进给路线的确定

刀具进给路线是指数控加工过程中刀具（刀位点）相对于被加工工件的运动轨迹，它不但包括工步内容，还反映了工步顺序。刀位点是指编制数控加工程序时用以确定刀具位置的基准点。如图 2-6 所示，对于平头立铣刀、面铣刀类刀具，刀位点一般取为刀具轴线与刀具底端面的交点；对球头铣刀，刀位点为球心；对于车刀、镗刀类刀具，刀位点为刀尖；钻头则取为钻尖等。设计好进给路线是编制合理加工程序的条件之一。

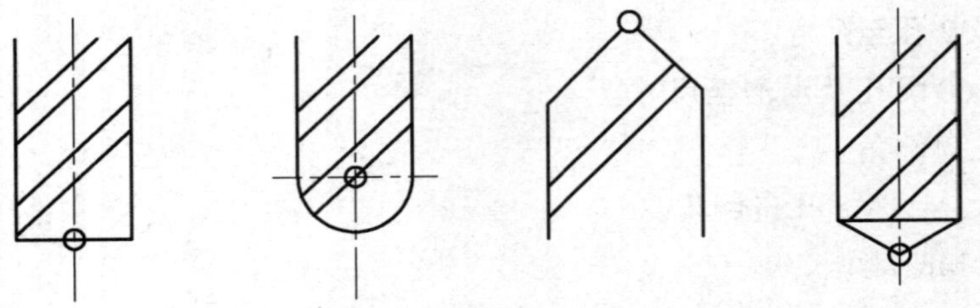

图 2-6　刀位点

确定进给路线时应注意以下几点：

（1）保证被加工工件的精度和表面质量。

如图 2-7 所示，在铣削封闭的凹轮廓时，为了保证轮廓加工后的表面粗糙度，最终轮廓应安排在最后一次走刀连续加工出来。为保证表面质量，最好选择如图 2-7（b）所示的走刀路线，先用行切法，最后沿周向环切一刀，光整轮廓表面，能获得较好的效果。图 2-7（c）也是一种较好的走刀路线，但走刀路线稍长，编程计算工作量大。

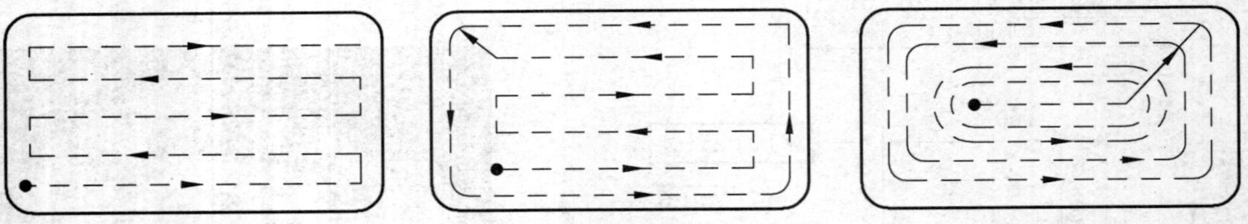

图 2-7　铣削封闭凹轮廓的走刀路线

如图 2-8 所示，轮廓曲线允许外延时，刀具的切入或切出应在沿零件轮廓的切线上，以保证工件轮廓的光滑，应避免在工件轮廓面上垂直上下刀而划伤工件表面。

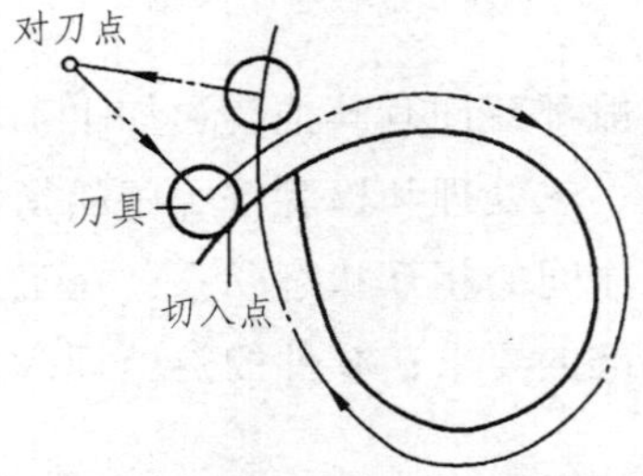

图 2-8　刀具切入和切出时的外延

此外，还应尽量减少在轮廓加工切削过程中的暂停，因为切削停顿时，切削力突然变化会改变系统的平衡状态而造成弹性变形，刀具会在进给停顿处的表面留下刀痕。

（2）尽量缩短进给路线，减少刀具的空行程，提高生产率。

如图 2-9 所示圆周均布孔的加工路线，采用图 2-9（a）所示的走刀路线为先加工完外圈孔后，再加工内圈孔，若改用图 2-9（b）所示的走刀路线则可以缩短空行程时间，节省近一半的定位时间。

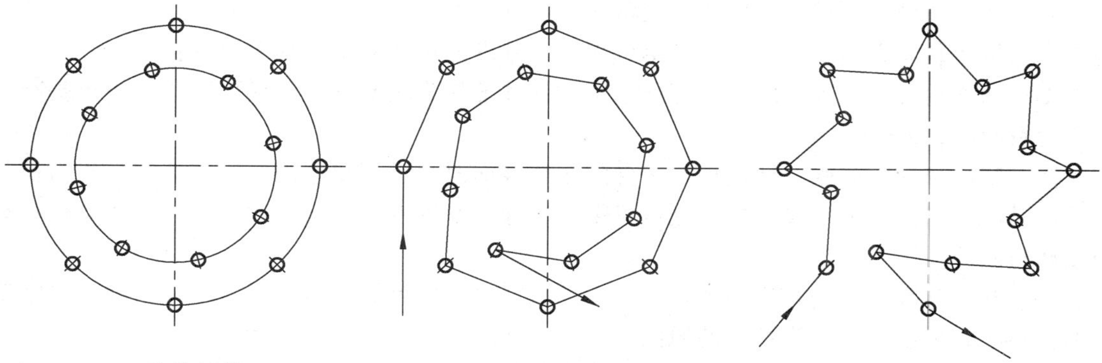

零件图样　　（a）　　（b）

图 2-9　圆周均布孔的加工路线

（3）应使数值计算简单，程序段少，以减少编程工作量。

在实际应用中，往往要根据具体的加工情况灵活应用以上原则选择合适的走刀路线。下面以数控车床上车削圆弧为例作简要分析。

数控车床上加工圆弧时，一般需要多次走刀，先粗车将大部分余量切除，最后精车成形。如图 2-10 所示，在车圆弧时，先粗车成阶梯形，最后一次走刀精车出圆弧。该方法在确定了每刀背吃刀量α_p后，需精确计算出每次走刀的 z 向终点坐标，即求圆弧与直线的交点。因此，数值计算较繁，但刀具切削加工路线短。如图 2-11（a）所示，先按不同半径的同心圆来车削，最后将所需圆弧加工出来。该方法在确定了每刀背吃刀量α_p后，对于 90°圆弧的起点和终点坐标很容易确定，数值计算简单，编程方便，一般在圆弧 R 较小时常采用此方法。而按图 2-11（b）所示进行加工时，空行程时间较长。

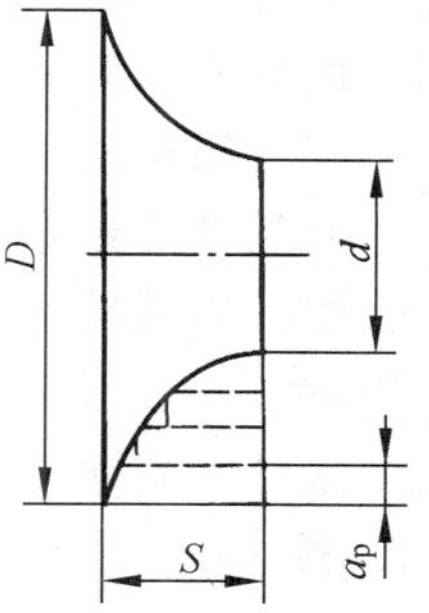

图 2-10　阶梯走刀路线车圆弧

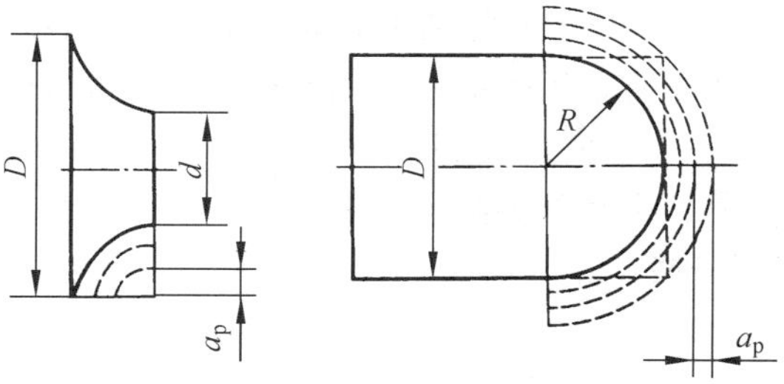

（a）　　（b）

图 2-11　同心圆弧走刀路线车圆弧

4. 工件的定位与装夹

1）定位基准的选择

定位基准选择正确与否不仅直接影响数控加工零件的加工精度，还会影响到夹具结构的复杂程度和加工效率等。

（1）精基准的选择。

精基准的选择应从保证零件的加工精度，特别是加工表面的相互位置精度来考虑，同时也必须尽量使装夹方便及夹具结构简单可靠。精基准的选择应遵循如下原则：

①“基准重合”原则：即应尽可能选用设计基准作为精基准，这样可以避免由于基准不重合而引起的误差。

②“基准统一”原则：即在加工工件的多个表面时尽可能使用同一组定位基准作为精基准。这样便于保证各加工表面的相互位置精度，避免基准变换所产生的误差，并能简化夹具的设计与制造。

③“互为基准”原则：当两个加工表面的相互位置精度以及它们自身的尺寸与形状精度要求很高时，可以采用互为基准的原则，反复多次进行加工。

④“自为基准”原则：有些精加工或光整加工工序要求加工余量小而均匀，在加工时就应尽量选择加工表面本身作为精基准，而该表面与其他表面之间的位置精度则由先行工序保证。

⑤ 便于装夹原则：所选精基准应保证定位准确、稳定及装夹方便可靠，夹具结构简单适用，操作方便灵活，有足够大的接触面积，以承受较大的切削力。

（2）粗基准的选择。

粗基准的选择主要影响不加工表面与加工表面之间的相互位置精度，以及加工表面的余量分配。粗基准的选择应遵循的原则是：

① 不加工面原则：为了保证加工面与不加工面之间的位置要求，应选不加工面为粗基准。如果工件上有多个不加工面，则应以与加工表面位置精度要求较高的表面作为粗基准。

② 加工余量最小原则：以余量最小的表面作为粗基准，以保证各加工表面有足够的加工余量。

③ 重要表面原则：为保证重要表面的加工余量均匀，则应选择该表面作为粗基准。

④ 不重复使用原则：粗基准原则上只能使用一次。

⑤ 大而平原则：选作粗基准的表面应尽量平整光洁，不应有飞边、浇冒口等缺陷。

数控机床加工在选择定位基准时除了遵循以上原则外，还应考虑以下几点：

① 应尽可能在一次装夹中完成所有能加工表面的加工，为此要选择便于各个表面都加工的定位方式。如对于箱体零件，宜采用一面两销的定位方式，也可采用以某侧面为导向基准，待工件夹紧后将导向元件拆去的定位方式。

② 如果用一次装夹完成工件上各个表面的加工，也可直接选用毛面作定位基准，只是这时毛坯的制造精度要求更高一些。

2）工件的装夹

在数控加工时，无论数控机床本身具有多高的精度，如果工件因装夹不合理而产生变形或歪斜，就会因此降低零件加工精度。要正确装夹工件，必须合理地选用数控夹具，才能保证加工出高质量的产品。

（1）工件装夹的基本原则。

数控加工时，工件装夹的基本原则与通用机床相同，都要根据具体情况合理选择定位基准和夹紧方案。为了提高数控加工的生产率，在确定定位与夹紧方案时应注意以下几点：

① 力求设计基准、工艺基准与编程计算的基准统一。

② 尽量减少工件的装夹次数和辅助时间，即尽可能在工件的一次装夹中加工出全部待加工表面。

③ 避免采用占机人工调整方案，以充分发挥数控机床的效能。

④ 夹紧力的作用点应落在工件刚性好的部位。

如图 2-12 所示，薄壁套的轴向刚性比径向刚性好，用卡爪径向夹紧时工件变形大，若沿轴向施加夹紧力，变形会小得多。在夹紧薄壁箱体时，夹紧力不应作用在箱体的顶面，而应作用在刚性较好的凸边上。

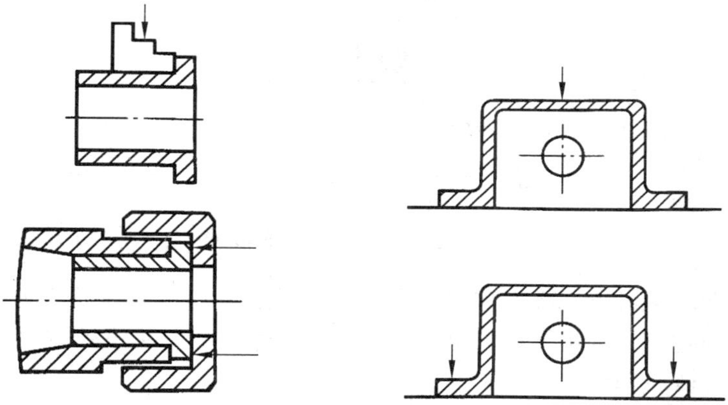

图 2-12　夹紧力作用点与夹紧变形的关系

⑤ 对于加工中心，工件在工作台上的安放位置要兼顾各个工位的加工，要考虑刀具长度及其刚度对加工质量的影响。如进行单工位单面加工，应将工件向工作台一侧放置；若是四工位四面加工，则应将工件放置在工作台的正中位置。这样可减少刀杆伸出长度，提高其刚度。

（2）选择夹具的基本原则：

数控加工的特点对夹具提出了两个基本要求：一是要保证夹具的坐标方向与机床的坐标方向相对固定；二是要协调工件和机床坐标系的尺寸关系。除此之外，还要考虑以下几点：

① 在单件小批生产条件下，应优先采用通用夹具，尽量采用组合夹具、可调夹具及其他通用夹具以缩短生产准备时间，提高生产率。

② 在成批生产时才考虑采用专用夹具，并力求结构简单。

③ 采用辅助时间短的夹具，即工件的装卸要迅速、方便、可靠。

④ 为满足数控加工精度，要求夹具定位、夹紧精度高。

⑤ 夹具上各零部件应不妨碍机床对工件各表面的加工，即夹具要敞开，其定位、夹紧机构的元件不能影响加工时刀具的进给（避免产生碰撞等）。

⑥ 便于清扫切屑。

5. 确定刀具与工件的相对位置

对于数控机床来说，在加工时，工件可以在机床加工尺寸范围内任意装夹，要正确执行加工程序，必须确定工件在机床坐标系中的确切位置，因此确定刀具与工件的相对位置是很重要的。对刀点是数控机床上加工零件时，刀具相对零件运动的起始点。由于程序段从该点开始执行，所以对刀点又称为程序起点或起刀点。 对刀点通过对刀确定刀具与工件相对位置的基准点。对刀点可以设在被加工零件上；也可以设置在夹具上，但与零件的工作原点一定尺寸联系的某一位置，如图 2-13 所示的 X_1 和 Y_1。对刀点既可以与工件原点（编程原点）重合，也可以不重合，主要取决于加工精度和对刀的方便性。当对刀点与编程原点重合时，$X_1 = 0$，$Y_1 = 0$。

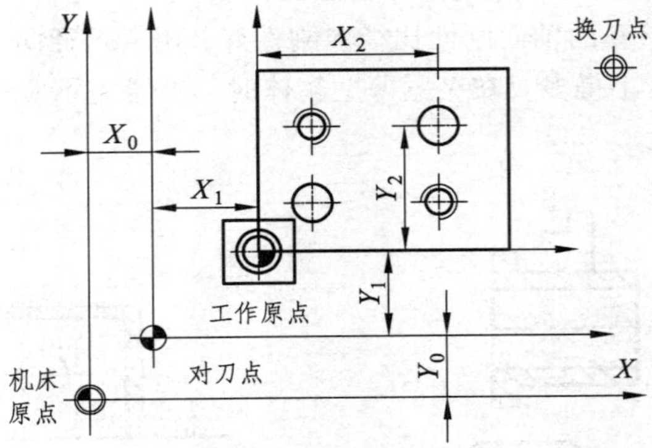

图 2-13 对刀点的设置

对刀点的选择尽可能选择在零件的设计基准或工艺基准上，以保证零件的精度要求。例如，加工以外圆定位的轴类零件，可以外圆的中心线与相互垂直的端面的交点作为对刀点。对刀点的选择大致原则如下：

（1）所选的对刀点应使程序编制简单。

（2）对刀点应选择在容易找正、便于确定零件加工原点的位置。

（3）对刀点应选在加工时检验方便、可靠的位置。

（4）对刀点的选择应有利提高加工精度。

在使用对刀点确定加工原点时，就需要进行“对刀”。所谓对刀，就是使“刀位点”与“对刀点”重合的操作。对刀是数控机床操作中非常关键的一项工作，对刀的准确程度将直接影响零件加工精度。各类数控机床的对刀方法不完全一样的，要结合各类机床分别而论。

换刀点是为加工中心、数控车床等采用多刀进行加工的机床而设置的，因为这些机床在加工过程中要自动换刀，为了防止换刀时碰伤零件、刀具或夹具等，换刀点常常设置在被加工零件的轮廓之外，并留有一定的安全量。

6. 刀具的选择

刀具的合理选择和使用对于提高数控加工效率、降低生产成本、缩短交货期及加快新产品开发等方面有着十分重要的作用。国外有资料表明，刀具费用一般占制造成本的 2.5%～4%，但它却直接影响占制造成本 20%的机床费用和 38%的人工费用。如果进给速度和切削速度提高 15%～20%，则可降低制造成本 10%～15%。这说明使用好刀具会增加成本，但效率提高则会使机床费用和人工费用有很大的降低，这正是工业发达国家制造业所采取的加工策略之一。

1）刀具材料及其合理选用

在数控加工中，刀具材料的切削性能直接影响着生产效率、工件的加工精度和表面质量、刀具消耗和加工成本。数控加工中除了使用各种高速钢和普通硬质合金刀具外，还广泛使用各种新型硬质合金（包括金属陶瓷、超细晶粒硬质合金和涂层硬质合金）、陶瓷和超硬刀具材料，其硬度及韧性的关系如图 2-14 所示。

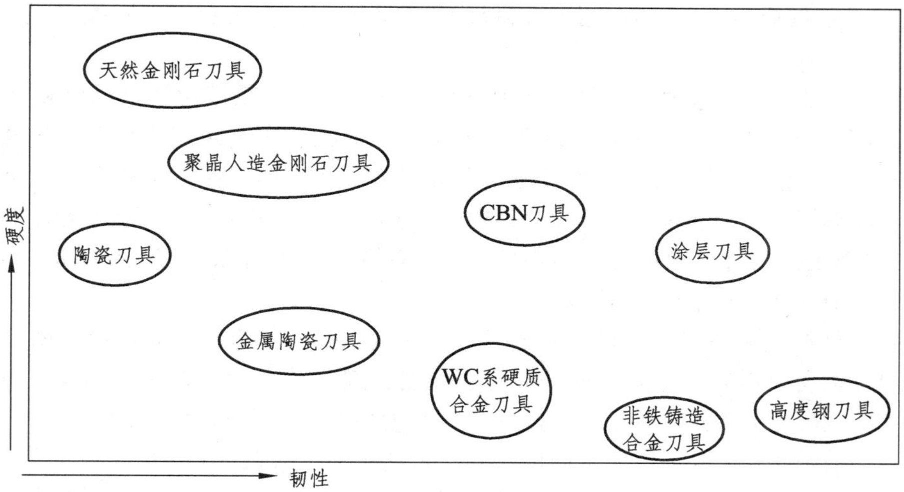

图 2-14　刀具材料的硬度及韧性的关系

（1）高速钢（high speed steel，HSS）：含有钨、钼、铬、钒等碳化物形成元素，合金元素总量达 10%～25%，在国内一般被称为白钢或锋钢。于 1906 年由 Taylor 和 White 发明以来，通过诸多改良至今被大量使用。它在高速切削产生高热的情况下（约 600 °C）仍能保持较高的硬度，这就是高速钢最主要的特性——红硬性，较之其他工具钢耐磨性好且比硬质合金韧性高。HSS 刀具过去曾经是切削工具的主流，随着数控机床等现代制造设备的广泛应用，大力开发了各种涂层和不涂层的高性能、高效率的高速钢刀具，高速钢凭借其在强度、韧性、红硬性及工艺性等方面的优良综合性能，在切削某些难加工材料以及在复杂刀具，特别是切齿刀具、拉刀和立铣刀制造中仍占有较大的比重。但经过市场探索，一些高端产品逐步被硬质金工具代替。

（2）硬质合金（cemented carbide）：由 WC、WC-TiC、wC-TiC-Ta 等硬质碳化物以 Co 为结合剂烧结而成。硬质合金于 1926 年由德国 Krupp 公司发明，其后因添加了 TiC、TaC 而改善了其耐磨性；1969 年又开发了化学气相沉积（CVD）涂层技术，使得涂层硬质合金快速普及；自 1974 年起，开发了 TiC-TiN 系金属陶瓷。目前，选择刀具材料时一般遵循“粗加工用涂层硬质合金、精加工用金属陶瓷”的规则。

① 金属陶瓷：即 TiC（N）基硬质合金，其性能介于陶瓷和硬质合金之间，有接近陶瓷的硬度和耐热性，加工时与钢的摩擦系数小，耐热性好，其抗弯强度和断裂韧性比陶瓷高。金属陶瓷的最大优点在于其材质与被加工材料的亲和性特低，故不易产生粘刀和积屑瘤现象，

使加工表面平整光洁，可谓精加工刀具材料的佼佼者。用于精车时，切削速度可比普通硬质合金提高 20%～50%。目前，日本的金属陶瓷刀具已经占硬质合金刀具总量的 30%～40%。世界上，该类刀具应用范围也呈迅速扩大的趋势。

② 超细晶粒硬质合金：这种材料与普通晶粒硬质合金相比的主要特点是：

a. 提高了硬质合金的硬度和耐磨性，适合于加工高硬度难加工材料。试验表明，当 WC 晶粒的平均尺寸由 5 μm 减小到 1 μm 时，可使硬质合金的耐磨性提高 10 倍。

b. 提高了抗弯强度和冲击韧度，部分超细晶粒硬质合金的强度已接近高速钢，有很高的切削刃强度，适合于做小尺寸整体式的铣刀、钻头和切断刀等。

c. 超细晶粒硬质合金的晶粒极细，可以磨出非常锋利的刀刃和刀尖圆弧半径，适用于精细加工。

③ 涂层硬质合金：这种材料是在普通硬质合金刀片表面采用化学气相沉积（CVD）或物理气相沉积（PVD）的工艺方法，涂覆一薄层（5～12 μm）高硬度难熔金属化合物（TiC、TiN、Al_2O_3 等），使刀片既保持了普通硬质合金基体的强度和韧性，又使表面有更高的硬度和耐磨性。实验证明，使用涂层刀片的刀具高速切削钢件和铸件时比未涂层刀片的刀具寿命提高 2～5 倍以上。另外，涂层刀片通用性好，一种涂层刀片可以代替几种未涂层刀片使用，大大简化了刀具管理和降低了刀具成本。

（3）陶瓷材料：陶瓷刀具材料的主要成分是硬度和熔点都很高的氧化铝（Al_20_3）和氮化硅（Si_3N_4），为改善其强度、韧性及其他力学性能，细化晶粒，常添加一些氧化物、碳化物以及 Ni、Cr、Ti、Co 等金属添加剂。这种材料与硬质合金相比的主要特点是：

① 有很高的硬度和耐磨，加工钢件时寿命可达硬质合金的 10～20 倍。

② 有很好的高温性能，在 1 200 °C 以上的高温下仍进行切削，适合于高速切削，允许的切削速度比硬质合金高 3～10 倍。

③ 摩擦系数低，减少了切屑、刀具和工件之间的摩擦，产生黏结和积屑瘤的可能性减小。这样，不但可减小刀具磨损、提高刀具寿命，而且使被加工工件的表面粗糙度值减小，有时可获得以车代磨或以铣代磨的效果。在高速精车和精密铣削时，可获得镜面效果。

④ 使用的主要原料氧化铝、氧化硅等在地壳中含量非常大，对节省贵重金属具有十分重要的意义。

⑤ 这种材料的最大缺点是脆性大，抗弯强度和冲击韧度比硬质合金低。

（4）超硬刀具材料：是指比陶瓷材料更硬的刀具材料，包括单晶金刚石、聚晶人造金刚石（PCD）、立方氮化硼（CBN）和 CVD 金刚石等。超硬刀具主要是以金刚石和立方氮化硼为材料的刀具，其中以人造金刚石复合片刀具及立方氮化硼刀具占主导地位。许多切削加工概念，如绿色加工、以车代磨、以铣代磨、硬态加工、高速切削、干式切削等都因超硬刀具的应用而起，故超硬刀具已成为切削加工中不可缺少的重要手段。金刚石刀具与铁系金属有极强的亲和性，与其他材料的亲和性低，所以在铁系以外的材料加工中，能得到高精度、高光亮的表面。淬火硬度为 60～70 HRC 的钢等高硬度材料均可采用 CBN 刀具来进行切削，用 CBN 刀具加工普通灰铸铁的切削速度可达到 500 m/min 以上。最新研究表明，用 CBN 刀具加工普通灰铸铁工件时，当切削速度超过 800 m/min 时，刀具寿命随着切削速度的增加反而更长，其机理一般认为：在切削的过程中，刃口表面会形成保护膜。因此，CBN 将是超高速加工刀具材料的首选。

2）切削刀具用硬质合金分类

对于不同的加工材料和切削条件，应选择适当的刀片材料，以便达到最佳的切削效果。一般在刀具制造商的产品目录中，都会给出根据加工工件材料选择刀片材料的推荐表，有的还要考虑刀片的几何角度等因素。对于硬质合金材料，ISO 标准把所有牌号分成用颜色标志的三大类，分别用 P、M 和 K 表示。

（1）P 类（蓝色）是高合金化的硬质合金牌号。这类合金主要用于加工长切屑的黑色金属，如碳钢、铸钢等。

（2）M 类（黄色）是中合金化的硬质合金牌号。这类合金为通用型，适于加工长切屑或短切屑的黑色金属及有色金属，如碳钢、铸钢、铸铁、高锰钢等。

（3）K 类（红色）是单纯 WC 的硬质合金牌号。这类合金主要用于加工短切屑的黑色金属、有色金属及非金属材料，如很硬的铸铁、淬火钢、铜合金、塑料等。

每一种类的各个牌号分别以一个 01 ~ 50 的数字表示从最高硬度到最大韧性之间的一系列合金，以供各种被加工材料的不同切削工序及加工条件时选用。例如，P01 级刀片是属于精加工高速切削刀片，P50 级则属于粗加工低速切削刀片。根据使用需要，在两个相邻的分类代号之间，可插入一个中间代号，如在 P10 和 P20 之间插入 P15，K20 和 K30 之间插入 K25 等，但不能多于一个。

我国将硬质合金分为以下三类：

（1）钨钴类（W-Co）：其代号为 YG，相当于 ISO 标准的 K 类。它由碳化钨和钴组成，牌号中的数字为钴的质量百分数。常用牌号有 YG8、YG6、YC3，它们分别适用于粗加工、半精加工和精加工。该类合金主要用于加工铸铁、有色金属及非金属材料。

（2）钨钛钴类（WC-Ti-Co）：其代号为 YT，相当于 ISO 标准的 P 类，代号后的数字为该牌号合金含 TiC 的质量百分数，该类合金适用于加工钢材。粗加工宜选用含钴量较多（含 TiC 较少）的牌号，精加工宜选用含钴量较少（含 TiC 较多）的牌号。常用牌号有 YT5、YT15、YT30，它们分别适用于粗加工、半精加工和精加工。

（3）钨钛钽（铌）钴类［WC-TiC-TaC-（NbC）-Co］：其代号为 YW，相当于 ISO 标准的 M 类。YW 类合金兼有 YG 类和 YT 类合金的大部分优良性能，故被称为通用合金。它既可以加工铸铁、有色金属，也可用于加工钢。常用牌号有 YW1、YW2。YW1 扩展了 YT 类合金的使用性能，能承受一定的冲击载荷，通用性较好；YW2 耐磨性稍次于 YW1，但使用强度较高，能承受较大的冲击载荷。

3）数控加工常用刀具的种类及特点

数控加工刀具必须适应数控机床高速、高效和自动化程度高的特点，一般应包括通用刀具、通用连接刀柄及少量专用刀柄。刀柄要连接刀具并装在机床动力头上，因此已逐渐标准化和系列化。数控刀具的分类有多种方法。

根据刀具结构可分为：① 整体式；② 镶嵌式，包括刀片采用焊接或机夹式连接，机夹式又可分为不转位和可转位两种；③ 特殊形式，如复合式刀具、减振式刀具等。

根据制造刀具所用的材料可分为：① 高速钢刀具；② 硬质合金刀具；③ 陶瓷刀具；④ 其他材料刀具，如金刚石刀具、立方氮化硼刀具等。

从切削工艺上可分为：① 车削刀具，分外圆、内孔、螺纹、切割刀具等多种；② 钻削刀具包括钻头、铰刀、丝锥等；③ 镗削刀具；④ 铣削刀具等。

为了适应数控机床对刀具耐用、稳定、易调、可换等的要求，近几年机夹式可转位刀具得到广泛的应用，在数量上达到整个数控刀具的 30%～40%，金属切除量占总数的 80%～90%。

数控刀具与普通机床上所用的刀具相比，有许多不同的要求，主要有以下特点：

（1）刚性好（尤其是粗加工刀具），精度高，抗振及热变形小。

（2）互换性好，便于快速换刀。

（3）寿命高，切削性能稳定、可靠。

（4）刀具的尺寸便于调整，以减少换刀调整时间。

（5）刀具应能可靠地断屑或卷屑，以利于切屑的排除。

（6）系列化、标准化，以利于编程和刀具管理。

4）可转位刀具的种类和用途

可转位刀具是将预先加工好并带有若干个切削刃的多边形刀片，用机械夹固的方法夹紧在刀体上的一种刀具。在使用过程中，当一个切削刃磨钝了后，只要将刀片的夹紧松开，转位或更换刀片，使新的切削刃进入工作位置，再经夹紧就可以继续使用。

可转位刀片与焊接式刀具相比有以下特点：刀片成为独立的功能元件，其切削性能得到了扩展和提高；机械夹固式避免了焊接工艺的影响和限制，更利于根据加工对象选择各种材料的刀片，并充分地发挥了其切削性能，从而提高了切削效率；切削刃空间位置相对刀体固定不变，节省了换刀、对刀等所需的辅助时间，提高了机床的利用率。

由于可转位刀具切削效率高，辅助时间少，所以提高了工效，而且可转位刀具的刀体可重复使用，节约了钢材和制造费用，因此其经济性好。可转位刀具的发展极大地促进了刀具技术的进步，同时可转位刀体的专业化、标准化生产又促进了刀体制造工艺的发展。可转位刀具的种类和用途见表 2-1。

表 2-1　可转位刀具的种类和用途

刀具名称		用　途
可转位面铣刀	普通形式面铣刀	适于铣削大的平面，用于不同深度的粗加工、半精加工
	可转位精密面铣刀	适用于表面质量要求高的场合，用于精铣
	可转位立装面铣刀	适于钢、铸钢、铸铁的粗加工，能承受较大的切削力，适于重切削
	可转位圆刀片面铣刀	适于加工平面或根部有圆角台肩、筋条的工件以及难加工材料，小规格的还可用于加工曲面
	可转位密齿面铣刀	适于铣削短切屑材料以及较大平面和较小余量的钢件，切削效率高
可转位三面刃铣刀		适用于铣削较深和较窄的台阶面及沟槽
可转位两面刃铣刀		适用于铣削深的台阶面，可组合起来用于多组台阶面的铣削
可转位立铣刀		适于铣削浅槽、台阶面和不通孔的加工
可转位螺旋立铣刀（玉米铣刀）	平装形式螺旋立铣刀	适于直槽、台阶、特殊形状及圆弧插补的铣削，适于高效率的粗加工或半精加工
	立装形式螺旋立铣刀	适于重切削，机床刚性要好

续表

刀具名称		用　　途
可转位面铣刀	普通形式面铣刀	适于铣削大的平面，用于不同深度的粗加工、半精加工
可转位球头立铣刀	普通形球头立铣刀	适于模腔内腔及过渡圆角的外型面的粗加工、半精加工
	曲线刃球头立铣刀	适于模具工业、航空工业和汽车工业的仿形加工，用于粗铣、半精铣各种复杂型面，也可以用于精铣
可转位浅孔钻		适于高效率地加工铸铁、碳钢、合金钢等，可进行钻孔、铣切等
可转位成形铣刀		适于各种型面的高效加工，可用于重切削
可转位自夹紧切断刀		适于对工件的切断、切槽
可转位车刀		适于各种材料的粗车、半精车及精车

5）数控加工刀具的选择

应根据机床的加工能力、工件材料的性能、加工工序、切削用量以及其他相关因素正确选用刀具及刀柄。刀具选择总的原则是：安装调整方便，刚性好，刀具寿命和精度高。

选取刀具时，要使刀具的尺寸与被加工工件的表面尺寸相适应。生产中，平面工件周边轮廓的加工，常选用立铣刀；铣削平面时，应选硬质合金刀片铣刀；加工凸台、凹槽时，选普通硬质合金、超细晶粒硬质合金、涂层或高速钢立铣刀；加工毛坯表面或粗加工孔时，可选镶硬质合金刀片的玉米铣刀；对一些立体型面和变斜角轮廓外形的加工，常选用球头铣刀、环形铣刀、锥形铣刀和盘形铣刀。

在进行自由曲面加工时，由于球头刀具的端部切削速度为零，因此为了保证加工精度，切削行距一般取得很小，故球头刀常用于曲面的精加工。而平头刀具在表面加工质量和切削效率方面都优于球头刀，因此在保证不过切的前提下，无论是曲面的粗加工还是精加工，都应优选用平头刀。另外，刀具寿命和精度与刀具价格关系极大。选择好的刀具虽然增加了刀具成本，但由此带来的加工质量和加工效率的提高，则可使整个加工成本大大降低。

在加工中心上，各种刀具分别装在刀库上，按程序规定随时进行选刀和换刀。因此必须采用标准刀柄，以便使钻、扩、镗、铣削等工序用的标准刀具可被迅速、准确地装到机床主轴或刀库中去。编程人员应了解机床上所用刀柄的结构尺寸、调整方法以及调整范围，以便在编程时确定刀具的径向和轴向尺寸。

7. 切削用量的确定

切削用量包括切削速度、背吃刀量和进给量（或进给速度）。切削用量的合理选择将直接影响加工精度、表面质量、生产率和经济性，其确定原则与普通加工相似。

合理选择切削用量的原则是：粗加工时，一般以提高生产率为主，但也应考虑经济性和生产成本，因此，在工艺系统刚度允许的情况下，充分利用机床功率，发挥刀具切削性能，选取较大的背吃刀量 α_p 和进给量 f，再选择一个合适的切削速度 v_c；半精加工和精加工时，应在保证加工质量（即加工精度和表面粗糙度）的前提下，兼顾切削效率、经济性和生产成本，一般应选取较小的背吃刀量 α_p 和进给量 f，尽可能选择较高的切削速度 v_c。具体数据应根据机床使用说明书、切削用量手册，并结合实际经验加以修正确定。

1）主轴转速 n（r/min）

主轴转速 n 主要根据允许的切削速度 v_c（m/min）来选取。计算公式为

$$n = 1\,000 v_c / \pi D$$

式中 v_c——切削速度，m/min；

D——工件或刀具的直径，mm。

在确定主轴转速时，首先需要根据零件和刀具材料以及加工性质（如粗、精加工）等条件来确定其允许的切削速度。

切削速度为切削用量中对切削加工影响最大的因素，它对加工效率、刀具寿命、切削力、表面粗糙度、振动、安全等会产生很大的影响。增大切削速度，可提高切削效率，减小表面粗糙度值，但却使刀具寿命降低。因此，要综合考虑切削条件和要求，选择适当的切削速度。通常以经济切削速度切削工件，经济切削速度是指刀具寿命确定为 60 ~ 100 min 的切削速度。

切削速度可根据刀具产品目录或切削手册，并结合实际经验加以修正确定。需要注意的是，一般刀具目录中提供的切削速度推荐值是按刀具寿命为 30 min 给出的，假如加工中要使刀具寿命延长到 60 min，则切削速度应取推荐值的 70% ~ 80%；反之，如果采用高速切削，刀具寿命选 15 min，则切削速度可取推荐值的 1.2 ~ 1.3 倍。另外，切削速度与加工材料也有很大关系，例如用立铣刀铣削合金钢 30CrNi2MoVA 时，V_c 可选 8 m/min 左右；而用同样的铣刀铣削铝合金时，可选 200 m/min 以上。表 2-2 列出了铣削时的切削速度，表 2-3 列出了车削常用金属材料的切削速度，可供参考。

表 2-2　铣削加工时的切削速度

工件材料	抗拉强度/（N/m^2）或硬度	刀具材料	粗加工		精加工	
			切削速度/（m/min）	进给量/（mm/z）	切削速度/（m/min）	进给量/（mm/z）
钢	500 ~ 700	P25	80 ~ 120	0.3 ~ 0.4	100 ~ 120	0.1
	700 ~ 1 000	P40	60 ~ 100	0.15 ~ 0.4	80 ~ 100	0.1
铸铁	200 ~ 300 HB	K20	60 ~ 90	0.3 ~ 0.5	60 ~ 90	0.1
黄铜	80 ~ 120 HB	K20	150 ~ 220	0.15 ~ 0.4	170 ~ 300	0.1
青铜	60 ~ 100 HB	K20	100 ~ 180	0.15 ~ 0.4	140 ~ 250	0.1

表 2-3　车削加工时的切削速度

工件材料	抗拉强度/（N/m^2）或硬度	刀具材料	粗加工时的切削速度/（m/min）	精加工时的切削速度/（m/min）
钢	350 ~ 400	A	40 ~ 50	60 ~ 75
		B	130 ~ 240	200 ~ 300
	430 ~ 500	A	30 ~ 35	50 ~ 70
		B	100 ~ 200	220 ~ 300

续表

工件材料	抗拉强度/（N/m^2）或硬度	刀具材料	粗加工时的切削速度/（m/min）	精加工时的切削速度/（m/min）
钢	600 ~ 700	A	22 ~ 28	30 ~ 40
		B	100 ~ 150	150 ~ 220
	700 ~ 850	A	18 ~ 24	35 ~ 40
		B	70 ~ 90	100 ~ 130
铸铁	140 ~ 190 HB	A	18 ~ 25	30 ~ 35
		B	60 ~ 90	90 ~ 130
锡青铜	65 ~ 95 HB	A	40 ~ 50	60 ~ 75
		B	250 ~ 300	300 ~ 400
	95 ~ 125 HB	A	30 ~ 35	40 ~ 50
		B	150 ~ 200	220 ~ 300
铝		A	150 ~ 200	200 ~ 250
		B	600 ~ 800	800 ~ 1 000

备注：A——高速钢；B——硬质合金。

主轴转速 n 要根据计算值在编程中给予规定。数控机床的控制面板上一般备有“主轴转速调整率”旋钮，可在加工过程中对主轴转速进行倍率调整。

2）背吃刀量 α_p（mm）

背吃刀量 α_p 主要根据机床、夹具、刀具和工件所组成的加工工艺系统的刚性来确定。粗加工时，在系统刚性允许的情况下，应以最少的进给次数切除余量，最好一次切除全部加工余量，以提高生产效率。对于表面粗糙度和精度要求较高的零件，要留有足够的精加工余量，数控加工的精加工余量可比通用机床加工的余量小一些。一般车削和镗削的精加工余量为 0.1 ~ 0.5 mm，铣削的精加工余量为 0.2 ~ 0.8 mm。

3）进给量 f（mm/r 或 mm/z）或进给速度 v_f（m/min）

前面已经指出，如果通过提高切削速度来提高切削效率，将会使刀具寿命降低，从而增加因刀具更换所需的辅助时间。由于受数控机床输出转矩的限制，用增大进给量的方法来提高切削效率更为有效。在刀具许可的范围内，增加进给量将使刀具寿命降低的情况减至最小但增加进给量会对表面粗糙度或切屑处理产生影响。粗加工时，影响进给量选择的主要因素是工艺系统的刚性和高生产率的要求；精加工时，影响进给量选择的主要因素是加工精度和表面粗糙度的要求。因此，粗加工时应选较大的进给量，精加工时应选较小的进给量。在加工过程中也可通过机床控制面板上的“切削进给率”旋钮进行调整，但是最大进给速度要受到设备刚性和进给系统性能等的限制。

2.3 数控机床的工具系统

工具系统是针对数控机床要求与之配套的刀具必须可快速更换和高效切削而发展起来的，是刀具与机床的接口。它除了刀具本身外，还包括实现刀具快速更换所需的定位、夹紧、抓拿及刀具保护等机构。20 世纪 70 年代，工具系统以整体结构为主；20 世纪 80 年代初，开发出口模块式结构的工具系统（分车削、镗铣两大类）；20 世纪 80 年代末，开发出了通用模块式结构的工具系统（车、铣、钻等万能接口）。模块式工具系统将工具的柄部和工作部分分割开来，制成各种系统化的模块，然后经过不同规格的中间模块组成一套套不同规格的工具。目前，世界上模块式工具系统有几十种结构，其区别主要在于模块之间的定位方式和锁紧方式不同。

目前，不少国家或公司都已制定出自己的标准化工具系统，如在数控车削加工方面有德国 DIN69880 工具系统、瑞典山特维克公司的 BTS 模块式车削工具系统、适合高速加工的 HSK 工具系统等。为满足工业发展的需要，我国制定了“镗铣类整体数控工具系统”标准（按汉语拼音，简称为 TSG 工具系统）和“镗铣类模块式数控工具系统”标准（简称为 TMG 工具系统），它们都采用 GB/T 10944.1-2—2006（JT 系列刀柄）为标准刀柄。考虑到事实上使用日本的 MAS/BT403 刀柄的机床目前在我国数量较多，TSG 及 TMG 也将 BT 系列作为非标准刀柄首位推荐，即 TSG、TMG 系统也可按 BT 系列刀柄制作。

2.3.1 数控镗铣加工用工具系统

1. 工具系统分类

金属切削刀具系统从其结构上可分为整体式与模块式两种。整体式刀具系统基本上由整体柄部和整体刃部（整体式刀具）两者组成，传统的钻头、铣刀、铰刀等就属于整体式刀具。整本式刀具由于不同品种和规格的刃部都必须和对应的柄部相连接，致使刀具的品种、规格繁多，给生产、使用和管理带来诸多不便，有些使用频率极低但又需要用的刀具也不得不备置，这相当于闲置大量资金。为了克服整体式刀具系统的这些缺点，各国相继开发了各式各样的高性能模块式刀具系统。模块式刀具系统是把整体式刀具系统按功能进行分割，做成系列化的标准模块（如刀柄、刀杆、接长杆、接长套、刀夹、刀体、刀头、刀刃等），再根据需要快速地组装成不同用途的刀具，当某些模块损坏时可部分更换。这样既便于批量制造、降低成本，也便于用户的刀具储备、节省开支，因此模块式刀具系统在 FMS 中备受推崇。但另一方面模块式刀具系统也有刚性不如整体式好，一次性投资偏高的不足之处。

2. 工具系统型号表示方法

我国工具系统型号的表示方法如下：

JT(BT)40	–	XS16	–	75
①		②		③

其中，①、②、③项表示的含义分别是：

① 项表示柄部形式及尺寸，其中：JT 表示采用 ISO 7388 号加工中心机床用锥柄柄部（带机械手夹持槽），其后数字为相应的 ISO 锥度号，如 50 和 40 分别代表大端直径为 69.85 和 44.45 的 7：24 锥度；BT 表示采用日本标准 MAS403 号加工中心机床用锥柄柄部（带机械手夹持槽），其后数字为相应的 ISO 锥度号，如 50 和 40 分别代表大端直径为 69.85 和 44.45 的 7：24 锥度。最常用的是 40 号和 50 号刀柄，几乎占 95%，刀柄大端直径越大，则刚性就越好。

② 项表示刀柄用途及主参数，其中：XD 表示装三面铣刀刀柄；MW 表示无扁尾莫氏锥柄刀柄；XS 表示装三面刃铣刀刀柄；M 表示有扁尾莫氏锥柄刀柄；Z（J）表示装钻夹头刀柄（贾氏锥度加 J）；G 表示攻螺纹夹头；T 表示镗孔刀具；XP 表示装削平柄铣刀刀柄。用途后的数字表示工具的工作特性，其含义随工具不同而异，有些工具该数字为其轮廓尺寸 D 或 L；有些工具该数字表示应用范围。

③ 项表示工作长度。

3. TSG82 工具系统

图 2-15 所示为 TSG82 工具系统。该系统是一个连接镗铣类数控机床（含加工中心）的主轴与刀具之间的辅助系统，它包含多种接杆和刀柄，也有少量刀具（如镗刀头），可用来完成铣削平面、斜面、曲面、沟槽及钻孔、扩孔、铰孔、镗孔和攻螺纹等多种加工工艺。该系统的各类辅具和刀具具有结构简单、使用方便、装卸灵活和调整迅速等特点。该图表示了 TSG82 工具系统中各种工具的组合形式，各种工具尺寸系列见 JB/GQ 5010—83。表 2-4 列出了弹簧夹头刀柄与接杆和卡簧的各种组合形式及用途，表 2-5 列出了有扁尾莫氏锥孔刀柄与其接杆、刃具的各种组合形式及用途。图 2-15 还反映了其他各种工具组合形式。

4. HSK 工具系统

高速切削加工已成为现代机械制造技术的一个重要组成部分和发展方向。目前，工业发达国家已开始广泛使用机床主轴转速达每分钟上万转乃至数万转的高速切削机床。我国的汽车、航空航天等行业从国外引进的大量先进加工中心及高性能机床中，也包括不少高速切削机床。在机床主轴工作转速大幅度提高的情况下，传统的 BT（7：24 锥）工具系统的加工性能已难以满足高速切削的要求。为此，工业发达国家竞相开发各种可适应高速切削的新型工具系统，目前应用较广泛的有德国的 HSK 工具系统、美国的 KM 工具系统等，其中以 HSK 工具系统的技术最为成熟，应用范围也最广泛。HSK 刀柄是一种新型的高速锥形刀柄，其接口采用锥面和端面两面同时定位的方式，刀柄结构及主轴连接如图 2-16 所示，HSK 工具系统采用 1：10 锥度，刀柄为中空短柄，刀柄长度约为传统刀柄长度的 1/2，楔形效果好，抗扭能力强。HSK 整体式刀柄采用平衡式设计，刀柄结构有 A、B、C、D、E、F 六种，如图 2-17 所示，其中 A、B 型为自动换刀刀柄，C、D 型为手动换刀刀柄，E、F 型为无键连接的对称结构。

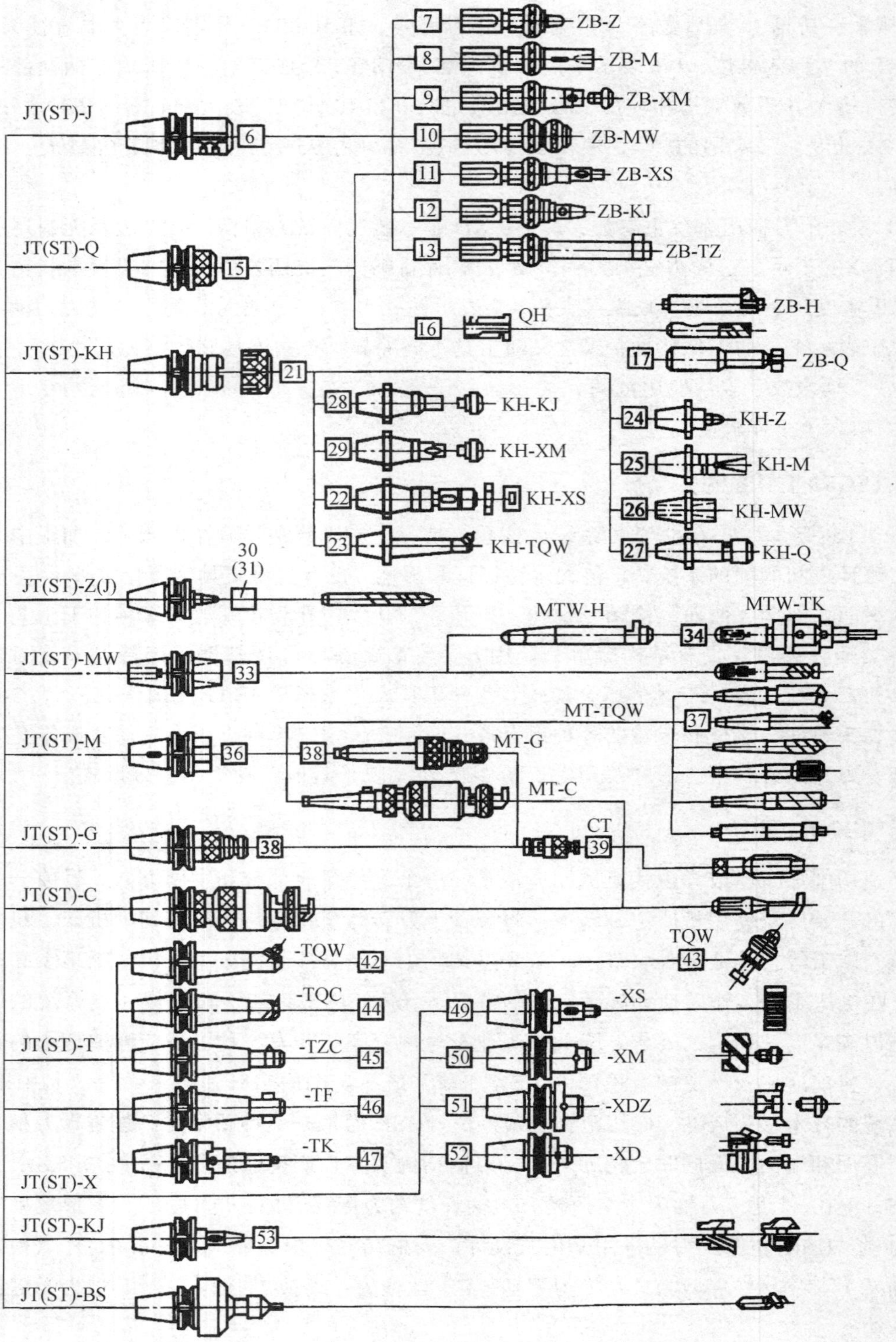

图 2-15　TSG82 工具系统

表 2-4　弹簧夹头刀柄与接杆和卡簧的各种组合形式及用

组合形式		主要用途
刀柄代号和名称	装配件	
JT（ST）-Q 弹簧夹头刀柄	QH 卡簧	装夹直柄刀具或 ZB-Q 夹头
	ZB-Q 直柄小弹簧夹头 + LQ 外夹簧组件	装夹直柄刀具或 QH 内卡簧
	QH 卡簧 + ZB-Q 直柄小弹簧夹头 + LQ 外夹簧组件	装夹直柄刀具或 QH 内卡簧
	QH 卡簧 + ZB-Q 直柄小弹簧夹头 + LQ 外夹簧组件 + QH 内卡簧	装夹直柄刀具
	ZB-H 直柄倒锪端面镗刀	倒锪端面
	QH 卡簧 + ZB-H 直柄倒锪端面镗刀	

表 2-5　有扁尾莫氏锥孔刀柄与其接杆、刃具的各种组合形式及用途

组合形式		主要用途
刀柄	装配件	
JT（ST）-M 有尾莫氏锥孔刀柄	MT-TQW 莫氏圆锥柄倾斜微调镗刀杆	装夹 TQW 镗刀头镗孔
	MT-G 莫氏圆锥柄攻螺纹夹头	装夹丝锥攻螺纹
	MT-G 莫氏圆锥柄攻螺纹夹头 + GT 攻螺纹夹套	装夹丝锥攻螺纹
	有扁尾莫氏圆锥柄镗刀	镗孔
	有扁尾莫氏圆锥柄钻头	钻孔
	有扁尾莫氏圆锥柄铰刀	铰孔
	有扁尾莫氏圆锥柄扩孔钻	扩孔
	有扁尾莫氏圆锥柄沉头扩钻	钻沉孔

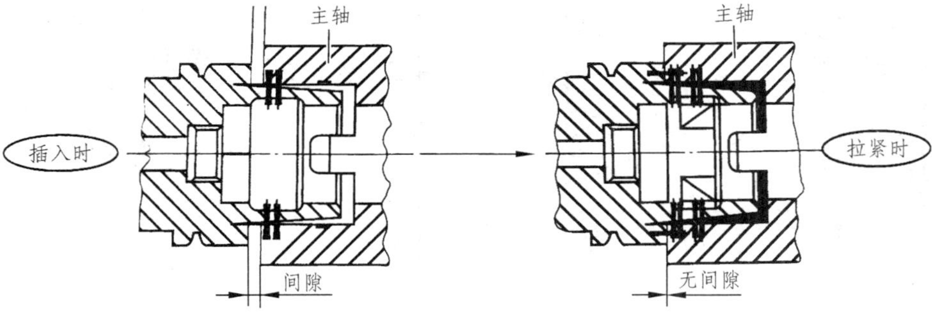

图 2-16　HSK 刀柄结构及与主轴的连接

（a）　　（b）　　（c）

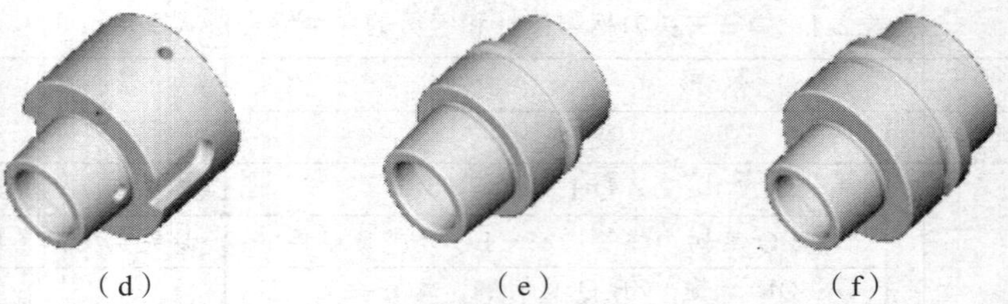

图 2-17　HSK 刀柄的六种类型

2.3.2　数控车削加工用工具系统

数控车削加工用工具系统的构成和结构与机床刀架的形式、刀具类型及刀具是否需要动力驱动等因素有关。数控车床常采用立式或卧式转塔刀架作为刀库，刀库容量一般为 4 ~ 8 把刀具，常按加工工艺顺序布置，由程序控制实现自动换刀。其特点是结构简单，换刀快速，每次换刀仅需 1 ~ 2 s。图 2-18 为数控车削加工用工具系统的一般结构体系。目前，广泛采用的德国 DIN69880 工具系统具有重复定位精度高、夹持刚性好、互换性强等特点，分为非动力刀夹和动力刀夹两部分。

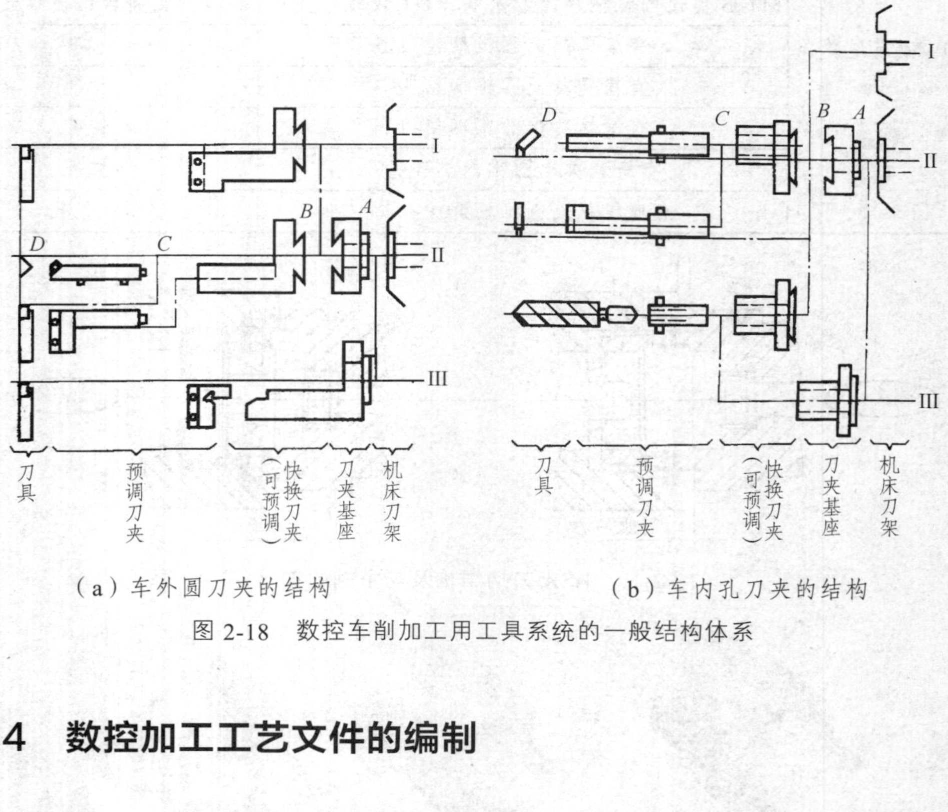

图 2-18　数控车削加工用工具系统的一般结构体系

2.4　数控加工工艺文件的编制

填写数控加工工艺文件是数控加工工艺设计的内容之一。这些技术文件既是数控加工和产品验收的依据，也是操作者必须遵守和执行的规程。技术文件是对数控加工的具体说明，目的是让操作者更明确加工的内容、装夹方式、各个加工部位所选用的刀具及其他技术问题。数控加工工艺文件主要有编程任务书、数控加工工件安装和原点设定卡片、数控加工工序卡片、数控加工走刀路线图和数控刀具卡片等。不同的数控机床和加工要求，工艺文件的内容和格式有所不同，因目前尚无统一的国家标准，各企业可根据自身特点制定出相应的工艺文件。下面介绍企业中应用的几种主要工艺文件。

2.4.1 数控加工工序卡

数控加工工序卡与普通机械加工工序卡有较大区别。数控加工一般工序集中，每一加工工序可划分为多个工步，工序卡不仅应包含每一工步的加工内容，还应包含所用刀具类型及材料、刀具号、刀具补偿号及切削用量等内容。它不仅是编程人员编制程序时必须遵循的基本工艺文件，同时也是指导操作人员进行数控机床操作和加工的主要资料。不同的数控机床，数控加工工序卡可采用不同的格式和内容。表 2-6 是加工中心加工工序卡的一种格式。

表 2-6 数控加工工序卡片

<table>
<tr><td>单 位</td><td>数控加工工序卡片</td><td colspan="4">产品名称或代号</td><td colspan="2">零件名称</td><td>零件图号</td></tr>
<tr><td colspan="2" rowspan="8">工序简图</td><td colspan="4"></td><td colspan="2"></td><td></td></tr>
<tr><td colspan="4">车 间</td><td colspan="3">使用设备</td></tr>
<tr><td colspan="4"></td><td colspan="3"></td></tr>
<tr><td colspan="4">工艺序号</td><td colspan="3">程序编号</td></tr>
<tr><td colspan="4"></td><td colspan="3"></td></tr>
<tr><td colspan="4">夹具名称</td><td colspan="3">夹具编号</td></tr>
<tr><td colspan="4"></td><td colspan="3"></td></tr>
<tr></tr>
<tr><td rowspan="2">工步号</td><td rowspan="2">工步内容</td><td rowspan="2">加工面</td><td colspan="2">使用的刀具</td><td colspan="3">切削用量</td><td rowspan="2">备注</td></tr>
<tr><td>刀具号</td><td>刀补量</td><td>主轴转速</td><td>进给速度</td><td>切削深度</td></tr>
<tr><td></td><td></td><td></td><td></td><td></td><td></td><td></td><td></td><td></td></tr>
<tr><td></td><td></td><td></td><td></td><td></td><td></td><td></td><td></td><td></td></tr>
<tr><td></td><td></td><td></td><td></td><td></td><td></td><td></td><td></td><td></td></tr>
<tr><td></td><td></td><td></td><td></td><td></td><td></td><td></td><td></td><td></td></tr>
<tr><td></td><td></td><td></td><td></td><td></td><td></td><td></td><td></td><td></td></tr>
<tr><td>编制</td><td></td><td>审核</td><td></td><td>批准</td><td></td><td>年 月 日</td><td>共 页</td><td>第 页</td></tr>
</table>

2.4.2 数控加工走刀路线图

数控加工走刀路线图用来反映刀具进给路线，该图应准确描述刀具从起刀点开始，直到加工结束返回终点的轨迹。它不仅是程序编制的基本依据，同时也便于操作者了解刀具的运动路线（如从哪里下刀、在哪里抬刀、哪里是斜下刀等），注意防止刀具在运动过程中与夹具或工件发生意外碰撞。为简化走刀路线图，一般可采用统一约定的符号来表示，不同的机床可采用不同的图例与格式，表 2-7 为一种常用格式。

表 2-7 数控加工走刀路线图

数控加工走刀路线图		零件图号	LWZ-1	工序号	1	工步号	2	程序号	O0001
机床型号	CK6132S	程序段号	N1-N8	加工内容	粗车右端轮廓			共 9 页	第 1 页
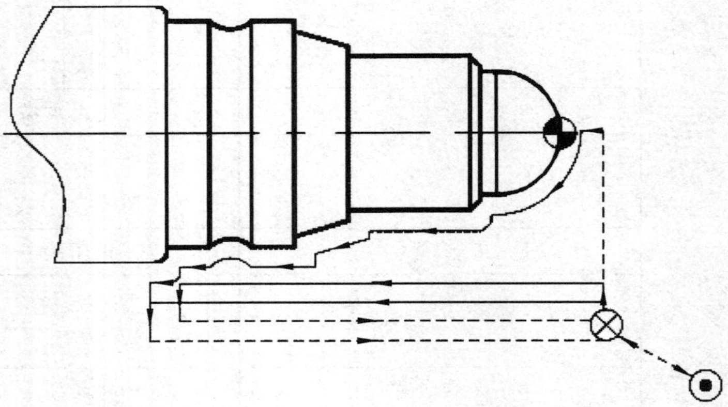									
								编程	
								校对	
								审批	
符号	⊗	◐	⊙	- - - →	——→				
含义	循环点	编程原点	换刀点	快速走刀	进给走刀				

2.4.3 数控加工刀具卡

数控加工刀具卡主要反映使用刀具的名称、编号、规格、长度和半径补偿值以及所用刀柄的型号等内容，它是调刀人员准备和调整刀具、机床操作人员输入刀补参数的主要依据。表 2-8 是加工中心加工刀具卡的一种格式。

表 2-8　数控加工刀具卡

<table>
<tr><td colspan="2">零件号</td><td></td><td>零件名称</td><td></td><td>编制</td><td></td><td>审核</td><td></td></tr>
<tr><td colspan="2">程序号</td><td colspan="3"></td><td>日期</td><td></td><td>日期</td><td></td></tr>
<tr><td>工步号</td><td>刀具号</td><td>刀具型号</td><td colspan="2">刀柄型号</td><td colspan="3">刀长及半径补偿量</td><td>备注</td></tr>
<tr><td></td><td>T</td><td></td><td colspan="2"></td><td colspan="3">$H=$
$D=$</td><td></td></tr>
<tr><td></td><td>T</td><td></td><td colspan="2"></td><td colspan="3">$H=$
$D=$</td><td></td></tr>
<tr><td></td><td>T</td><td></td><td colspan="2"></td><td colspan="3">$H=$
$D=$</td><td></td></tr>
<tr><td></td><td>T</td><td></td><td colspan="2"></td><td colspan="3">$H=$
$D=$</td><td></td></tr>
<tr><td></td><td>T</td><td></td><td colspan="2"></td><td colspan="3">$H=$
$D=$</td><td></td></tr>
<tr><td></td><td>T</td><td></td><td colspan="2"></td><td colspan="3">$H=$
$D=$</td><td></td></tr>
</table>

2.4.4　数控加工程序单

数控加工程序单是编程员根据工艺分析情况，经过数值计算，按照数控机床的程序格式和指令代码编制的。它是记录数控加工工艺过程、工艺参数、位移数据的清单，同时可帮助操作员正确理解加工程序内容。表 2-9 是常用的数控车削加工程序单的格式。

表 2-9　数控加工程序单

<table>
<tr><td>零件号</td><td></td><td>零件名称</td><td></td><td>编制</td><td></td><td>审核</td><td></td></tr>
<tr><td>程序号</td><td colspan="3"></td><td>日期</td><td></td><td>日期</td><td></td></tr>
<tr><td>序号</td><td colspan="3">程序内容</td><td colspan="4">程序说明</td></tr>
<tr><td></td><td colspan="3"></td><td colspan="4"></td></tr>
<tr><td></td><td colspan="3"></td><td colspan="4"></td></tr>
<tr><td></td><td colspan="3"></td><td colspan="4"></td></tr>
<tr><td></td><td colspan="3"></td><td colspan="4"></td></tr>
<tr><td></td><td colspan="3"></td><td colspan="4"></td></tr>
<tr><td></td><td colspan="3"></td><td colspan="4"></td></tr>
</table>

有关工艺文件具体的编写要求和内容请参考本书以后章节的介绍。

复习思考题

一、填空题

1. 切削进给速度 F0.3 代表进给量为______________；F300 代表进给速度为____________。

2. 对刀点既是程序的________，也是程序的_________。为了提高零件的加工精度，对刀点应尽量选在零件的_________基准或工艺基准上。

3. 切削用量三要素是_________、_________、_________。对于不同的加工方法，需要不同的切削用量，并应编入程序单内。

4. 在铣削零件的内外轮廓表面时，为防止在刀具切入、切出时产生刀痕，应沿轮廓______方向切入、切出，而不应_______方向切入、切出。

5. 切削用量中对切削加工影响最大的是_______，其次是_______，而_______影响最小。

6. 走刀路线是指加工过程中，_______相对于工件的运动轨迹和方向。

7. 粗加工时，应选择_______的背吃刀量、进给量，_______的切削速度。

二、判断题

1. 由于数控机床的先进性，任何零件均适合在数控机床上加工。 (　　)

2. 被加工零件轮廓上的内转角尺寸要尽量统一。 (　　)

3. 数控机床适用于单品种、大批量的生产。 (　　)

4. 在数控机床上加工零件，应尽量选用组合夹具和通用夹具装夹工件，避免采用专用夹具。 (　　)

5. 切削速度增大时，切削温度升高，刀具耐用度大。 (　　)

6. 高速钢与硬质合金相比，具有硬度较高、红硬性和耐磨性较好等优点。 (　　)

7. 数控机床对刀具材料的基本要求是高的硬度、高的耐磨性、高的红硬性和足够的强度和韧性。 (　　)

三、选择题

1. 精加工时，切削用量的选择应首先考虑_________。

A. 零件的加工精度和表面质量　　B. 刀具的耐用度　　C. 生产效率

2. 当工件以某一组精基准可以比较方便地加工其他各个表面时，应尽可能在多数工序中采用同一组精基准定位，这就是_________。

A. 基准统一　　B. 基准重合

C. 互为基准　　D. 自为基准

3. 数控机床加工选择刀具时一般应优先采用________刀具。

A. 标准　　B. 专用

C. 复合　　D. 都可以

4. 对于机床主轴的加工，若先以外圆为基准加工内孔，再以内孔为基准加工外圆，这是遵循（　　）的原则。

A. 基准重合　　B. 基准统一

C. 自为基准　　D. 互为基准

5. 刀具材料中，制造各种结构复杂的刀具应选用________。

A. 陶瓷材料　　B. 超硬刀具材料

C. 高速钢　　D. 硬质合金

6. 采用数控机床加工的零件应该是________。

A. 单一零件　　B. 中小批量、形状复杂、型号多变

C. 大批量

7. 在工件上既有平面需要加工，又有孔需要加工时，可采用________。

A. 粗铣平面→钻孔→精铣平面　　B. 先加工平面，后加工孔

C. 先加工孔，后加工平面　　D. 任何一种形式

8. 安排数控加工工序时，采用一次装夹工位上多工序集中加工原则的主要目的是________。

A. 减少换刀时间　　B. 减少空运行时间

C. 减少重复定位误差　　D. 简化加工程序

9. 数控机床使用的刀具必须具有较高强度和耐用度，铣削加工刀具常用的刀具材料是________。

A. 硬质合金　　B. 高速钢

C. 工具钢　　D. 陶瓷刀片

10. 工件欲获得较佳的表面粗糙度，宜选用________。

A. 较大进给与较高转速　　B. 较大进给与较低转速

C. 较小进给与较高转速　　D. 较小进给与较低转速

四、简答题

1. 数控加工工艺与普通加工工艺比较有哪些特点？
2. 数控编程前进行工艺分析的目的是什么？数控加工工艺的主要内容有哪些？
3. 如何合理选用数控机床？
4. 简述何谓对刀点、刀位点、换刀点，确定对刀点时应考虑的因素。
5. 数控加工工序顺序安排时应遵循的原则有哪些？

6. 在数控机床上加工时，定位基准和夹紧方案的选择应考虑哪些问题？选择夹具时要注意哪些问题？

7. 什么是数控加工的走刀路线？确定走刀路线时要考虑哪些原则？

8. 目前高硬度刀具材料有哪些？其性能特点和使用范围如何？

9. 简述选择切削用量三要素的原则。

10. 到互联网上查询国内外著名数控刀具生产公司和有关专业网站，了解最新数控刀具产品及应用资料［可查询瑞典山特维克可乐满刀具公司、国际金属加工网和杏泰英格（成都）数控刀具有限公司等］。

第 3 章　数控编程基础

本章导学

1. 熟悉数控程序的格式。
2. 了解数控程序的主要指令代码。
3. 掌握数控机床坐标系统的相关国家标准内容，并能正确判断出典型数控机床的标准坐标系统。
4. 掌握机床坐标系和工件坐标系的相关概念。
5. 掌握数控编程中常用的数学处理方法。

数控机床是一种按照输入的数字程序信息进行自动加工的机床。从数控系统外部输入的直接用于加工的程序称为数控加工程序，简称数控程序。因此，零件加工程序的编制是实现数控加工的重要环节。数控系统的种类繁多，它们使用的数控程序语言规则和格式也不尽相同，国际上广泛采用两种标准代码：一种是 ISO（国际标准化组织）标准代码；一种是 EIA（美国电子工业协会）标准代码。本书以 ISO 国际标准为主来介绍加工程序的编制方法。当针对某一台数控机床编制加工程序时，应该严格按机床编程手册中的规定进行程序编制。

3.1　程序的格式

数控加工程序是由一系列机床数控装置能辨识的指令有序结合而构成的，可分为程序号、程序主体和程序结束等几个部分。下面通过一编程实例来分析程序的构成。如图 3-1 所示，在数控车床上车削外圆，编制程序使刀具沿 $P_1 \to P_2 \to P_3 \to P_4 \to P_5 \to P_6$ 的轨迹运动加工：

O0001;		程序号
N10 G01 X40 Z0 F0.2;	（刀具运动到 P_1 点）	程序主体
N20 X60 Z-10;	（刀具运动到 P_2 点）	
N30 Z-30;	（刀具运动到 P_3 点）	
N40 X80;	（刀具运动到 P_4 点）	
N50 G03 X100 Z-40 R10;	（刀具运动到 P_5 点）	
N60 G01 Z-50;	（刀具运动到 P_6 点）	
N80 G00 X120;	（沿 X 轴方向快速退刀）	
N110 M30;	程序结束	

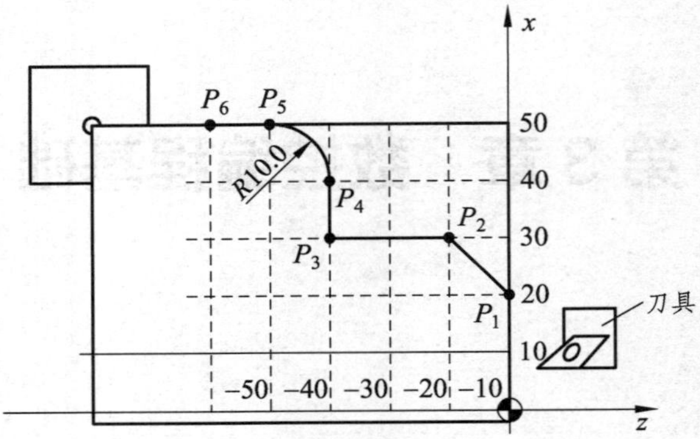

图 3-1　数控加工走刀路线

（1）程序号：程序号（程序名）为程序的开始部分，单列一行，在数控装置中，调用某个程序、编辑程序都是通过程序号来调出，程序号是一个程序所必需的标识符。程序号是由地址符后带若干数字组成。地址符常见的有“%”“O”“P”等，视具体数控系统而定。例如：国产华中 I 型系统程序号使用“%”，日本 FANUG 系统程序使用“O”，而 AB8400 系统用“P”，后面的数字一般为 1 ~ 4 位。程序名具体采用何种形式由数控系统决定。

（2）程序主体：程序主体是由多个程序段组成，每个程序段单列一行，用于控制机床完成某一个动作。每个程序段又由若干个程序字组成，每个程序字表示一个功能指令，因此又称为功能字，它是由地址字和数字组成（G01、X40），每一程序段后面加一结束符号“;”以表示一个程序段结束。

（3）程序结束：以程序结束指令 M02 或 M30 作为整个程序结束，单列一行。

3.1.1　程序段的格式和组成

程序段的格式可分为地址格式、分隔顺序格式、固定程序段格式和可变程序段格式等。最常用的是可变程序段格式。

所谓可变程序段格式，就是程序段的长短随字数和字长（位数）都是可变的。《数控机床轮廓和点位切削加工可变程序段格式》（JB 3832—1985）中推荐用可变程序段格式。程序段由程序段号（字）、地址、数字、符号等组成。下面以上例 N10 程序段为例介绍程序段的格式：

N10　G01　X40　Z0　F0.2;

其中　N——程序段地址码（字），用于指令程序段号；

G——指令动作方式的准备功能地址（G01 为直线插补指令）；

X，Z——坐标轴地址，其后面的数字表示刀具在该坐标移动的目标点坐标；

F——进给量指令地址，其后面的数字表示进给量，F0.2 表示进给量为 0.2 mm/r；

;——段结束符号（EOB）。

程序段也可以认为由程序字组成。程序字的组成：

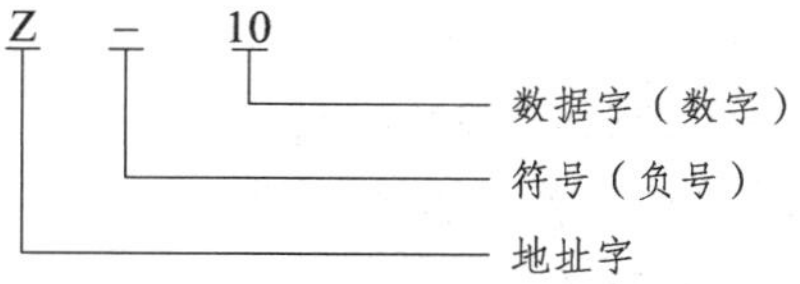

在程序段中表示地址的英文字母可分为尺寸字地址和非尺寸字地址两种。表示尺寸字地址的英文字母有 X、Y、Z、U、V、W、P、Q、I、J、K、A、B、C、D、E、R、H 共 18 个字母；表示非尺寸字地址有 N、G、F，S、T、M、L、O 共 8 个字母。其字母的含义见表 3-1。

表 3-1　表示地址符的英文字母含义

功能	地址	意义	功能	地址	意义
程序号	O、P	程序编号	进给功能	F	进给速度的指令
程序段号	N	程序段顺序号	主轴功能	S	主轴转速指令
准备功能	G	指令动作的方式	刀具功能	T	刀具编号指令
尺寸字	X、Y、Z	坐标轴的移动指令	补偿功能	H、D	补偿号指令
	A、B、C；U、V、W	附加轴的移动指令	辅助功能	M、B	主轴、冷却液开关，工作台度等
	I、J、K	圆弧圆心坐标	暂停功能	P、X	暂停时间指定
	R	圆弧半径	循环次数	L	子程序及固定循环的重复次数

程序中除了出现以上字母和数字外，还会用到一些符号，除了前面提到的“;”“.”和“－”外，还有如“＋”（正号）、“/”（选择性程序段删除）等。

1. 顺序号

数控程序的每一程序段之前可以加一顺序号，用地址 N 后面加上 1～99 999 中任意数字表示。顺序号与数控程序的加工顺序无关，它只是程序段的代号，故可任意编号。但最好以由小到大的顺序编号，这样较符合人们的思维习惯。

为了节省内存空间，一般数控程序不必在每一个程序段前面使用顺序号。但在复合循环指令中，如 G70～G73，必须在加工范围的程序段上加上特定的顺序号。另外，在某些特定的加工程序段即作为一种标示，如常用顺序号标示加工种类，以便人们阅读理解程序，例如：

N10；（粗车）

⋮

N20；（精车）

⋮

N30；（切槽）

⋮

2. 选择性程序段删除“/”

在程序段的最前端加一斜线“/”时，该程序段是否被执行由操作面板上的选择性程序段删除开关（跳步开关）来决定。当此开关处于“ON”（灯亮）时，则该程序段会被忽略而不被执行；当此开关处于“OF”（灯熄）时，则该程序段会被执行。所以程序中有“/”指令的程序段可由操作者视情况选择该程序段是否被执行。

“/”指令常置于程序段的最前端，若是置于程序段中的任何其他位置，则从“/”至“;”（程序段结束）间的所有指令可被忽略不执行。

3.1.2 程序数据输入格式

数控程序中的每一指令皆有一定的固定格式，使用不同的数控装置其格式也不同，故必须依据该数控装置的指令格式书写指令，若其格式有错误，则程序将不被执行而出现报警提示。

其中尤以数据输入时应特别注意。一般数控机床都可选择用米制单位（mm）或英制单位（in）为数值的单位，米制可精确到 0.001 mm，英制可精确到 0.000 1 in，这也是一般数控机床的最小移动量。若输入 X1.234 56 时，实际输入值是 X1.234 mm 或 X1.234 5 in，多余的数值即被忽略不计。且字数也不能太多，一般以 7 个字为限，如输入 X1.234 567 8，因超过 7 个字，会出现报警提示。表 3-2 是 FANUC 0i 系统的地址和指令数值范围。

表 3-2 中所列的是数控装置能接受的指令范围，由于受机床本身的限制，实际指令范围应参考数控机床的操作手册而定。例如表 3-2 中 x 轴可移动 ± 99 999.99 mm，但实际上数控机床 x 轴的行程可能只有 650 mm；进给量 F 最大可输入为 100 000 mm/min，但实际上数控机床可能限制在 3 000 mm/min 以下。故在程序编制时，一定要参考机床说明书。

表 3-2 地址与指令范围（FANUC 0i）

功能	位址	米制单位	英制单位
程序号码	O	1 ~ 9 999	1 ~ 9 999
顺序号码	N	1 ~ 99 999	1 ~ 99 999
准备功能	G	0 ~ 99	0 ~ 99
坐标字	X、Y、Z、Q、I、J、K	± 99 999.999 mm	± 99 999.999 in
	A、B、C	± 99 999.999°	± 99 999.999°
进给功能	F	1 ~ 100 000 mm/min	0.001 ~ 400 in/min
主轴功能	S	0 ~ 20 000	0 ~ 20 000
刀具功能	T	0 ~ 99 999 999	0 ~ 99 999 999
辅助功能	M	0 ~ 99 999 999	0 ~ 99 999 999
暂停	X、P	0 ~ 99 999.999 s	0 ~ 99 999.999 s
子程序号	P	1 ~ 9 999	1 ~ 9 999
补偿号码	D、H	0 ~ 400	0 ~ 400

3.1.3 小数点编程

程序中数值可以有小数点输入，坐标、时间或速度均可使用小数点。FANUC 0i 有两种小数点表示法：计算器型和标准型。当使用计算器型小数点表示时，没有小数点的数字单位被认为是毫米、英寸或度；当使用标准型小数点表示时，没有小数点的数值单位被认为是最小输入增量单位。使用参数 No.3401#0（DPI）选择计算器型或标准型小数点。在一个程序中，数值可以使用小数点指令，也可以不用小数点指令。小数点编程及含义见表 3-3。

表 3-3 小数点编程及含义

程序指令	计算器型小数点编程含义	标准型小数点编程含义
X1000 指令没有小数点	1 000 mm 单位：mm	1 mm 单位：最小输入增量单位 （0.001 mm）
X1000.0 或 X1000.	1 000 mm 单位：mm	1 000 mm 单位：mm

一般下面地址可以指定小数点：X、Y、Z、U、V、W、A、B、C、IJ、K、O、R 和 F。但也有一些地址不允许使用小数点表示法，如用 P 指令暂停 3 s，必须如下书写：

G04　P3000；

本书若没有特别说明，程序中的数值均采用计算器型小数点编程。

3.2 数控程序的指令代码

数控程序所用的代码主要有准备功能 G 代码、辅助功能 M 代码、进给功能 F 代码、主轴转速功能 S 代码和刀具功能 T 代码。在数控编程中，用各种 G 指令和 M 指令来描述工艺过程的各种操作和运动特征。在实际工作中，指令代码要遵照机床数控系统说明书来使用。

3.2.1 准备功能

准备功能 G 指令是使数控机床建立起某种加工方式的指令，如插补、刀具补偿、固定循环等。常用的 G 指令由地址符 G 和其后的两位数字组成，从 G00 到 G99，共 100 种。

3.2.2 辅助功能

辅助功能 M 指令是用于指定主轴的启动、停止及旋转方向，冷却液的开关，工件或刀具的夹紧和松开，刀具的更换等功能。常用辅助功能指令由地址符 M 和其后的两位数字组成。

3.2.3 进给功能

进给功能又称为 F 功能，用来指定坐标轴移动的进给速度。一般有两种表示方法：

1. 代码法

代码法，即 F 后跟两位数字，表示机床进给量数列的序号，它不直接表示进给速度的大小。

2. 直接代码法

F 后跟的数字就是进给速度的大小，如 F300 即表示进给速度为 300 mm/min。这种表示方法较为直观，目前大多数机床均采用这种方法。

F 代码为续效代码，一经指定后如未被重新指定，则表示先前所设定的进给速度继续有效。F 代码指令值如果超过制造厂商设定的范围时，则以厂商所设定的最高或最低进给速度为实际进给速度。

3.2.4 主轴转速功能

主轴转速功能又称为 S 功能，用来指定主轴转速，用字母 S 和其后的 1 ~ 4 位数字表示。有恒转速（单位 r/min）和恒线速度（单位 m/min）两种指令方式。S 代码只是设定主轴转速的大小，并不会使主轴回转，必须有 MO3（主轴正转）或 MO4（主轴反转）指令时，主轴才开始旋转。

3.2.5 刀具功能

刀具功能又称为 T 功能，在自动换刀的数控机床中，该指令用于选择所需的刀具，同时还可用来指定刀具补偿号。一般加工中心程序中 T 代码后的数字直接表示选择的刀具号码，如 T10 表示 10 号刀；数控车床程序中 T 代码后的数字既包含所选择刀具号，也包含刀具补偿号，T0806 表示选择 8 号刀，调用 6 号刀具补偿参数进行长度和半径补偿。由于不同的数控系统有不同的指令方法和含义，具体应用时应参照数控机床的编程说明书。

3.3 数控机床的坐标系统

3.3.1 坐标轴及其运动方向

数控机床坐标系统是用来确定其刀具运动路径的依据，因此坐标系统对数控程序设计极为重要。为了简化数控程序编制，并使编制的程序对同类型机床有互换性，ISO 标准和我国的 JB/T 3051—1999 机械行业标准统一规定数控机床坐标系各轴的名称及其正负方向。

1. 标准坐标系及运动方向

1）机床相对运动的规定

无论机床在实际加工中是工件运动还是刀具运动，在确定编程坐标时，均看作工件静止，刀具相对工件运动。这样编程人员在编程时可以不用考虑机床加工零件时，是工件相对刀具移动，还是刀具相对工件移动的情况下，就可以依据零件图样编程。

2）机床坐标系的规定

为了确定机床的运动方向和移动距离，需要在机床上建立一个坐标系，这个坐标系就是机床坐标系。数控机床的标准坐标系采用右手直角笛卡儿坐标系。如图 3-2 所示。坐标系三坐标轴 x、y、z 的相互关系用右手直角笛卡儿坐标系决定：

（1）伸出右手的大拇指、食指、中指，并互为 90°。则大拇指代表 x 坐标，食指代表 y 标，中指代表 z 坐标。

（2）大拇指的指向为 x 坐标的正方向，食指的指向为 y 坐标的正方向，中指的指向为 z 标的正方向。

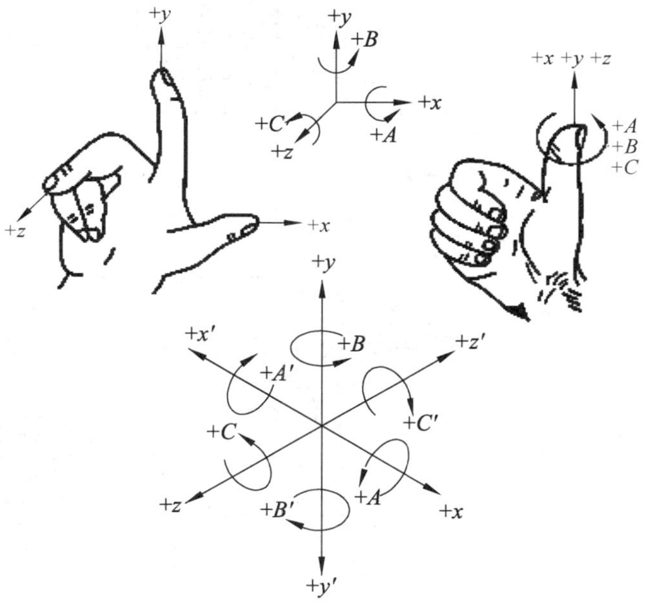

图 3-2　右手直角笛卡儿坐标系

（3）围绕 x、y、z 坐标旋转的旋转坐标分别用 A、B、C 表示，根据右手螺旋定则判断，大拇指的指向为 x、y、z 坐标中任意轴的正向，则其余四指的旋转方向即为旋转坐标 A、B、C 的正向。

如果数控机床的运动多于 x、y、z 三个坐标，则用附加坐标轴 U、V、W 分别表示平行于 x、y、z 三个坐标轴的第二组直线运动；若还有平行于 x、y、z 轴的第三组直线运动，则附加坐标轴可分别指定为 P、Q 及 R 轴。如果在 x、y、z 三个坐标轴主要直线运动之外存在不平行或可以不行 x、y、z 轴的直线运动，也可相应地指定附加坐标轴 U、V、W 或 P、Q 及 R。如果在第一组回转运动 A、B、C 之外还有平行或可以不平行 A、B、C 的第二组回转运动，

可分别指定 D、E 及 F。然而，就大部分数控机床加工的动作而言，只需三个直线坐标轴及一个旋转轴便可完成大部分零件的数控加工。常见的数控机床及其坐标系如图 3-3 所示。

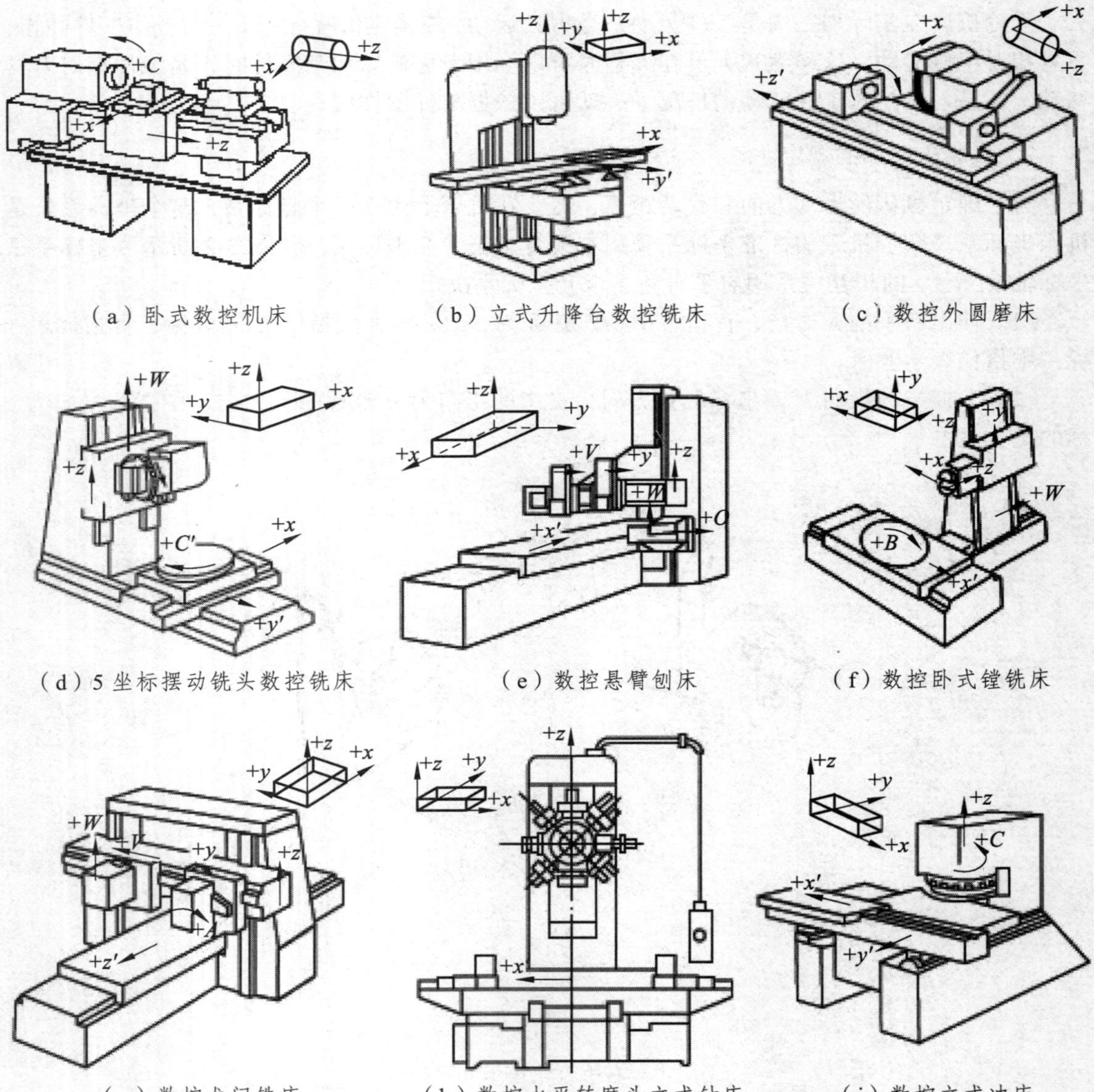

（a）卧式数控机床　（b）立式升降台数控铣床　（c）数控外圆磨床

（d）5 坐标摆动铣头数控铣床　（e）数控悬臂刨床　（f）数控卧式镗铣床

（g）数控龙门铣床　（h）数控水平转磨头立式钻床　（i）数控立式冲床

图 3-3　常见的数控机床及其坐标系

3）运动方向的规定

标准规定增大刀具与工件之间距离的方向即为各坐标轴的正方向。

2. 坐标轴及方向的确定

1）z 坐标的运动

机床主轴是传递主要切削动力的轴，可以表现为加工过程带动刀具旋转，也可表现工件旋转。例如卧式或立式数控车床、数控外圆磨床是主轴带动工件旋转，而数控镗铣床、数控钻床、数控攻螺纹机等则是主轴带动刀具旋转。标准规定 z 坐标的运动，是由传递切削动力的主轴所决定，远离工件的刀具运动方向为 z 坐标正方向（$+z$）。

当机床有几个主轴时，则选一个垂直于工件装夹平面的主轴方向为 z 坐标；如果机床没有主轴，例如图 3-3（e）所示的数控悬臂刨床，则选垂直于工件装夹平面的方向为 z 坐标；如果主轴能够摆动，则选垂直于工件装夹平面的方向为 z 坐标。

2）x 坐标的运动

x 坐标是水平的，它平行于工件的装夹平面。在确定 x 轴的方向时，要考虑以下情况：

（1）如果工件做旋转运动（如数控车床、数控磨床等），则刀具离开工件的方向为 x 轴的正方向，如图 3-3（a）、（c）所示。

（2）如果刀具做旋转运动，则分为两种情况：z 坐标水平时（如数控铣床、镗床），观察者沿刀具主轴向工件看，$+x$ 运动方向指向右方，如图 3-3（f）所示；z 坐标垂直时（如立式升降台数控铣床），观察者面对刀具主轴向立柱看时，$+x$ 运动方向指向右方，如图 3-3（b）所示。

（3）在没有旋转刀具或旋转工件的机床上（如数控悬臂刨床），x 坐标平行于主要的切削方向，且以该方向为正方向，如图 3-3（e）所示。

3）y 坐标的运动

$+y$ 的运动方向，可根据 x 坐标和 z 坐标的运动方向，利用右手直角笛卡儿坐标系统来确定，如图 3-3 所示。

3.3.2 机床原点、机床参考点

1. 机床原点

数控机床的坐标系可分为机床坐标系和工件坐标系两种。机床坐标系是以机床原点为坐标原点建立的直角坐标系。机床原点是机床上的一个固定的点，其位置是由机床设计和制造单位确定的，通常用户不允许改变。机床原点是工件坐标系、机床参考点的基准。

数控车床的机床原点一般设在卡盘端面与主轴中心线的交点处，如图 3-4（a）所示。同时通过设置参数的方法，也可将机床原点设定在 x、z 坐标的正方向极限位置上。

数控铣机床原点，各生产厂不一致，有的设在机床工作台的中心，有的设在进给行程的终点，如图 3-4（b）所示。

2. 机床参考点

机床参考点是机床坐标系中一个固定不变的位置点，是用于对机床相对运动的测量系统进行标定和控制的点。机床参考点通常设置在机床各轴靠近正向极限的位置（图 3-5），通过减速行程开关粗定位而由零位点脉冲精确定位，机床参考点对机床原点的坐标是一个已知定值。

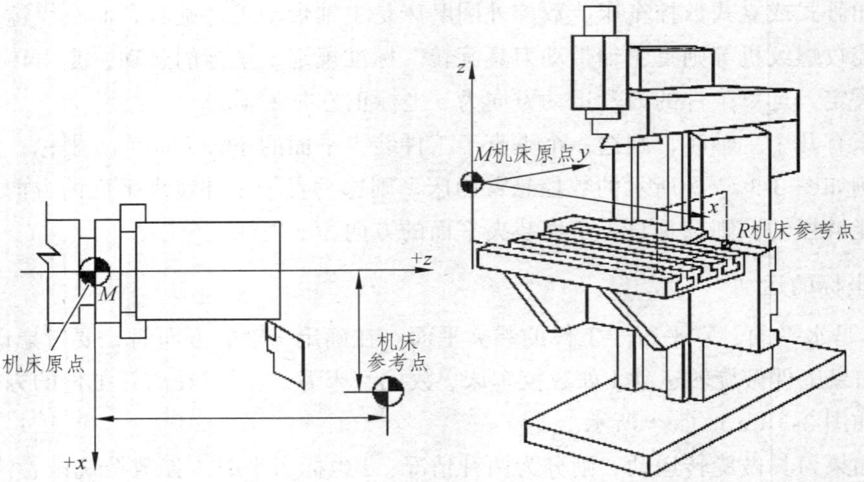

（a）数控车床　　（b）数控铣床

图 3-4　数控机床的机床原点与机床参考点

通常数控铣床的机床原点与机床参考点是重合的；而在数控车床上机床参考点是离机床原点最远的极限点，如图 3-4 所示。

在机床接通电源后通常都要做回零操作，即利用 CRT/MDI 控制面板上的功能键和机床操作面板上的有关按钮，使刀具或工作台退到机床参考点。回零操作又称为返回参考点操作，当返回参考点的工作完成后，显示器即显示出机床参考点在机床坐标系中的坐标值，表明机床坐标系已自动建立。可以说回零操作是对基准的重新核定，可消除由于种种原因产生的基准偏差。

在数控加工程序中可用相关指令使刀具经过一个中间点自动返回参考点。机床参考点已由机床制造厂测定后输入数控系统，并且记录在机床说明书中，用户不得更改。

3.3.3　工件坐标系

工件坐标系是编程时使用的坐标系，又称为编程坐标系，其原点称为工件原点或编程原点。数控编程时，应该首先确定工件坐标系和工件原点。工件原点是编程人员在编制程序时用来确定刀具和程序的起点，可由编程人员根据具体情况确定，工件坐标系坐标轴的方向应与机床坐标系一致，并且与之有确定的尺寸关系。工件原点在工件上的位置虽可任意选择，但一般应遵循以下原则：

（1）工件原点选在工件图样的基准上，以利于编程。

（2）工件原点尽量选在尺寸精度高、表面粗糙度值小的工件表面上。

（3）工件原点最好选在工件的对称中心上。

（4）要便于测量和检验。

数控车床上加工工件时，工件原点一般设在主轴中心线与工件右端面（或左端面）的交点处，如图 3-5（a）所示。数控铣床上加工工件时，工件原点一般设在进刀方向一侧工件外轮廓表面的某个角或对称中心上，如图 3-5（b）所示。

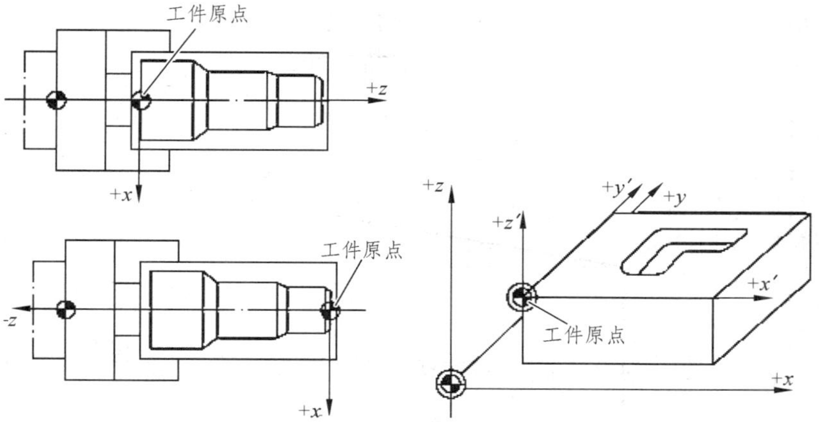

（a）数控车床　　（b）数控铣床

图 3-5　工件原点设置

3.3.4　绝对坐标编程及增量坐标编程

数控加工程序中表示几何点的坐标位置有绝对坐标和增量坐标两种方式。绝对坐标是以“工件原点”为依据来表示坐标位置，如图 3-6（a）所示。增量坐标是以相对于“前一点”位置坐标的增量来表示坐标位置的，如图 3-6（b）所示。编程时要根据零件的加工精度要求及编程方便与否选用坐标类型。在数控程序中绝对坐标与增量坐标可单独使用，也可在不同程序段上交叉设置使用，数控车床上还可以在同一程序段中混合使用，使用原则主要是看何种方式编程更方便。

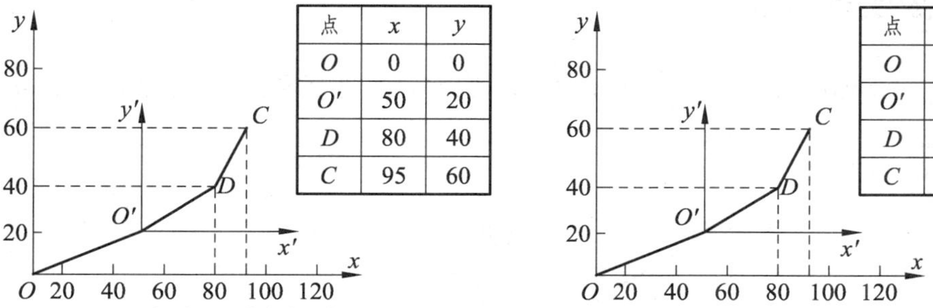

点	x	y
O	0	0
O′	50	20
D	80	40
C	95	60

（a）绝对坐标系

点	x	y
O	0	0
O′	50	20
D	30	20
C	15	20

（b）增量坐标系

图 3-6　绝对坐标与增量坐标编程实例

数控镗铣床或加工中心大都以 G90 指令设定程序中 x、y、z 坐标值为绝对坐标；用 G91 设定 x、y、z 坐标值为增量坐标，如图 3-7 所示，刀具路线分别用绝对坐标与增量坐标编程如下：

G90 绝对坐标方式指令：	G91 增量坐标方式指令：
G90 X50 Y50；	G91 X-20 Y30；
X-60 Y30；	X-110 Y-20；
(X-60)Y-50；	(X0)Y-80；

X-20 Y-30;　　　　　　　　　　X40 Y20;

X50 Y-60;　　　　　　　　　　X70 Y-30;

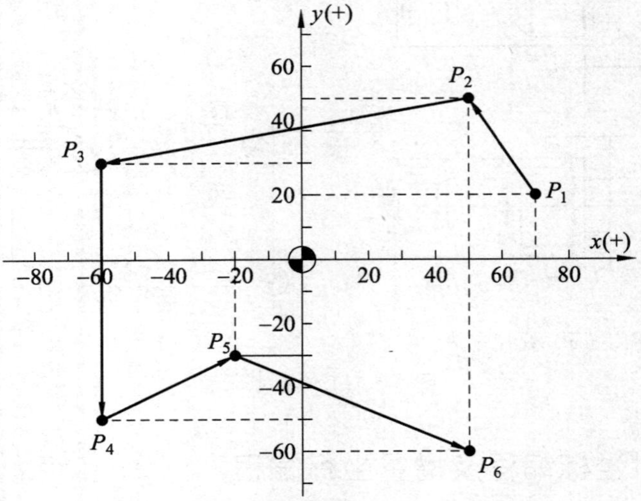

图 3-7　绝对坐标与增量坐标编程实例

其中，( ) 内的内容可以省略。

一般数控车床上绝对坐标以地址 X、Z 表示；增量坐标以地址 U、W 分别表示 x、z 坐标的增量。x 坐标不论是绝对坐标还是增量坐标，一般都用直径值表示（称为直径编程），这样会给编程带来方便，这时刀具实际的移动距离是直径值的一半。

3.3.5　极坐标编程

数控编程点的坐标可以用笛卡儿坐标，也可以用极坐标（半径和角度）表示，如图 3-8 所示。

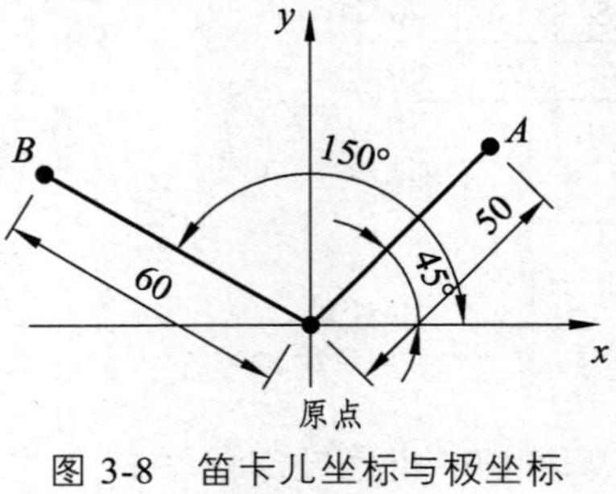

图 3-8　笛卡儿坐标与极坐标

笛卡儿坐标表示 A、B 两点的坐标为

$$x_A = R \times \cos\theta = 50 \times \cos 45° = 35.35$$

$$y_A = R \times \sin\theta = 50 \times \sin 45° = 35.35$$

$$x_B = R \times \cos 0 = 60 \times \cos 150° = -51.96$$

$$y_B = R \times \sin\theta = 60 \times \sin 150° = 30$$

则 A、B 两点的笛卡儿坐标为：A（35.35，35.35）、B（−51.96，30）。

极坐标表示 A、B 两点的坐标为：A（50，45）、B（60，150）。

3.4 程序编制中的数学处理

编程时的数学处理就是根据零件图样，按照已确定的加工路线和编程误差，计算出编程时所需数据的过程。其中，主要是根据零件图的形状、尺寸和公差计算零件轮廓或刀具中心轨迹的基点和节点坐标。

3.4.1 基点坐标的计算

零件的轮廓是由许多不同的几何要素所组成，如直线、圆弧、二次曲线等，基点就是不同几何要素的交点或切点，如直线与直线的交点、直线与圆弧的交点或切点、圆弧与圆弧的交点或切点等。因此，对于由直线和圆弧组成的轮廓零件，编程时主要是求各基点坐标。

基点坐标的计算方法一般比较简单，可根据零件图样给定的尺寸，运用代数、三角、几何或解析几何的有关知识，直接计算出数值。

如图 3-9 所示，零件中，A、B、C、D、E 为基点，A、B、D、E 的坐标值从图中很容易找出，C 点是直线与圆弧的切点，要联立方程求解，以 B 点为计算坐标系原点计算 C 点的增量坐标：

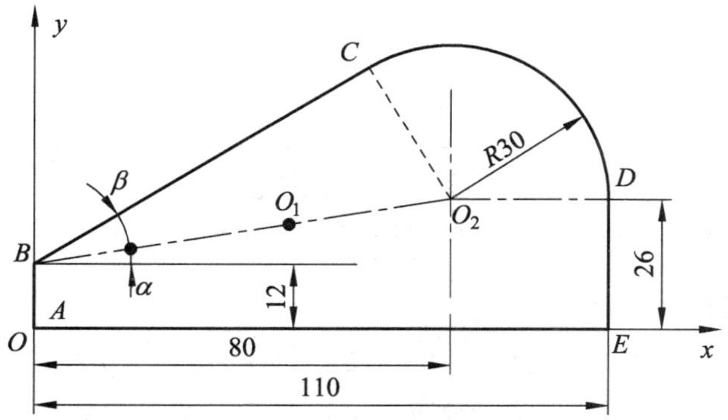

图 3-9 零件图样

直线方程：$y = x\tan(\alpha + \beta)$

圆弧方程：$(x-80)^2 + (y-14)^2 = 30^2$

可求得（64.278 6，39.550 7），换算到以 A 点为原点的编程坐标系上，C 点的坐标为（64.278 6，51.550 7）。

可以看出，对于某些基点的计算较麻烦，特别是对于复杂零件其计算工作量更大，为了提高编程效率，可应用 CAD/CAM 软件辅助编程。

3.4.2 节点坐标的计算

数控系统一般只有直线插补和圆弧插补的切削运动。如果工件轮廓是非圆曲线，数控系统就无法直接实现插补，而需要通过一定的数学处理。数学处理的方法是用直线段或圆弧段去逼近非圆曲线，逼近直线段或圆弧段与被加工轮廓的交点称为节点。

用直线或圆弧逼近曲线 $y=f(x)$ 时，根据曲线的特性、逼近线段的形状及允许的逼近误差三个条件可求出各节点的坐标。一般对于曲率半径大的曲线用直线逼近较为有利，曲率半径较小的曲线则用圆弧逼近较为合理。下面介绍几种常用的计算方法。

1. 等间距直线逼近法

这种方法是使每个程序段的某一坐标增量相等，然后根据曲线的表达式求出另一坐标值，即可得到节点坐标。在直角坐标系中，可使相邻节点间的 x 坐标增量或 y 坐标增量相等。

如图 3-10 所示，已知曲线方程为 $y=f(x)$，从起点开始，每次增加一个坐标增量 Δx，可求出任一点的 x_i，将 x_i 代入方程 $y=f(x)$ 中，即可求得一系列 y_i，这样即可求得各点的节点坐标。这种方法的关键是确定间距值，该值应保证曲线 $y=f(x)$ 相邻两节点间的法向距离小于允许的逼近误差，即 $\delta \geqslant \delta_{允}$（$\delta_{允}$ 一般为零件公差的 1/10 ~ 1/5）。在实际应用中，常根据零件加工精度要求，按经验确定间距值。

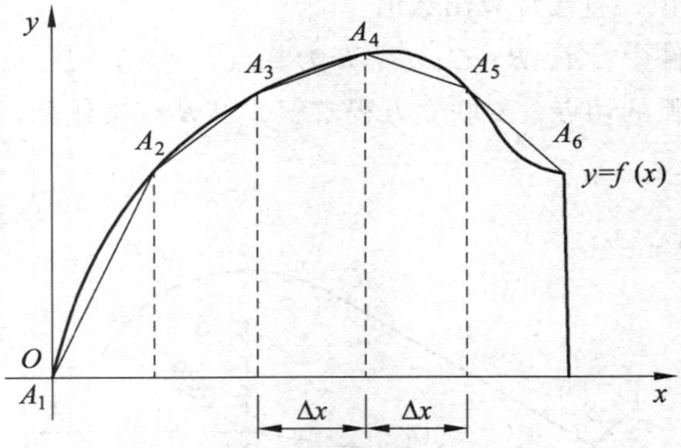

图 3-10　等间距直线逼近法

2. 等弦长直线逼近法

这种方法是使所有逼近线段的弦长相等，如图 3-11 所示。由于曲线 $y=f(x)$ 各处的曲率不同，因而各段的逼近误差也不相等。计算时必须使最大逼近误差小于 $\delta_{允}$，以满足加工精度的要求。在用直线逼近曲线时，一般认为误差的方向是在曲线的法线方向，同时误差的最大值产生在曲线的曲率半径最小处。因此，计算时先确定曲率半径最小的地方，然后在该处按照逼近误差小于或等于 $\delta_{允}$ 的条件求出逼近线段的长度，用此弦长分割轮廓曲线，即可求出各节点的坐标。

3. 等误差直线逼近法

这种方法是使零件轮廓曲线上各直线段的逼近误差相等，并小于或等于 $\delta_{允}$，如图 3-12 所示。用这种方法确定的各逼近线段的长度不等。此方法求得的节点数目最少，但计算较烦琐。

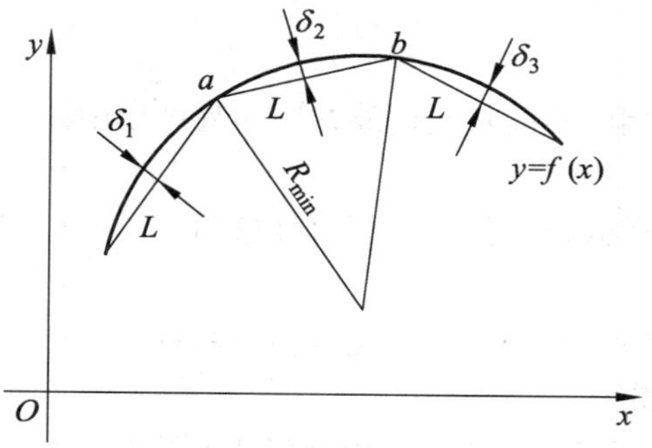

图 3-11　等弦长直线逼近法

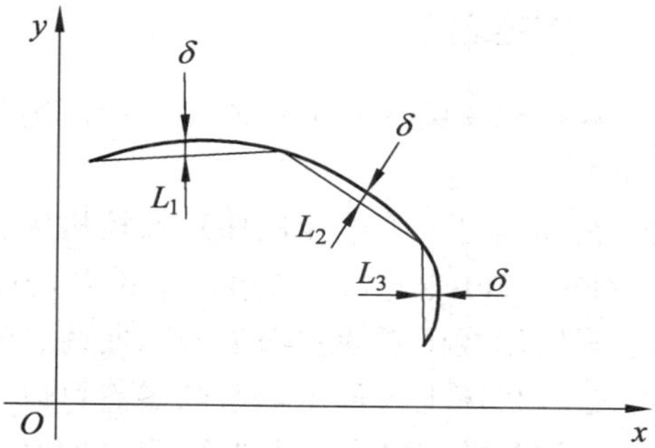

图 3-12　等误差直线逼近法

4. 圆弧逼近法

用圆弧逼近法去逼近零件的轮廓曲线时，需求出每段圆弧的圆心、起点和终点的坐标，以及圆弧的半径。计算的依据依然是要使圆弧段与零件轮廓曲线间的误差小于或等于 $\delta_{允}$。

用圆弧逼近曲线，目前常用的方法有三点圆法、相切圆法和曲率圆法。三点圆法是通过已知的三个节点求圆，并作为一个圆弧插补程序段。相切圆法是通过已知的四个节点分别作出两个相切的圆，编出两个圆弧插补程序段。这两种方法都是先用直线逼近方法求出各节点的坐标，然后再求出各圆，计算很烦琐。曲率圆法是一种等误差圆弧逼近法，该方法先求出曲线 $y=f(x)$ 在起始点的曲率半径和圆心坐标，然后利用等误差圆弧逼近依次求出各逼近圆弧段。

由上可知，节点的计算一般都比较复杂，靠手工计算很难完成，必须借助计算机辅助处理。求得各节点的坐标后，就可按相邻两点节点间的直线或圆弧来编写加工程序。节点的数目越多，逼近曲线的误差 δ 就越小，则程序段数也就越长。可见，节点数目的多少，决定了加工的精度和程序的长度。一般在选择逼近线段时，应该在保证精度的前提下，使节点数目尽量少，这样不仅计算简单，程序段数目也少。

复习思考题

一、填空题

1. 数控机床中的标准坐标系采用________________，并规定________刀具与工件之间距离的方向为坐标正方向。

2. 数控机床坐标系三坐标轴 X、Y、Z 及其正方向用________________判定，X、Y、Z 各轴的回转运动及其正方向 +A、+B、+C 分别用________________判断。

3. 机床接通电源后的回零操作是使刀具或工作台退离到________________。

4. 机床参考点通常设置在________________________。

5. 与机床主轴重合或平行的刀具运动坐标轴为__________轴，远离工件的刀具运动方向为____________。

6. X 坐标轴一般是____________，与工件安装面____________，且垂直 Z 坐标轴。

二、判断题

1. 数控机床编程有绝对值和增量值编程，使用时不能将它们放在同一程序段中。（　　）
2. 在编程时，不论使用何种数控机床，都一律假定工件静止而刀具移动。（　　）
3. G90、G01、G17、G80 均为准备功能。（　　）
4. 直线段或圆弧段去逼近非圆曲线，逼近线段与被加工曲线交点称为基点。（　　）
5. 数控机床上工件坐标系的零点可以随意设定。（　　）
6. 不同的数控机床可能选用不同的数控系统，但数控加工程序指令都是相同的。（　　）
7. 数控机床在输入程序时，不论何种系统坐标值不论是整数和小数都不必加入小数点。（　　）
8. 数控机床的机床坐标原点和机床参考点是重合的。（　　）
9. 机床参考点在机床上是一个浮动的点。（　　）
10. 机械零点是机床调试和加工时十分重要的基准点，由操作者设置。（　　）

三、选择题

1. 以下指令中，（　　）是准备功能。

A. M03　　B. G90　　C. X25　　D. S700

2. 确定数控机床坐标轴时，一般应先确定（　　）。

A. X 轴　　B. Y 轴　　C. Z 轴　　D. A 轴

3. 用于机床开关指令的辅助功能的指令代码是（　　）代码。

A. F　　B. S　　C. M　　D. T

4. 数控机床上有一个机械原点，该点到机床坐标零点在进给坐标轴方向上的距离可以在机床出厂时设定，该点称（　　）。

A. 工件零点　　B. 机床零点

C. 机床参考点　　D. 机械原点

5. 用于机床刀具编号的指令代码是（　　）。

A. F 代码　　B. T 代码　　C. M 代码

6. 用于机床开关指令的辅助功能的指令代码是（　　）。

A. F 代码　　B. S 代码　　C. M 代码

7. 数控升降台铣床的升降台上下运动坐标轴是（　　），拖板前后运动坐标轴是（　　）。

A. X 轴　　B. Y 轴　　C. Z 轴

四、简答题

1. 什么叫可变程序段格式？试举例说明。
2. 机床坐标系和工件坐标系的区别是什么？数控车床的坐标系是如何规定的？
3. 什么是机床原点和机床参考点？你能说出你见到过的数控车床、数控铣床的机床原点和机床参考点的位置吗？

4. 如何合理地选择编程原点？
5. 何谓绝对坐标编程及增量坐标编程？
6. G 指令和 M 指令的基本功能是什么？
7. 何谓 F、S、T 功能？
8. 什么叫基点？什么叫节点？

第 4 章　数控车床加工及其程序编制

本章导学

1. 了解数控车削加工的主要特点，会正确选用数控车床。
2. 了解常用可转位车刀的主要类型和特点，并能正确选择其刀片型号和车刀型号。
3. 掌握制定数控车削加工工艺路线需遵循的基本原则。
4. 掌握切削用量影响数控车削加工的规律，并能正确选择车削用量。
5. 掌握 GSK980TD 数控车削系统常用编程指令含义及格式，并能熟练应用编制典型零件的数控车削加工程序。

4.1　数控车床加工工艺与刀具

4.1.1　数控车床加工的主要特点

数控车床与普通车床一样，也是用来加工回转体零件的。但是由于数控车床是自动完成内外圆柱面、圆弧面、端面、螺纹等的切削加工（见图 4-1），所以数控车床特别适合加工形状复杂、精度要求高的轴类或盘类零件。数控车床具有加工灵活、通用性强、可适应产品的品种和规格频繁变化的特点，能够满足新产品的开发和多品种、小批量、生产自动化的要求，因此被广泛应用于机械制造业，如汽车制造业、发动机制造业、航空航天业、机床制造业等。目前我国使用最多的数控机床是数控车床，约占整个数控机床的 25%以上。

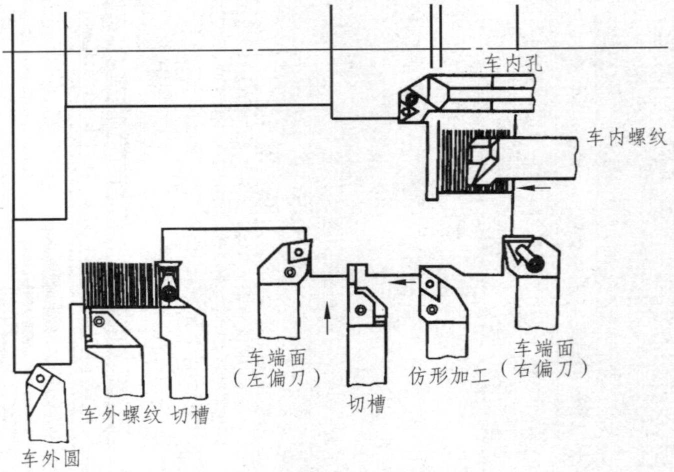

图 4-1　数控车床上的各种加工

4.1.2 数控车床的类型

随着数控车床制造技术的不断发展，形成了产品繁多、规格不一的局面。对数控车床的分类可以采取不同的方法，按主轴配置形式可分为卧式和立式两大类，数控卧式车床有水平导轨和斜置导轨两种形式；按刀架数量分为单刀架与双刀架两种，单刀架数控车床多采用水平导轨、两坐标控制，双刀架数控车床多采用斜置导轨，四坐标控制；按数控车床控制系统和机械结构的档次分为经济型数控车床、全功能数控车床和车削中心。车削中心是在数控车床的基础上发展起来的一种复合加工机床，除具有一般二轴联动数控车床的所有功能外，其转塔刀架上有能使刀具旋转的动力刀座，主轴具有按轮廓成形要求连续回转（不等速回转）和进行连续精确力度的 c 轴功能，该轴能与 x 轴或 z 轴联动，有的车削中心还具有 y 轴。x、y、z 轴交叉构成三维空间，可进行端面和圆周上任意部位的钻削、铣削和攻螺纹等加工。图 4-2 所示为在车削中心上采用动力刀具可实现的三种典型加工。

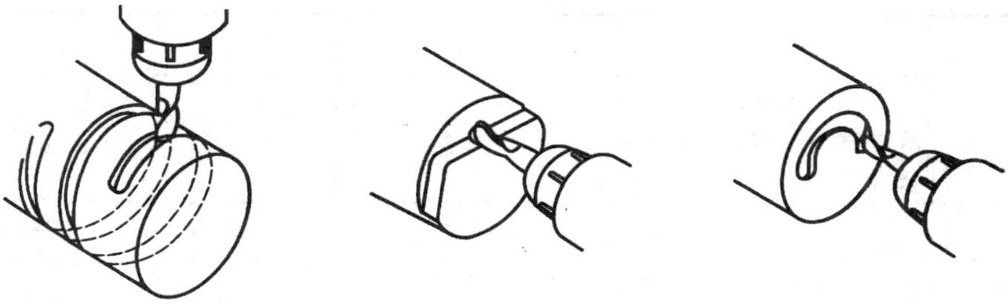

（a）z-c 轴联动加工　（b）x-c 轴联动加工　（c）c 轴加工

图 4-2　车削中心加工

4.1.3 车削用刀具及其主要特点

1. 数控车刀的特点

数控车床刚性好、精度高，可一次装夹完成工件的粗加工、半精加工和精加工。为使粗加工能采用大切深、大走刀，要求粗车刀具强度高、刀具寿命长。精车时保证加工精度及其稳定性是关键，刀具应满足安装调整方便、刚性好、精度高、刀具寿命长的要求。数控车床一般选用硬质合金可转位车刀。这种车刀就是使用可转位刀片的机夹车刀，把经过研磨的可转位多边形刀片用夹紧组件夹在刀杆上，如图 4-3 所示。

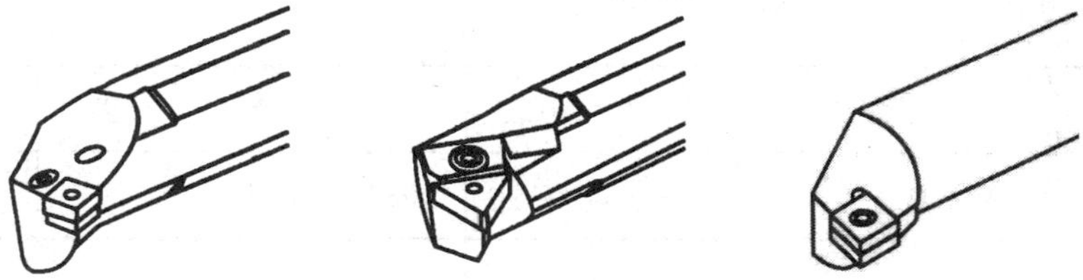

（a）杠杆式夹紧　（b）楔块式夹紧　（c）螺钉式夹紧

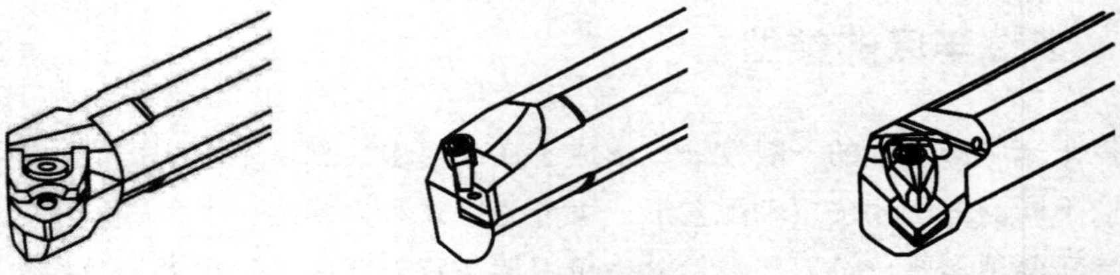

（d）楔块上压式夹紧　　（e）螺钉和上压式夹紧　　（f）无孔刀片的刚性夹紧

图 4-3　可转位车刀

车刀在使用过程中，一旦切削刃磨钝后，通过刀片的转位即可用新的切削刃继续切削，只有当多边形刀片所有的刀刃都磨钝后，才需要更换刀片。数控车床与普通车床用的可转位车刀一般无本质的区别，其基本结构、功能特点是相同的。但数控车床工序是自动化的，因此对用于其上的可转位车刀的要求侧重点又有别于普通车床的刀具，具体要求和特点见表 4-1。

表 4-1　数控车床可转位车刀的要求和特点

要　求	特　点	目　的
精度高	刀片采用 M 级或更高精度等级的；刀杆多采用精密级的；用带微调装置的刀杆在机外预调好	保证刀片重复定位精度，方便坐标设定，保证刀尖位置精度
可靠性高	采用断屑可靠性高的断屑槽型或有断屑台和断屑器的车刀；采用结构可靠的车刀；采用复合式夹紧结构和夹紧可靠的其他结构	断屑稳定，不能有紊乱和带状切屑；适应刀架快速移动和换位以及整个自动切削过程中夹紧不得有松动的要求
换刀迅速	采用车削工具系统；采用快换小刀夹	迅速更换不同形式的切削部件，完成多种切削加工，提高生产效率
刀片材料	较多采用涂层刀片	满足生产节拍要求，提高加工效率
刀杆截面形状	较多采用正方形刀杆，但因刀架系统结构差异大，有的需采用专用刀杆	刀杆与刀架系统匹配

2. 可转位刀片型号表示规则

《切削刀具用可转位刀片型号表示规则》（GB/T 2076—2007）规定了切削刀具用硬质合金或其他切削材料的可转位刀片的型号表示规则。可转位刀片用 9 个代号表征刀片的尺寸及其他特征，代号①～⑦是必须的，代号⑧和⑨在需要时添加，代号⑩表示制造商代号或符合 GB/T 2075—2007 切削材料表示代号，如例 4-1 所示：

【例 4-1】 可转位刀片的一般表示规则。

①	②	③	④	⑤	⑥	⑦	⑧	⑨		⑩
C	N	M	G	12	04	08	E	N	-	PF

具体编写规则见表 4-2。

表 4-2　刀片型号编写规则

位数	含义	说明					
1	形状代号	C：80°菱形	D：55°菱形	S：正方形	T：正三角形	V：35°菱形	R：圆形
		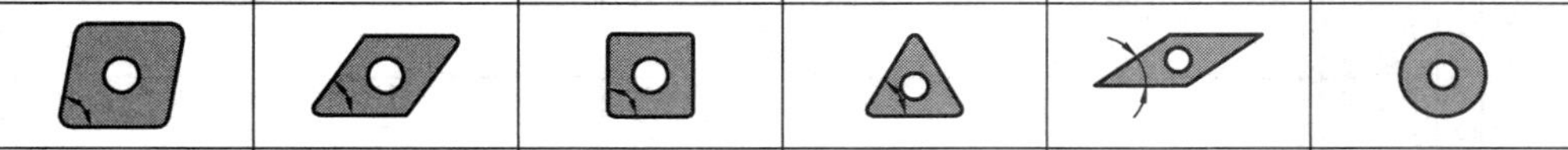					
2	后角代号	A：3°	B：5°	D：15°	E：20°	N：0°	P：11°
		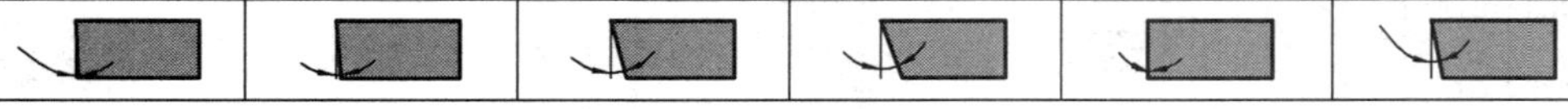					

位数	含义	说明			
3	精度代号	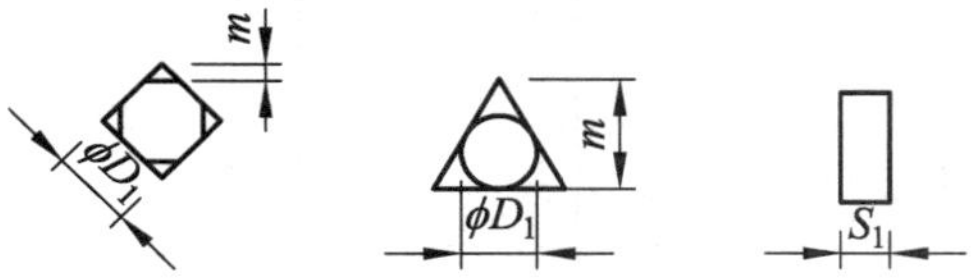			
		代号	刀尖高度允差 m/mm	内接圆允差 ϕD_1/mm	厚度允差 S_1/mm
		A	±0.005	±0.025	±0.025
		F	±0.005	±0.013	±0.025
		C	±0.013	±0.025	±0.025

位数	含义	代号	有无孔	孔的形状	有无断层槽	刀片断面
4	槽、孔代号	W	有	圆柱孔+单面倒角(40°～60°)	无	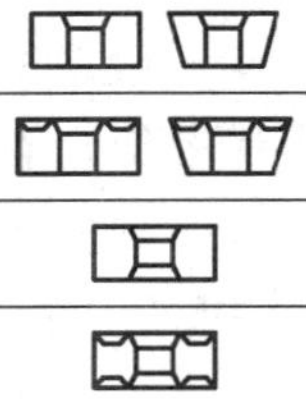
		T	有		单面	
		Q	有	圆柱孔+双面倒角(40°～60°)	无	
		U	有		双面	

位数	含义	刀片形状							内接圆/mm
5	切削刃长代号和内接圆号								
			L3	08	05	04	04	08	4.76
			03	09	06	05	05	09	5.56
		06							60

位数	含义	说明			
6	刀片厚度代号				
		代号	刀片厚度/mm	代号	刀片厚度/mm
		01	1.59	06	6.35
		02	2.38	07	7.94
		04	4.76	09	9.52

续表

<table>
<tr><td>位数</td><td>含义</td><td colspan="12">说　明</td></tr>
<tr><td rowspan="3">7</td><td rowspan="3">刀尖半径代号</td><td colspan="3">代号</td><td colspan="3">刀尖半径/mm</td><td colspan="3">代号</td><td colspan="3">刀尖半径/mm</td></tr>
<tr><td colspan="3">02</td><td colspan="3">0.2</td><td colspan="3">08</td><td colspan="3">0.8</td></tr>
<tr><td colspan="3">04</td><td colspan="3">0.4</td><td colspan="3">12</td><td colspan="3">1.2</td></tr>
<tr><td rowspan="2">8</td><td rowspan="2">刃口处理代号</td><td colspan="4">F：尖锐刀刃</td><td colspan="4">E：倒角刀刃</td><td colspan="4">T：倒棱刀刃</td></tr>
<tr><td colspan="4"></td><td colspan="4"></td><td colspan="4"></td></tr>
<tr><td rowspan="2">9</td><td rowspan="2">切削方向代号</td><td colspan="4">R：右</td><td colspan="4">L：左</td><td colspan="4">N：左右</td></tr>
<tr><td colspan="4">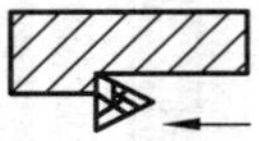</td><td colspan="4">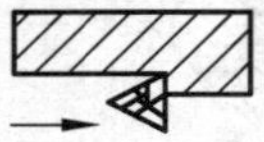</td><td colspan="4"></td></tr>
<tr><td rowspan="2">10</td><td rowspan="2">制造商代号</td><td colspan="2">PF</td><td colspan="2">PR</td><td colspan="2">MF</td><td colspan="2">MR</td><td colspan="2">KF</td><td colspan="2">KR</td></tr>
<tr><td colspan="2"></td><td colspan="2"></td><td colspan="2"></td><td colspan="2"></td><td colspan="2"></td><td colspan="2"></td></tr>
</table>

备注：① 欲了解某种刀片详细型号编写规则请参见相关产品样本。
② 本表刀片制造商代号选自山特维克可乐满刀片。

3. 可转位车刀型号编制规则

可转位车刀的选用可依据 GB/T 5343.1—2007 和 GB/T 5343.2—2007。标准规定可转位车刀由代表给定意义的字母或数字符号按一定的规则排列组成，共有 10 位符号，其中，前面 9 位符号必须使用，最后一位符号在必要时才使用。

【例 4-2】 可转位车刀代号。

①	②	③	④	⑤	⑥	⑦	⑧	⑨	⑩
C	T	G	N	R	32	25	M	16	Q

符号规定如下：

① 表示刀片夹紧方式的字母符号，C 代表夹紧方式为上压式；
② 表示刀片形状的字母符号，T 代表三角形刀片；
③ 表示刀具头部形式的字母符号，G 代表 90°主偏角弯头车刀；
④ 表示刀片法后角的字母符号，N 代表刀片法后角为 0°；
⑤ 表示刀具切削方向的字母符号，R 代表右手车刀；
⑥ 表示刀具切削高度（刀杆和切削刃高度）的数字符号，32 代表切削高度为 32 mm；
⑦ 表示刀具宽度的数字符号，25 代表刀具宽度为 25 mm；
⑧ 表示刀具长度的字母符号，M 代表刀具长度为 150 mm；
⑨ 表示可转位刀片的数字符号，16 代表刀片的边长为 16.5 mm；
⑩ 表示特殊公差的字母符号。

4. 可转位车刀的选用

可转位刀片的形式多种多样，并采用多种刀具结构和几何参数，因此可转位车刀的品种越来越多，使用范围很广，下面就与刀片的选择有关的几个主要问题作简要说明。

1）刀片的夹紧方式

在国家标准中，一般夹紧方式有销孔夹紧（代码 P）、上压与销孔夹紧（代码 M）、上压式夹紧（代码 C）和螺钉夹紧（代码 S）四种，如图 4-4 所示。每种类型又可能包含不同的夹紧方式。例如，代号 P 是用刀片的中心圆柱形销夹紧，而夹紧方式有杠杆式、偏心式等，而且各刀具商提供的产品并不一定包括所有的夹紧方式，因此选用时要查阅产品样本。图 4-5 所示为瑞典山特维克公司可转位车刀的几种典型夹紧方式。可转位刀片紧固方式的主要特点见表 4-3。

（a）销孔夹紧（P）　（b）上压与销孔夹紧（M）　（c）上压式夹紧（C）　（d）螺钉夹紧（S）

图 4-4　可转位刀片的紧固方式

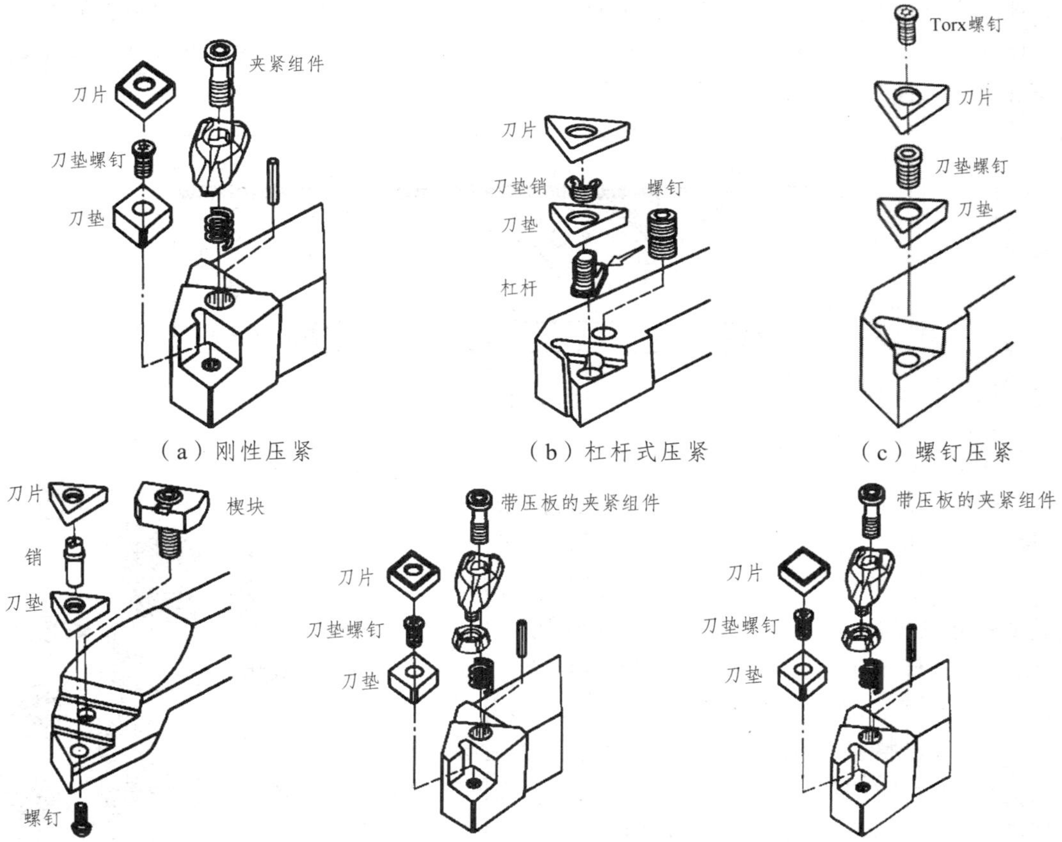

（a）刚性压紧　（b）杠杆式压紧　（c）螺钉压紧

（d）楔块上压式　（e）有孔陶瓷刀片的夹紧　（f）无孔陶瓷刀片的夹紧

图 4-5　可转位刀片的夹紧系统

表 4-3　可转位刀片紧固方式的主要特点

形式	使用刀片	特点
销孔夹紧（P）	使用有孔的负前角平刀片或带断屑槽的刀片，上下两侧均可使用	夹紧力大，稳定性好，刀片可重复性好，排屑流畅，刀片更换简便，应用广泛，一般适用于中、轻切削
上压与销孔夹紧（M）	使用有孔的正、负前角平刀片或带断屑槽的刀片，上下两侧均可使用	制造方便，使用可靠。适用于切削力较大的场合，如加工条件恶劣、钢的粗加工、铸铁等的加工
上压式夹紧（C）	使用有孔或无孔的正、负前角平刀片或带断屑槽的刀片，上下两侧均可使用	制造方便，夹紧力大，稳定可靠。陶瓷立方氮化硼等刀片常用此夹紧方式
螺钉夹紧（S）	有孔的负前角平刀片或带断屑槽的刀片，单侧使用	结构简单、紧凑，制造容易。刀片可重复性好，一般用于中小型车刀，如小孔车刀或外圆精车刀

2）刀片外形的选择

刀片外形与加工的对象、刀具的主偏角、刀尖角和有效刃数等有关。不同的刀片形状有不同的刀尖强度，一般刀尖角越大，刀尖强度越大，反之亦然。圆刀片（R 型）刀尖角最大，35°菱形刀片（V 型）刀尖角最小，如图 4-6 所示。

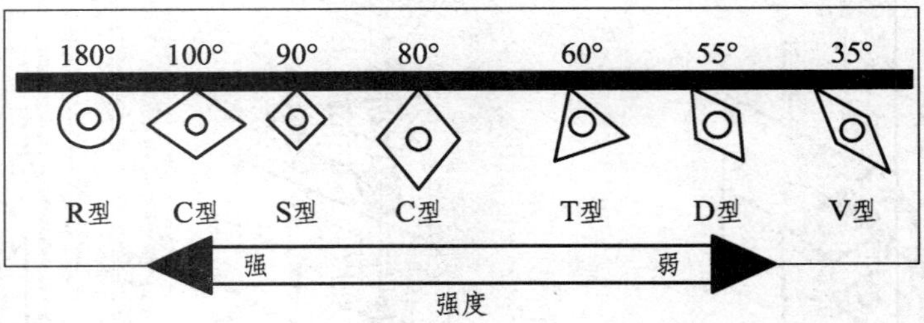

图 4-6　刀片形状与刀尖强度的关系

在选用时，应根据加工条件恶劣与否，按重、中、轻切削有针对性地选择。在机床刚性、功率允许的条件下，大余量、粗加工应选用刀尖角较大的刀片，反之，机床刚性和功率小、小余量、精加工时宜选用较小刀尖角的刀片。一般外圆车削常用四方形刀片（S 型）和 80°菱形刀片（C 型）；仿形加工常用 55°（D 型）菱形刀片、35°菱形（V 型）刀片和圆形刀片（R 型），90°主偏角车刀常用三角形刀片（T 型），如图 4-7 所示。数控车床用刀片，推荐使用 80°菱形刀片（C 型），这类刀片不仅通用性好，适用于外圆和端面的车削加工等大多数工序，而且它与 T 型刀片相比，更换刀刃时只需将刀片对称反转安装，故重复定位精度要高得多，C 型刀片与 S 型、T 型刀片应用比较如图 4-8 所示。

图 4-7　根据加工轮廓选择刀片形状

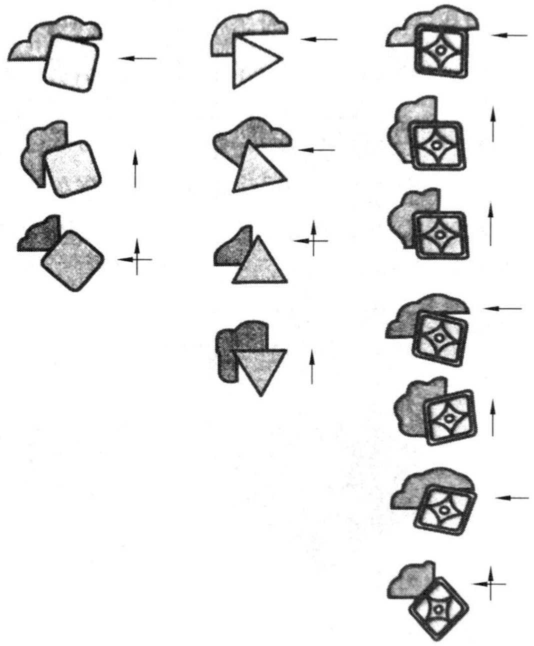

（a）S 型　　　　（b）T 型　　　（C）C 型

图 4-8　S 型、T 型、C 型刀片应用比较

3）刀杆头部形式的选择

刀杆头部形式按主偏角和直头、弯头分有 15 ~ 18 种，各形式规定了相应的代码，在国家标准和刀具样本中都一一列出，可以根据实际情况选择。有直角台阶的工件，可选主偏角大于或等于 90°的刀杆。一般粗车可选主偏角为 45° ~ 90°的刀杆；精车可选主偏角为 45° ~ 75°的刀杆；中间切入、仿形车则可选主偏角为 45° ~ 107.5°的刀杆；工艺系统刚性好时可选较小值，工艺系统刚性差时可选较大值。当刀杆为弯头结构时，则既可加工外圆，又可加工端面，图 4-9 所示为几种不同主偏角车刀车削加工的示意图，图中箭头指向表示车削时车刀的进给方向。

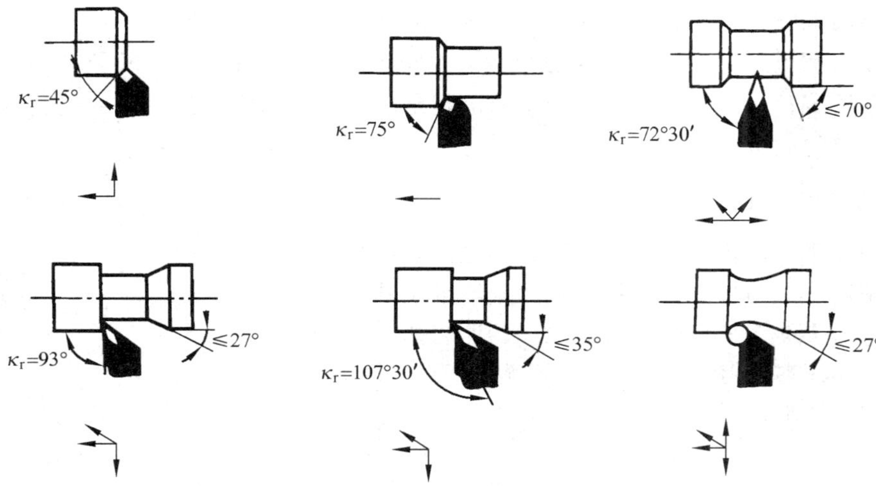

图 4-9　不同主偏角车刀车削加工的示意图

4）刀片后角的选择

常用的刀片后角有 0°（N）、7°（C）、11°（P）、20°（E）等。后角为 0°的刀片又称为负型或负前角刀片，必须在车刀柄中将这种刀片倾斜，以形成与工件不干涉的后角。正后角刀片又称为正型或正前角刀片，这种刀片因本身带有后角，在刀柄中安装时则根据需要可倾斜或不倾斜。需要特别指出的是，可转位车刀的有效前角需根据刀片断屑槽的几何形状和刀杆的倾角综合决定，如图 4-10 所示。一般粗加工、半精加工可用 N 型；半精加工、精加工可用 C 型、P 型，也可用带断屑槽的 N 型刀片；加工铸铁、硬钢可用 N 型；加工不锈钢可用 C 型、P 型；加工铝合金可用 P 型、E 型等；加工弹性恢复性好的材料可选用较大一些的后角；一般孔加工刀片可选用 C 型、P 型，大尺寸孔可选用 N 型。

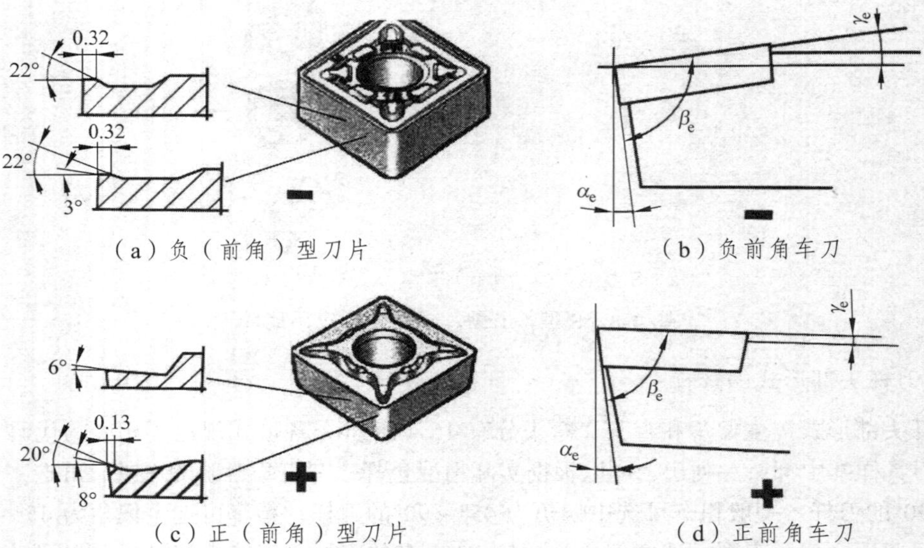

（a）负（前角）型刀片　（b）负前角车刀

（c）正（前角）型刀片　（d）正前角车刀

图 4-10　正前角与负前角刀片

5）刀具切削方向的选择

刀具切削方向有 R（右手）、N（左右手）和 L（左手）三种形式，如图 4-11 所示。要注意区分车刀刀柄的方向。选择时要考虑机床刀架是前置式还是后置式、前刀面是向上还是向下、主轴的旋转方向以及需要的进给方向等。

图 4-11　右手、左右手和左手车刀

6）刀尖圆弧半径的选择

刀尖圆弧半径不仅影响切削效率，而且关系到被加工表面粗糙度及加工精度。从刀尖圆弧半径与最大进给量关系来看，最大进给量不应超过刀尖圆弧半径尺寸的 80%，否则将恶化切削条件，甚至出现螺纹状表面和打刀等问题。刀尖圆弧半径还与断屑可靠性有关，为保证断屑，切削余量和进给量有一个最小值，当刀尖圆弧半径减小，所得到的这两个最小值也相应减小，因此，从断屑可靠出发，通常对于小余量小进给车削加工应采用小的刀尖圆弧半径，反之宜采用较大的刀尖圆弧半径。粗加工时，注意以下几点：

（1）为提高刀刃强度，应尽可能选取大刀尖半径的刀片，大刀尖半径可允许大进给。

（2）在有振动倾向时选择较小的刀尖半径。

（3）常用刀尖半径为 1.2 ~ 1.6 mm。

（4）粗车时进给量不能超过表 4-4 给出的最大进给量。作为经验法则，一般进给量可取头刀尖圆弧半径的一半。

表 4-4　不同刀尖半径时最大进给量

刀尖半径/mm	0.4	0.8	1.2	1.6	2.4
最大推荐进给量/（mm/r）	0.25 ~ 0.35	0.4 ~ 0.7	0.5 ~ 1.0	0.7 ~ 1.3	1 ~ 1.8

精加工时，注意以下几点：

（1）精加工的表面质量不仅受刀尖圆弧半径和进给量的影响，而且受工件装夹稳定性、夹具和机床的整体条件等因素的影响。

（2）在有振动倾向时选较小的刀尖半径。

（3）非涂层刀片比涂层刀片加工的表面质量高。

7）断屑槽型的选择

断屑槽的参数直接影响着切屑的卷曲和折断，目前刀片的断屑槽形式较多，各种断屑槽刀片使用情况不尽相同。

数控车削加工时断屑的目标是：在不影响刀具寿命的情况下，把切屑断成容易控制的尺寸。

在钢件车削加工时产生的切屑情况见表 4-5。

表 4-5　车削钢件时产生的切屑形态

类　别	A 型	B 型	C 型	D 型	E 型
切深 d<7 m		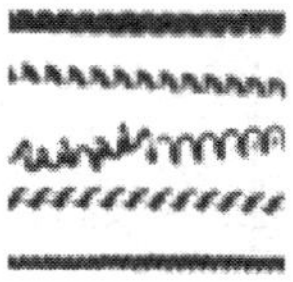	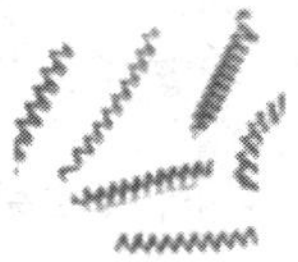		
切深大 d = 7 ~ 15 mm		—	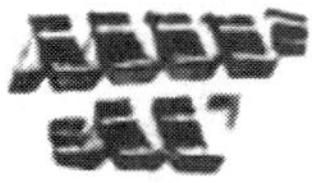		
成卷长度 l	不成卷	l ≥ 50 mm	l ≤ 50 mm 1 ~ 5 卷	1 卷左右	1 卷以下
备注	不规则连续形状，缠绕在工件和刀具上	规则的连续形状，长切屑	良好	良好	切屑飞散，发生振动，表面质/量差，达到刀具负荷极限

槽型根据加工类型和加工对象的材料特性来确定，各供应商表示方法不一样，但思路基本一样。基本槽型按加工类型有精加工槽型（代码 F）、普通加工槽型（代码 M）和粗加工槽型（代码 R）；按加工材料国际标准有加工钢的 P 类槽型，加工不锈钢、合金钢的 M 类槽型和加工铸铁的 K 类槽型。这两种情况一组合就有了相应的槽型，比如 PF 就指用于钢的精加工槽型，KM 是用于铸铁普通加工的槽型等。如果加工向两方向扩展，如超精加工和重型粗加工，以及材料也扩展，如耐热合金、铝合金等，就有了超精加工、重型粗加工和加工耐热合金、铝合金等的补充槽型，选择时可查阅具体的产品样本。图 4-12 是部分不同断屑槽型车刀刀片及其背吃刀量和进给量的选择范围。从图中可知，一定的断屑槽型和参数，在加工某种具体的工件材料时，其断屑范围是一定的。一般可根据工件材料和加工的条件选择合适的断屑槽型和参数，当断屑槽型和参数确定后，主要靠背吃刀量和进给量的改变控制断屑，背吃刀量和进给量必须在选取范围内才能获得断屑效果。

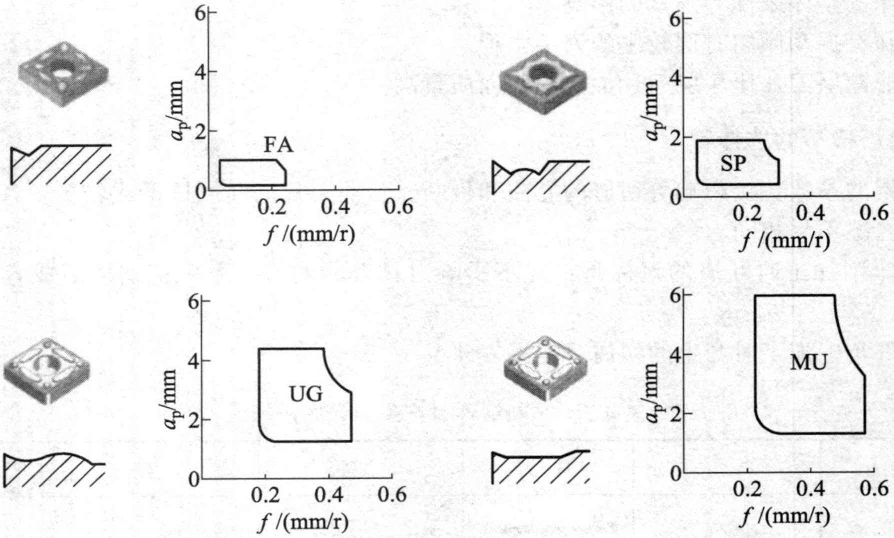

图 4-12　断屑槽型与切深和进给量的选择

使用断屑槽刀片车削加工时，若断屑效果不佳，可通过如下途径进行改善：

（1）选窄一些的断屑槽刀片。

（2）选深一些的断屑槽刀片。

（3）刃口宽度选窄一些。

（4）增大进给量。

（5）使主偏角接近 90°（使切屑厚度尽量厚）。

（6）减小刀尖圆角半径。

（7）降低切削速度。

（8）减小切削深度。

（9）降低切削温度（使用切削液）。

（10）选择切屑流向更合理的刃倾面。

5. 刀　夹

数控车刀一般通过刀夹（座）装在刀架上。刀夹的结构主要取决于刀体的形状、刀架的外形和刀架对主轴的配置三方面因素。刀架对主轴的配置形式只有几种，而刀架与刀夹连接部分的结构形式太多，致使刀夹的结构形式很多，用户在选择时，除满足精度要求外，应尽量减少种类、形式，以利于管理。

4.1.4　数控车削加工工艺路线制定

数控车床加工过程中，由于加工对象复杂多样，特别是轮廓曲线的形状及位置千变万化，加上材料、批量不同等多方面因素的影响，具体在确定加工方案时，可按先粗后精、先近后远、刀具集中、程序段最少、走刀路线最短等原则综合考虑。下面就其中几点作一简要介绍：

1. 先粗后精

如图 4-13 所示，粗加工完成后，接着进行半精加工和精加工。其中，安排半精加工的目的是：当粗加工后所留余量的均匀性满足不了精加工要求时，则可安排半精加工作为过渡性工序，以便使精加工余量小而均匀。

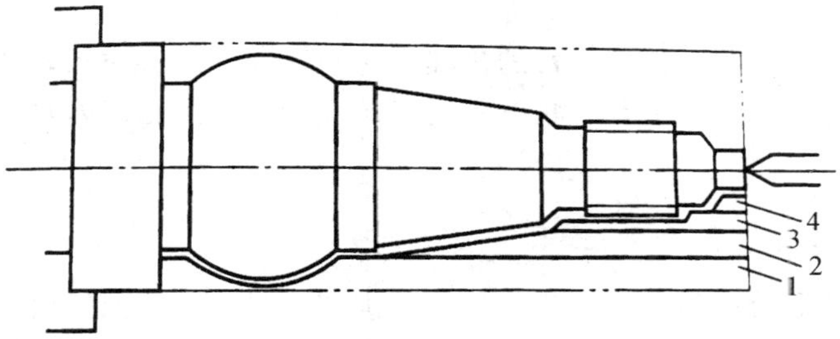

图 4-13　先粗后精

精加工时，零件的轮廓应由最后一刀连续加工而成。这时，加工刀具的进、退刀位置要考虑妥当，尽量沿轮廓的切线方向切入和切出，以免因切削力突然变化而造成弹性变形，致使光滑连接轮廓上产生表面划伤、形状突变或滞留刀痕等疵病。

对既有内孔又有外圆的回转体零件，在安排其加工顺序时，应先进行内外表面粗加工，后进行内外表面精加工。切不可将内表面或外表面加工完后，再加工其他表面。

2. 先近后远

这里所说的远与近，是按加工部位相对于对刀点的距离大小而言的。通常在粗加工时，离对刀点近的部位先加工，离对刀点远的部位后加工，以便缩短刀具移动距离，减少空行程时间。对于车削加工，先近后远还有利于保持毛坯件或半成品件的刚性，改善其切削条件。

例如，当加工图 4-14 所示的零件时，如果按需分配ϕ38 mm→ϕ36 mm→ϕ34 mm 的次序安排车削，不仅会增加刀具返回对刀点所需的空行程时间，而且还可能使台阶的外直角处产生毛刺。

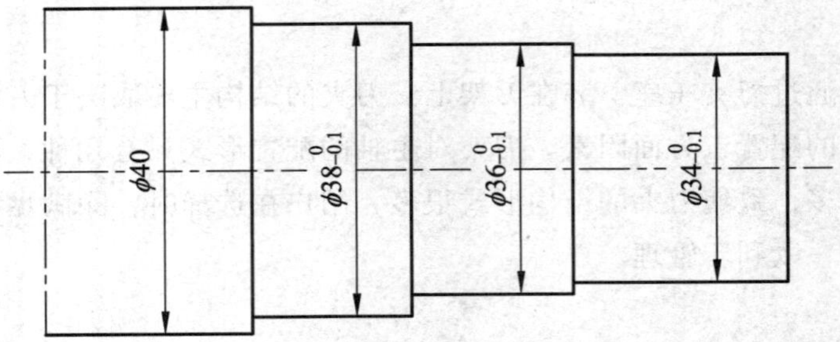

图 4-14 先近后远

对这类直径相差不大的台阶轴，当第一刀的切削深度（图中最大背吃刀量可为 3 mm 左右）未超限时，宜按 ϕ34 mm→ϕ36 mm→ϕ38 mm 的顺序先近后远地安排加工。

3. 刀具集中

即用一把刀加工完相应各部位，再换另一把刀加工相应的其他部位，以减少空行程时间。

影响数控车削加工路线的因素较多，必须根据具体情况制定合理的工艺方案，才能达到新期的效果。

4.1.5 切削条件变化对数控车削加工的影响

数控车削加工时，最希望达到的目的是加工时间短，刀具寿命长，加工精度高。为此应很好地考虑工件材料的硬度、形状、状态及机床的性能。由此选定刀具，选择高效率的切削条件。

1. 切削速度的影响

切削速度对刀具寿命有很大的影响。提高切削速度时，切削温度就上升，而使刀具寿命大大缩短。由于工件材料的种类和硬度的不同，相应的切削速度也应不同，为此应选用与之相应的刀具材料。

切削速度对数控车削加工的影响主要表现在以下方面：

（1）切削速度提高 20%，刀具寿命降低 1/2；切削速度提高 50%，刀具寿命将降至原来的 1/5。

（2）低速（20 ~ 40 m/min）切削易产生振动，刀具寿命也低。

2. 进给量的影响

车削时，工件回转一转车刀向前的移动量即为进给量。加工表面粗糙度与进给量有很大关系，通常由表面粗糙度要求决定进给量。

进给量对数控车削加工的影响主要表现在以下方面：

（1）减小进给量，后刀面磨损增大，刀具寿命将降低。

（2）增大进给量，切削温度升高，后刀面磨损也增大，但较之切削速度对刀具寿命的影响要小。

（3）增大进给量，加工效率高。

3. 背吃刀量的影响

背吃刀量是由工件的余量、形状，机床的功率和刚性及刀具的刚性而确定的。

背吃刀量对数控车削加工的影响主要表现在以下方面：

（1）背吃刀量变化对刀具寿命影响相对较小。

（2）背吃刀量过小时，会造成刮擦，只切削到工件表面的硬化层，这是刀具寿命降低的原因之一。

（3）切削铸铁表面和氧化皮表面层时，应在机床功率极限范围内尽量加大背吃刀量。否则刀刃尖端会因工件表层的硬皮、杂质而发生缺损、破损，使刀刃发生异常损伤。另外，车削三要素与刀具寿命的关系可用图 4-15 加以说明，其中，切削速度影响最大，其次是进给量，背吃刀量影响最小。一般切削速度增加 20%，刀片磨损增加 50%；进给量增加 20%，刀片磨损增加 20%；背吃刀量增加 50%，刀片磨损增加 20%。

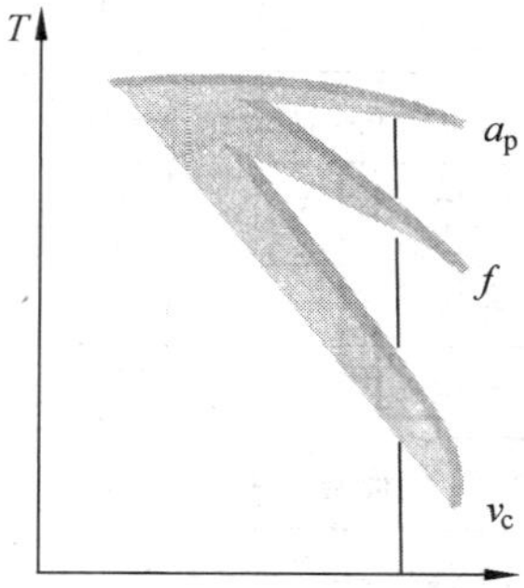

图 4-15　车削三要素与刀具寿命的关系

4.2　数控车常用功能介绍

与实训车间同步，现以广州数控 GSK980TD 系统为例，讲解数控车床常用功能代码及相关含义应用。

4.2.1　G 功能

G 准备功能字，0 ~ 99。

表 4-6 是广州数控 GSK980TD 系统常用的 G 功能代码。

关于 G 代码，有以下几点需要说明：

（1）G 功能以组别可区分为两大类。属于“00”组别者，为非续效指令，即该指令的功能只在该程序段执行时发生效用，其功能不会延续到下面的程序段。属于“非 00”组别者，为续效指令，即该指令的功能除在该程序段执行时发生效用外，若下一程序段仍要使用相同功能，则不需再指令一次，其功能会延续到下一程序段，直到被同一组别的指令取代为止。

（2）不同组别的 G 功能可以在同一程序段中使用。但若是同一组别的 G 功能，在同一程序段中出现两个或以上时，则以最后面的 G 功能有效。例如指令“G01 G00 X20;”，则此程序段将以快速定位（G00）方式移动至 X20 位置，G01 指令将被忽略。

（3）上列 G 功能表中有“★”记号的 G 代码，是表示数控机床一经开机后或按了 RESET 键后，即处于此功能状态。这些预设的功能状态，是由数控系统内部的参数设定的，一般都设定成如表 4-6 所示的状态。

表 4-6 G 功能

组别	代码名	功能	组别	代码名	功能
01	★ G00	快速定位	00	G50	设置工件坐标系
	G01	直线插补		G70	精加工循环
	G02	顺时针圆弧插补		G71	轴向粗车循环
	G03	逆时针圆弧插补		G72	径向粗车循环
00	G04	暂停、准停		G73	封闭切削循环
01	G10	数据输入方式有效		G74	轴向切槽循环
	G11	取消数据输入方式		G75	径向切槽循环
06	G20	英制单位选择		G76	多重螺纹切削循环
	★ G21	公制单位选择	01	G90	轴向切削循环
00	G27	返回参考点检查		G92	螺纹切削循环
	G28	自动返回机械零点		G94	径向切削循环
	G29	自动从参考点定位	02	G96	恒线速控制
01	G32	等螺距螺纹切削		★ G97	取消恒线速控制
	G34	变螺距螺纹切削	05	G98	每分进给
07	★ G40	取消刀尖半径补偿		★ G99	每转进给
	G41	刀尖半径左补偿			
	G42	刀尖半径右补偿			

4.2.2 M 功能介绍

常用的 M 功能简介如下：

（1）M00：程序停止。完成程序段其他指令后，停止主轴，关冷却液，指向下一程序段，停止做进一步的处理，等待按 RUN<运行 RUN>键，才继续运行该程序段。

（2）M01：选择停止。M01 指令必须与操作面板上的选择性停止功能键“OPT STOP”一起配合使用，若此键“灯亮”，表示“ON”，则执行至 M01 时，功能与 M00 相同；若此键“灯熄”，表示“OFF”，则执行至 M01 时，程序不会停止，继续往下执行。

（3）M02：程序结束。M02 指令应置于程序最后，表示程序执行到此结束。此指令会自动将主轴停止（M05）以及关闭切削液（M09），但程序执行指针不会自动回到程序的开头。

（4）M03：主轴正转。程序执行至 M03 时，主轴即正方向旋转（由主轴向尾座看，顺时针方向旋转），参见图 4-16。一般转塔式刀座，大多采用刀顶面朝下装置车刀，故应使用 M03 指令。

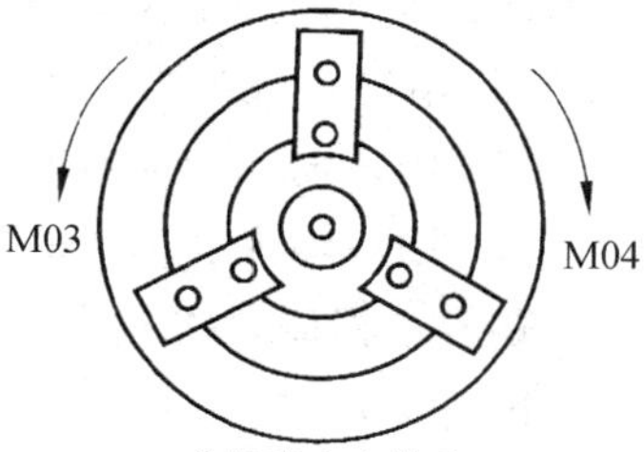

图 4-16　主轴正、反转

（5）M04：主轴反转。程序执行至 M04 时，主轴即反方向旋转（由主轴向尾座看，逆时针方向旋转），参见图 4-16。

（6）M05：停止主轴。程序执行至 M05 时，主轴即瞬间停止，此指令可用于下列情况：

① 程序结束前（但一般常可省略，因为 M02、M30 指令皆包含 M05 指令的功能）。

② 若数控车床有主轴高速挡（M42）、主轴低速挡（M41）指令时，在换挡之前，必须使用 M05 使主轴停止，再换挡，以免损坏换挡机构。

③ 主轴正、反转之间的转换也需加入此指令，使主轴停止后，再变换转向指令，以免伺服电机受损。

（7）M08：开冷却泵。

（8）M09：关冷却泵。

（9）M12：暂停。等待按“<运行 RUN>”键才继续运行（按急停键则停止）。

（10）M20：用户 1 输出置 1。

（11）M21：用户 1 输出清零。

（12）M22：用户 2 输出置 1。

（13）M23：用户 2 输出清零。

（14）M24：用户 3 输出置 1。

（15）M25：用户 3 输出清零。

（16）M27：将系统坐标清零。并清除机械零点标志（即表示未回过机械零点）。

（17）M28：将 Y 轴坐标清零。

（18）M30：程序结束。消除 G93 偏置和刀具偏置返回起始程序段并运行（重复执行）。

（19）M31：程序结束。消除 G93 偏置和刀具偏置返回起始程序段（不运行）。

（20）M32：润滑开。

（21）M33：润滑关。

（22）M40：S1、S2 清零（主轴两挡速度控制无输出）。

（23）M41：选择第一挡速度，即 S1 置位、S2 清零。

（24）M42：选择第二挡速度，即 S2 置位、S1 清零。

（25）M50：S4、S8 清零（主轴 S4、S8 输出无效）。

（26）M51：S4 置位（输出有效）、S8 清零。

（27）M52：S8 置位（输出有效）、S4 清零。

（28）M60：用户输入 1 为 1 时等待，用户输入 1 为 0 时执行同段其他指令、下一段指令。

（29）M61 用户输入 1 为 0 时等待，用户输入 1 为 1 时执行同段其他指令、下一段指令。

（30）M62：用户输入 2 为 1 时等待，用户输入 2 为 0 时执行同段其他指令、下一段指令。

（31）M63：用户输入 2 为 0 时等待，用户输入 2 为 1 时执行同段其他指令、下一段指令。

（32）M90：1 号用户输入为 0 则跳转，程序段格式为：N_ D_ M90》其中，D 为跳转的程段号（若用户输入为 1，则顺序到下一段）。

（33）M91：1 号用户输入为 1 则跳转，程序段格式为：N_ D_ M91》其中，D 为跳转的程序段号（若用户输入为 0，则顺序到下一段）。

（34）M92：无条件跳转，跳转到 D 定义的程序段，格式为：N_ D_ M92》其中，D 为跳转的程序段号。

（35）M93：2 号用户输入为 0 则跳转，程序段格式为：N_ D_ M93》其中，D 为跳转的程序段号（若用户输入为 1，则顺序到下一段）。

（36）M94：2 号用户输入为 1 则跳转，程序段格式为：N_ D_ M94》其中，D 为跳转的程序段号（若用户输入为 0，则顺序到下一段）。

（37）M98：调用子程序。执行 M98 指令时，控制器即调用 M98 所指定的子程序并执行。该指令格式为

M98 P □□□□	□□□□
调用次数，若省略则调用一次	子程序号

（38）M99：子程序结束并返回主程序。此指令用于子程序的最后程序段，表示子程序结束，且程序执行指针跳回主程序中 M9 指令的下一程序段继续执行。

注意：M0、M2、M30、M31、M99 在 G 功能执行之后才执行。

M90、M91、M92、M93、M94、M98 为单独格式（即不能同时有 G10、G11、G98、G99 以外的 G 功能）。

其他的 M 功能在一个程序段内都是在 S 和 T 功能之后、G 功能之前执行的。

一般情况下，在一个程序段中仅能指定一个 M 码。但是参数 No.3407#7 = 1 时，在一个程序段最多可以指定三个 M 代码。注意由于机床操作的限制，某些 M 代码不能同时指定，有关机床操作对一个程序段中指定多个 M 代码的限制见有关机床说明书。

4.2.3 F、S、T 功能

1. 进给功能（F 功能）

F 功能用于指定进给速度，它有每转进给和每分钟进给两种指令模式。

格式：F□□□□

1）每转进给模式（G99）（mm/r）

指令格式：G99 F_____；

该指令在 F 后面直接指定主轴每转一转刀具的进给量，如图 4-17（a）所示。G99 为模态指令，在程序中指定后，直到 G98 被指定前一直有效。机床通电后，该指令为系统默认状态。在数控车床上这种进给量指令方式应用较多。

2）每分钟进给模式（G98）（mm/min）

指令格式：G98 F_____；

该指令在 F 后面直接指定刀具每分钟的进给量，如图 4-17（b）所示。G99 为模态指令，在程序中指定后，直到 G99 被指定前一直有效。

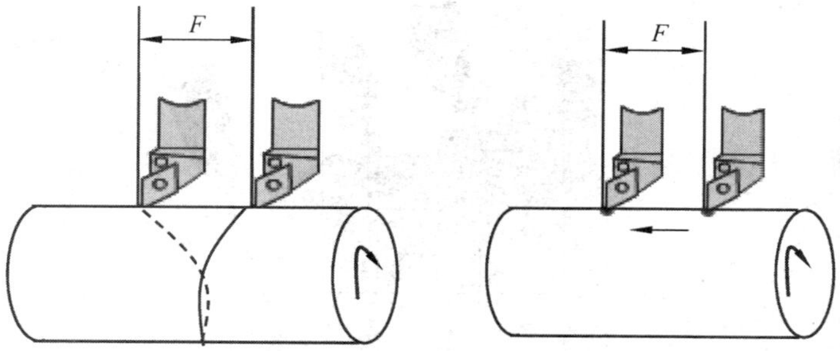

（a）　　　　（b）

图 4-17　F 功能

2. 主轴转速功能（S 功能）

S 功能用于指定主轴转速，它有恒线速度控制和恒转速控制两种指令方式，并可限制主轴最高转速。

格式：S　□□□□；

选用时，根据机床的功能及加工对象的特性进行相对合理的选用。

1）主轴最高转速限制（G50）

指令格式：G50 S0000；

例如：G50 S2000；指令表示设定主轴最高转速为 2 000 r/min。

该指令可防止因主轴转速过高、离心力太大而产生危险及影响机床寿命。

2）恒线速度控制（G96）

指令格式：G96 S____；

例如：G96 S180 M03；指令表示主轴正转，使切削点的线速度为 180 m/min。该指令在车削端面或工件直径变化较大时使用。转速与线速度的转换关系为

$$n = 1\,000 v_c / (\pi d)$$

式中　v_c——线速度，m/min；

d——切削点的直径，mm；

n——主轴转速，r/min。

在车削如图 4-18 所示的工件时，为保持车刀在 A、B、C 各点的线速度恒定（180 m/min），则切削到各点时主轴转速分别为

$$n_A = 1\,000 \times 180\ \text{m/min}\ (\pi \times 40\ \text{mm}) = 1\,432\ \text{r/min}$$

$$n_B = 1\,000 \times 180\ \text{m/min}\ (\pi \times 60\ \text{mm}) = 955\ \text{r/min}$$

$$n_C = 1\,000 \times 180\ \text{m/min}\ (\pi \times 70\ \text{mm}) = 819\ \text{r/min}$$

车削加工时，由数控装置自动控制主轴的转速变化以保持恒定的线速度。

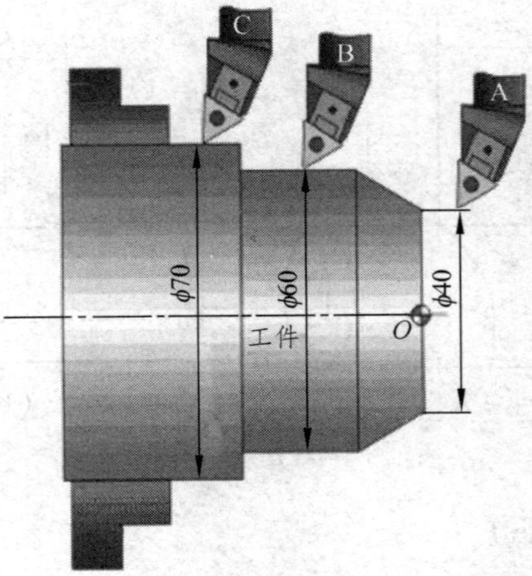

图 4-18　车阶梯轴

3）恒转速控制（G97）

指令格式：G97 S；

例如：G97 S1500 M03；指令表示主轴以 1 500 r/min 转速正转。

但转速控制一般在车螺纹或车削工件直径变化不大时使用，该指令可设定主轴转速并取消恒线速度控制。

3. 刀具功能（T 功能）

T 功能指令用于选择加工所用刀具的编号及刀具补偿值的编号。加工中所需的每一把刀具分配一个刀位号，通过程序中指令所选刀具号码来选择相应刀具和刀补。

T 功能的指令格式：T□□□□；

其中，前两位数字表示刀具号，后两位数字为刀具补偿号。

例如：T0403；表示选择 4 号刀，用 3 号刀具补偿。

T0202；表示选择 2 号刀，用 2 号刀具补偿。

刀具补偿包括刀具长度补偿和刀尖圆弧半径补偿。刀具补偿的含义如图 4-19 所示。

刀具补偿相关的
机床界面

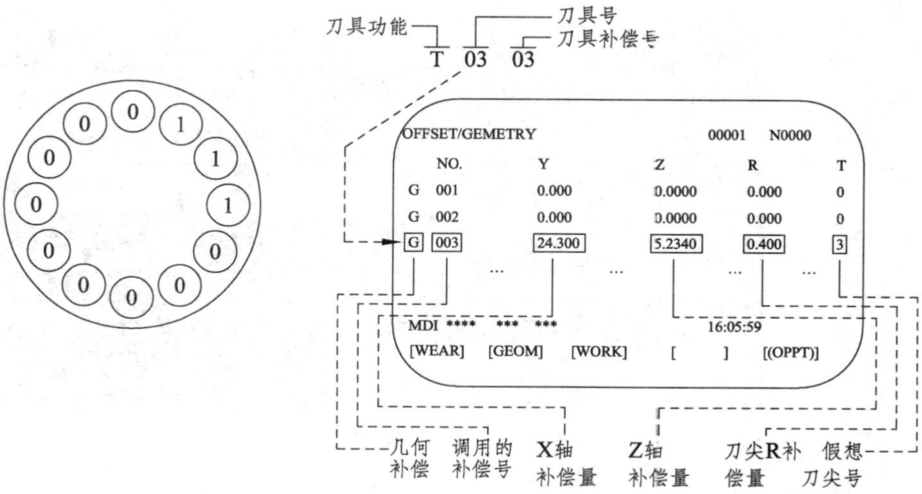

图 4-19 刀具补偿参数设定

4.3 数控车床基本操作

4.3.1 数控系统面板的操作

以广州斯沃数控仿真软件中与实训车间同步的 GSK980TD 系统为例，讲解程序编制和仿真运行中常用的功能和操作方法（见图 4-20）。

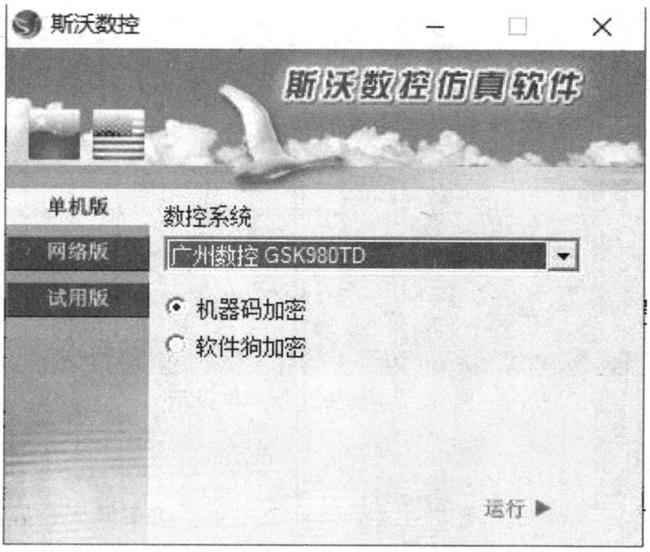

图 4-20 软件运行系统选择窗口

运行软件，选择进入系统界面后，按下开机按钮，界面如图 4-21 所示。

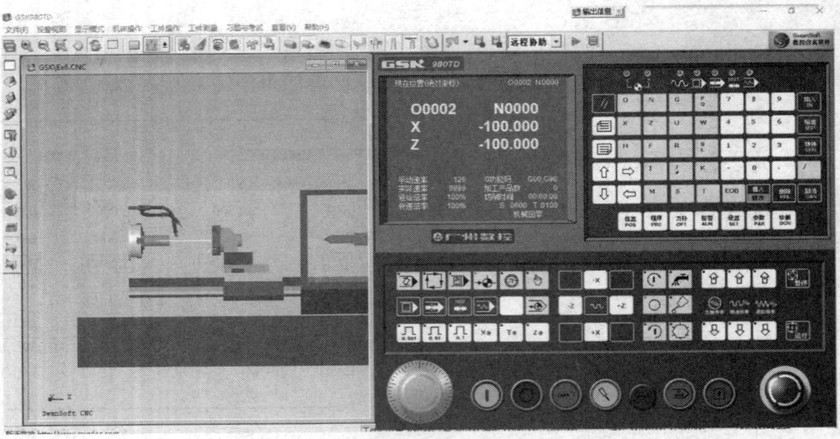

图 4-21　仿真软件开机界面

现先将其中各个按钮及常规操作一一介绍。

1. 开、关机

开机按钮；关机按钮；回零按钮。

开机和回零操作

2. 机械回零操作

机床坐标系是 CNC 进行坐标计算的基准坐标系，是机床固有的坐标系，机床坐标系的原点称为机械零点，机械零点（导轨尾部位置）由安装在机床上的零点开关或回零开关决定，通常安装在 X、Z 轴正方向的最大行程处。按“机械零点→ + X、+ Z”使床鞍（X，Z）回到机床零点位置。开机后先回零，长按 + X 和 + Z ，显示器上显示（X，Z）两坐标回零即可，如图 4-22 所示。

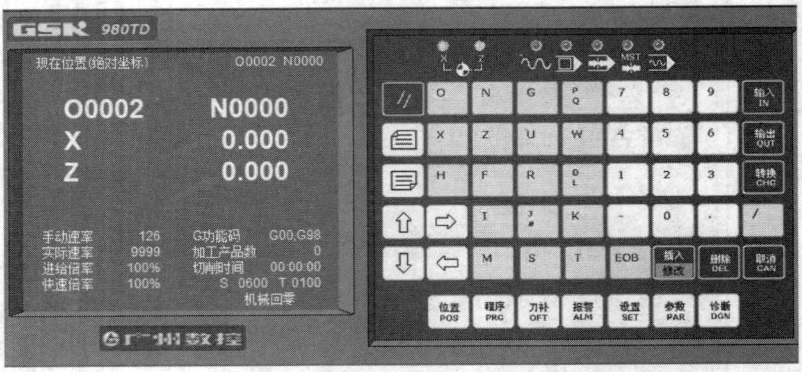

图 4-22　机械回零操作显示

3. 手动操作方式

在手动方式下，可以实现进给运动、主轴控制、倍率修调、换刀等操作。

1）手动进给

在手动方式下，通过控制手动方向键可实现 X、Z 坐标的移动。移动速度，可通过中间的进给倍率键进行修调。

2）主轴正转、反转、停止

在手动方式下，可按下对应的主轴正转、主轴停止、主轴反转键进行控制。主轴转速可以通过主轴倍率键和 MDI 方式进行修调。

3）冷却液控制

在手动方式下，按下对应键进行控制。

4）手动换刀

在手动方式下，换下对应换刀键，依次转换到下一个刀位。

4. 手轮/单步操作方式

在此方式中机床按选定的增量值进行移动。

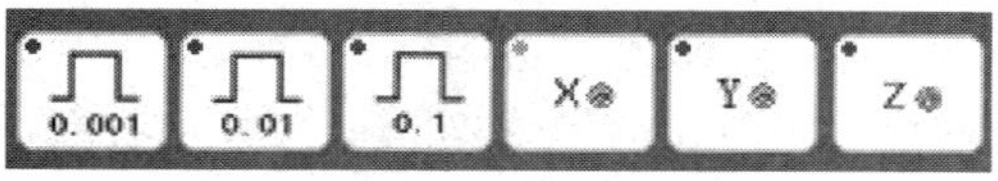

选择坐标轴和相应的倍率手轮进给。X 轴有效时，Z 轴无效；Z 轴有效时，X 轴无效。

5. MDI 录入操作方式

系统程序目录的查看：依次按录入→程序→翻页键进入程序目录页面，查看系统已有程序状态等，如图 4-23 所示。

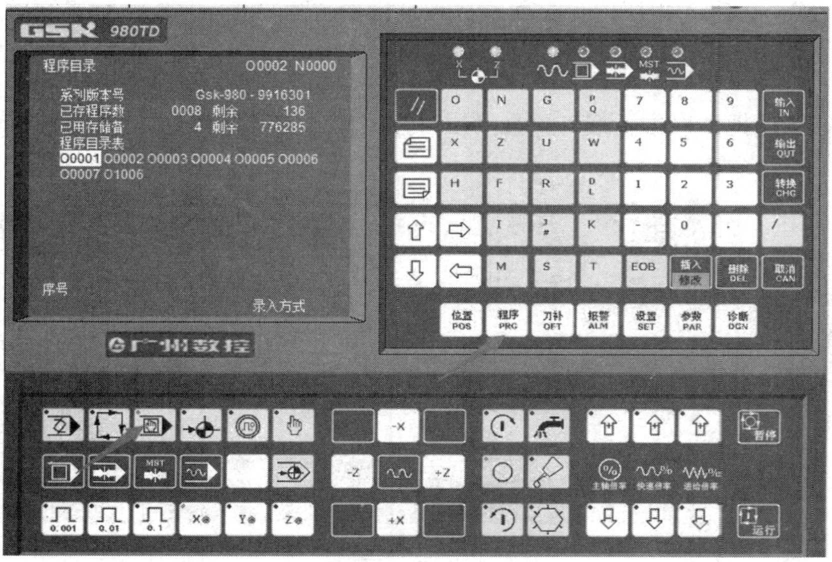

图 4-23　MDI 录入按钮操作显示界面

6. 程序的编辑与管理

1）新建程序

按编辑→程序→O77→EOB 换行键建立新程序 O77（如系统已存在 O77 程序则打开现有程序，只需重新输入新程序名，再按 EOB 换行键即可），如图 4-24 所示。

图 4-24　编辑模式下新建程序

2）程序内容的检查与修改

在编辑方式下，按“程序”进入程序内容页面，通过光标移动和翻页键并应用取消、删除、修改、EOB 换行等进行检查与修改。

3）程序的删除

依次键入“程序名”，按“删除”键。

4）程序的选择

在编辑方式下，进入程序内容页面，按地址键 O + 程序号→按 ⇩ 或 输入 IN 打开程序。

5）程序的导入

先用 Text 文档把程序编辑好，再直接用打开文件的方式导入更为方便，如图 4-25 所示。

程序的导入

图 4-25　编制好的程序直接导入

7. 机床参数设定

把机床参数设定到常用状态。按“机床操作→参数设置→机床参数”选择四方刀台。选择软件“速度控制”→加工图形显示加速“无”→显示精度“高”，如图 4-26 所示。

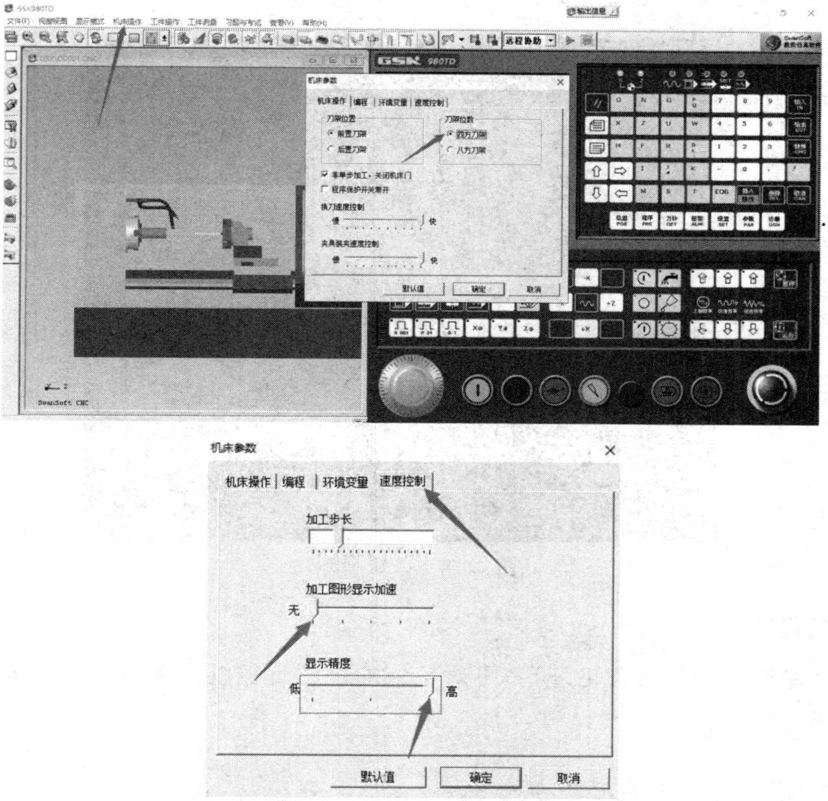

图 4-26　机床参数设置界面

还可以选择不“显示车床”，更便于观察零件加工过程，如图 4-27 所示。

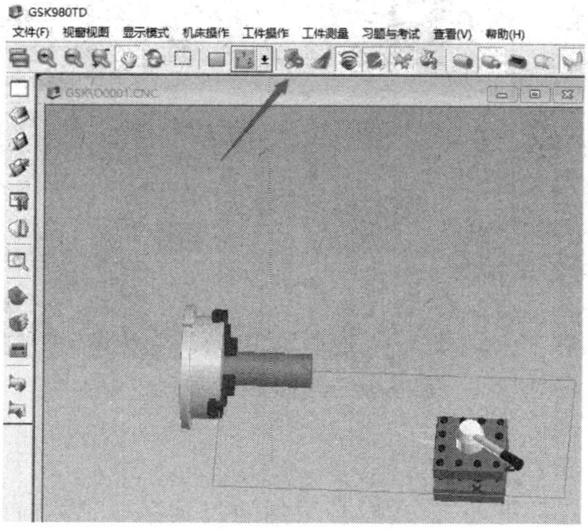

图 4-27　不显示车床

或者选择“二维显示”更直观、简洁，更便于观察加工路线，如图 4-28 所示。

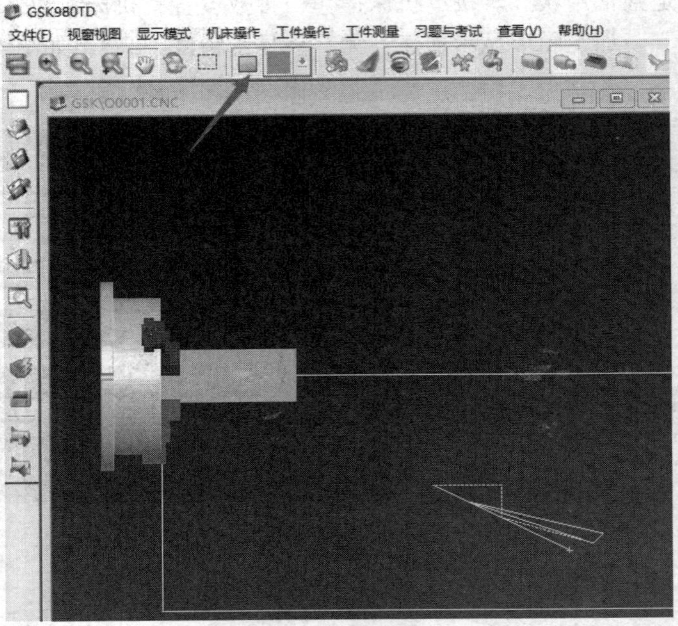

图 4-28　二维显示

8. 毛坯的设置

按“工件操作”→“设置毛坯”，可对毛坯的长、直径以及类型进行设定，如图 4-29 所示。

图 4-29　毛坯设定界面

9. 刀具的设置

按“机床操作”→“刀具管理”，选择会用到的刀具添加到相应的刀位上即可。可以在刀具库管理中添加不同角度或宽度的刀具，如图 4-30 所示。

机床基本设置操作

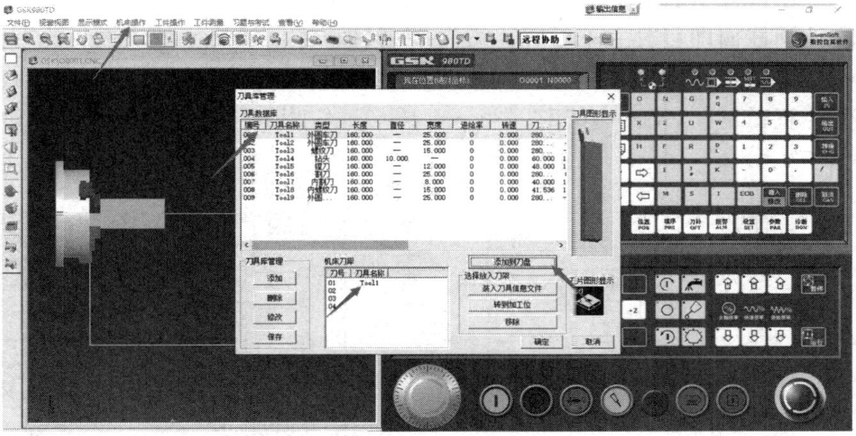

图 4-30　刀具设定界面

现在前期调试，常用设置工作完成。留待对刀，导入程序即可运行加工。

注意事项：

（1）实际车间机床操作会有一些区别，但基本原理和步骤相同。

（2）软件在课堂演示，学生课后及时实践更方便、直观。

（3）其余对刀和按钮操作在后续学习中将陆续介绍。

4.3.2　手动对刀

以上面操作中选择的常规 90°外圆车刀、毛坯长为 200 mm、直径为 80 mm 的实心轴为例讲解。

换到手动模式，主轴正转，快速移动刀具到工件表面，沿 X 轴负方向进给，车端面。超过中心位置，沿 X 轴正方向退出到零件外，主轴停转。在面板上选择刀补 刀补 OFT，翻页到 101 刀位，输入 Z 0，按输入键 输入 IN，完成 Z 轴对刀，如图 4-31 所示。

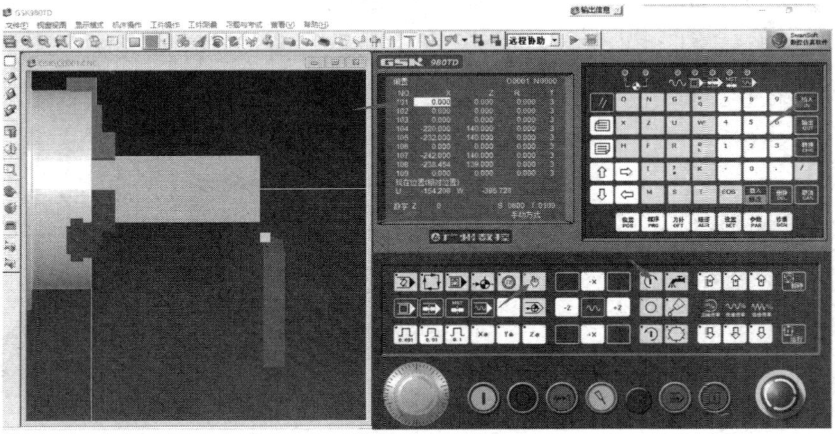

图 4-31　Z 轴对刀

零件外 X 方向确定一点背吃刀量，主轴正转，手动控制刀具沿 Z 轴负方向进给，切削一段外圆柱面即可。主轴停转，刀具沿 Z 轴正方向退出零件表面后进行测量。按“工件测量”→“特征点”键，测量刚加工外圆柱面的直径，在“刀补”中 101 刀位继续输入所测得的 X 值（直径量）。X 方向的对刀完毕。按“工件测量”→“测量退出”键，如图 4-32 所示。

图 4-32　X 轴对刀

4.4　数控车床编程

4.4.1　工件坐标系设定（G50 或 G00）

该坐标系主要用于刀具的起始位置及中途更换刀具时所设置的一个安全点位置（通常起于程序的开始，中途更换刀具和程序结束时刀具回到程序的起点位置。）

程序编写格式：G50　X□□　Z□□　或 G00　X□□　Z□□

车削加工，工件原点一般设置在工件右端面或左端面与主轴轴线的交点上。其中：X、Z 值分别为刀尖（刀位点）起始点相对工件原点的 X 向和 Z 向坐标，注意 X 值应为直径值。

如图 4-33 所示，假设刀尖的起始点距离工件原点的 X 向尺寸和 Z 向尺寸分别为 110 mm（直径值）和 80 mm，工件坐标系的设定指令为

G50 X110 Z80；或者 G00 X110 Z80

外圆车刀对刀

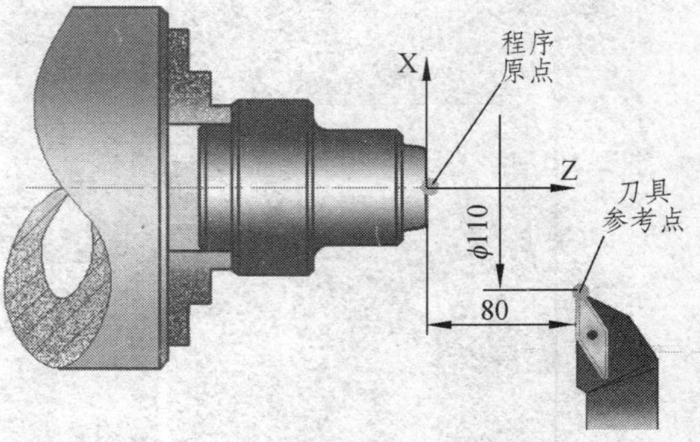

图 4-33　工件坐标系设定

实际上工件原点是通过对刀、输入刀补参数来确定的。执行以上程序段后，系统内部建立起一个以工件原点为坐标原点的工件坐标系，并移动到相对于这个坐标系所确定的坐标点（110，80）去，即对 X、Z 值进行记忆，并且显示在显示器上。

4.4.2 快速定位（G00）

G00 是使刀具以系统预先设定的速度快速点定位移动至所指定的位置。

1. 指令格式

指令格式：G00 X（U）□ □　　Z（W）□ □；

其中：X、Z 值表示目标点绝对坐标；U、W 值表示目标点相对前一点的增量坐标；X（U）坐标按直径值输入。

如图 4-34 所示，刀具要快速移动到指定位置，用 G00 编程为：

绝对坐标方式：G00 X60 Z0；

增量坐标方式：G00 U-90 W-100；

混合编程方式：G00 X60.0 W-100.0；或 G00 U-90.0 Z0.0；

要特别注意的是：执行该指令时的实际刀具路径通常如图 4-34 中虚线所示，考虑刀具路径时应注意避免刀具与障碍物相碰。

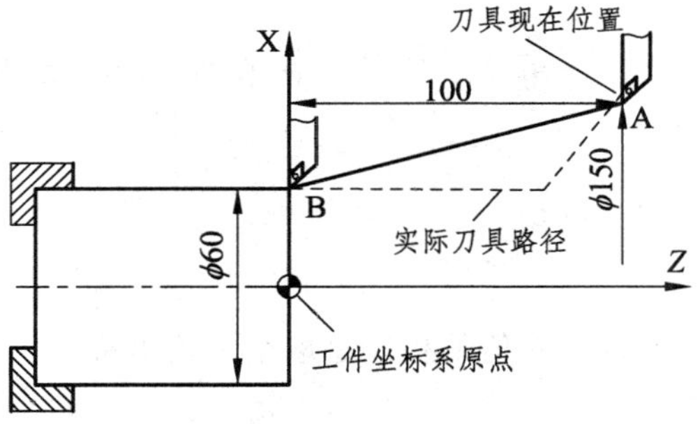

图 4-34　G00 指令

2. 运动轨迹

一般为空行程运动，既可以单坐标轴运动，又可以双坐标轴运动。只有一个坐标时，刀具将沿该坐标轴方向运动。有两个坐标时，刀具将先以 1：1 步数两坐标联动，然后单坐标运动。因此，G00 的运动轨迹为折线形。

3. 指令作用

G00 指令常用于加工前快速靠近工件和加工后快速离开工件，因此它可用于刀具的快速定位，而不能用于切削工件。

4. 注意事项

（1）G00 为模态指令。

（2）移动速度不能用程序指令设定，由厂家预调。

（3）G00 的执行过程：刀具由程序起始点加速到最大速度，然后快速移动，最后减速到终点。

4.4.3 直线插补（G01）

G01 是使刀具以指定的进给速度沿直线移动到目标点。

1. 指令格式

G01 X(U)□ □ Z(W)□ □ F□ □;

其中：X、Z 值表示终点绝对坐标；U、W 值表示终点相对前一点的增量坐标；X（U）坐标按直径值输入，F 指定进给速度，若在前面已经指定，可以省略。

2. 运动轨迹

采用绝对编程时，刀具以 F 指令的进给速度进行直线插补，运动到坐标值为（X，Z）的点上；采用增量编程时，刀具则移至距当前点（起始点）的距离为 U、W 值的点上。只有一个坐标轴，刀具将沿该坐标轴方向运动。有两个坐标值时，刀具从起点到终点按给定的速度做规定斜率的直线插补运动。

3. 指令作用

该指令用于直线或斜线运动。可使数控车床沿 X 轴、Z 轴方向执行单轴运动，也可以沿 XZ 平面内任意斜率的直线运动。

4. 注意事项

（1）G01 为模态指令。

（2）C01 指令后的坐标值取绝对值编程还是取增量值编程，由尺寸字决定。

（3）进给速度由 F 指令决定。F 指令也是模态指令，可由 G00 指令取消。

通常，在车削端面、沟槽等与 X 轴平行的加工时，只需单独指定 X（或 U）值坐标；在车外圆、内孔等与 Z 轴平行的加工时，只需单独指定 Z（或 W）值坐标。图 4-35 所示为同时指令两轴移动车削锥面的情况，用 G01 编程为

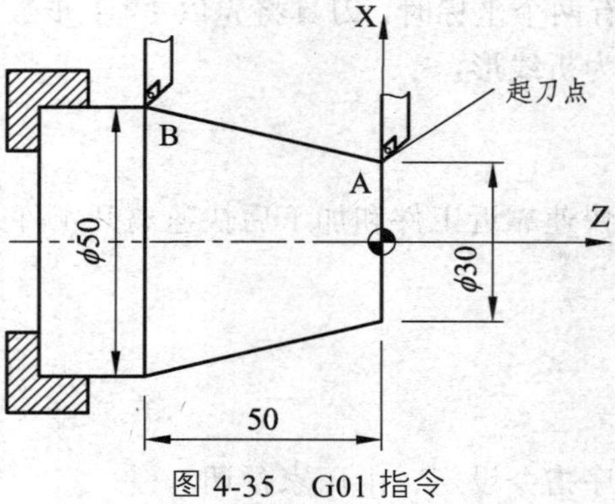

图 4-35 G01 指令

绝对坐标方式：G01 X50.0 Z-50.0 F0.2

增量坐标方式：G01 U20.0 W-50.0 F0.2；

混合式编程方式：G01 X50.0 W-50.0 F0.2；

G01 U20.0 Z-50.0 F0.2；

【例 4-3】 刀具按如图 4-36 所示的走刀路线进行加工，已知进给量为 80 mm/min，切削线速度为 800 r/min，刀具号为 T01，刀具补偿号为 No.001，用绝对坐标方式编程。

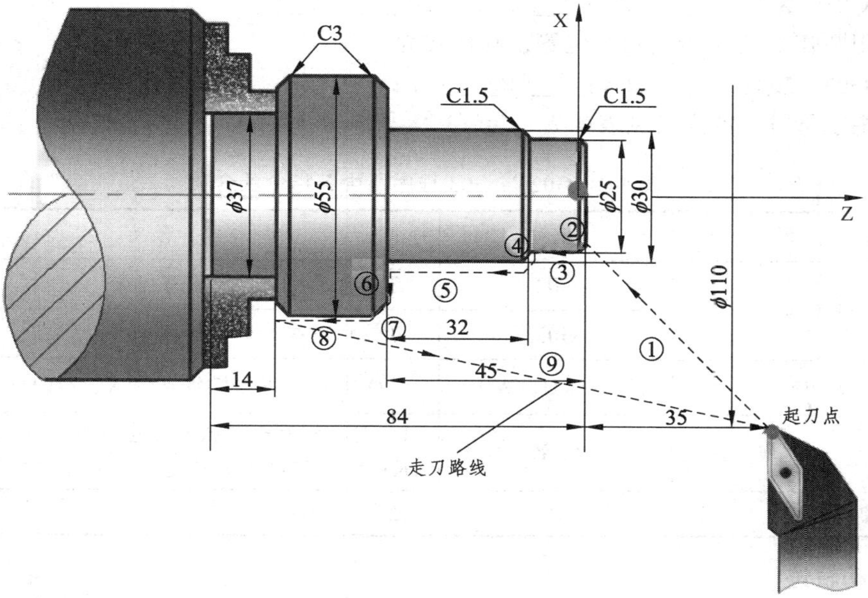

图 4-36 例 4-3 零件图

解：建立如图 4-36 所示的工件坐标系，用绝对坐标方式编程为：

O0001；	（程序号）
G00 X110 Z35 T0100；	（建立工件坐标系，选择 T01 号刀）
M03 S800；	（主轴正转，速度为 800 r/min）
G00 X21 Z0.5 T0101；	（①建立刀具补偿）
G01 X25 Z-1 F80；	（②）
Z-13；	（③）
X27；	
X30 Z-14.5；	（④）
Z-45；	（⑤）
X49；	（⑥）
X55 Z-48；	（⑦）
Z-70；	（⑧）
G00 X110 Z35；	（退回起刀点）
M30；	（程序结束）

※翻转课堂：请同学们用增量坐标方式重新编制程序。

4.4.4 圆弧插补（G02、G03）

圆弧插补在切削圆弧时使用，顺时针切削用 G02，逆时针切削用 G03。

1. 指令格式

（1）用 I 、K 指定圆心位置，其格式为

G02/ G03 X(U)____ Z(W)____ I____ K____ F____;

（2）用圆弧半径 R 指定圆心位置，其格式为

G02/ G03 X(U)____ Z(W)____ R____ F;

指令中字母符号的意义见表 4-7。

表 4-7 G02 与 G03 程序段中各指令的含义

方式选择	指令	释义
回转方向	G02	刀具轨迹按顺时针圆弧插补
	G03	刀具轨迹按逆时针圆弧插补
终点位置	X、Z（U、W）	工件坐标系中圆弧终点的 X、Z（U、W）值
圆心到圆弧起点的增量距离	I、K	I：圆心相对于圆弧起点在 X 方向的坐标增量； K：圆心相对于圆弧起点在 Z 方向的坐标增量
圆弧半径	R	圆弧的半径

2. 运动轨迹

圆弧插补指令是命令刀具在指定平面内按给定的进给速度做圆弧运动，切削出圆弧轮廓。

3. 指令作用

该指令用于圆弧表面的加工。

4. 注意事项

（1）圆弧顺逆的判断：对于前置刀架，圆弧顺逆的判断刚好与时针方向判断相反，即顺时针为 G03，逆时针为 G02，如图 4-37 所示；对于后置刀架，圆弧顺逆的判断刚好与时针方向判断一致，顺时针为 G02，逆时针为 G03，如图 4-38 所示。

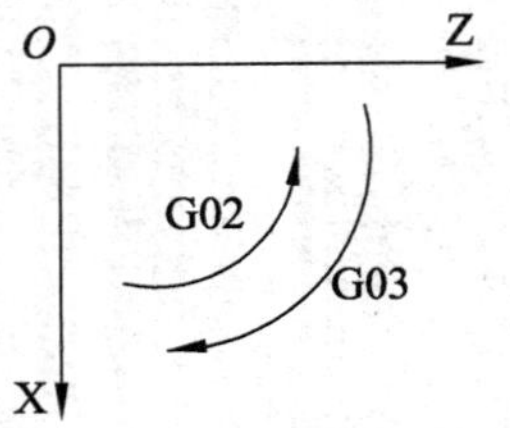

图 4-37 前置刀架圆弧顺逆的判断

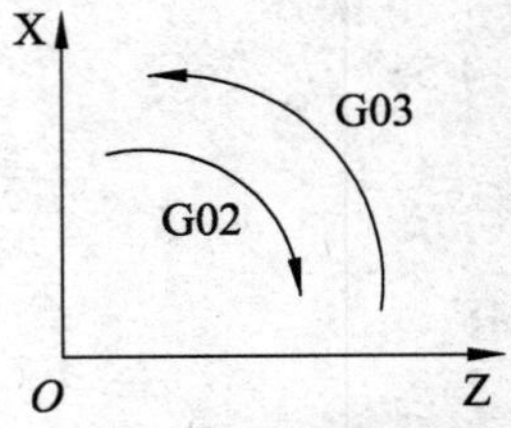

图 4-38 后置刀架圆弧顺逆的判断

（2）用绝对值编程时，用 X、Z 表示圆弧终点在工件坐标系中的坐标值；采用增量值编程时用 U、W 表示圆弧终点相对于圆弧起点的增量值。

（3）I、K 为圆心坐标相对于圆弧起点坐标的增量，即 $I = X_{圆心坐标}/2 - X_{圆弧起点坐标}/2$（即 I 为半径值），$K = Z_{圆心坐标} - Z_{圆弧起点坐标}$，当 I、K 值为零时可以省略。

（4）用圆弧半径 R 编程时规定：圆心角小于或等于 180°的圆弧，R 值为正；圆心角大于 180°的圆弧，R 值为负。

（5）程序段中同时给出 I、K 和 R 值，以 R 值优先，I、K 无效。

（6）G02、G03 用半径 R 值指定圆心位置时，不能用于整圆加工。

如图 4-39 所示，刀具从 A 到 B 可用以下两种方式分别编出圆弧插补程序段如下：

绝对坐标方式：

I、K 编程：G02　X60.0　Z-10.0　I10.0　F0.1；

R 编程：G02　X60.0　Z-10.0　R10.0　F0.1；

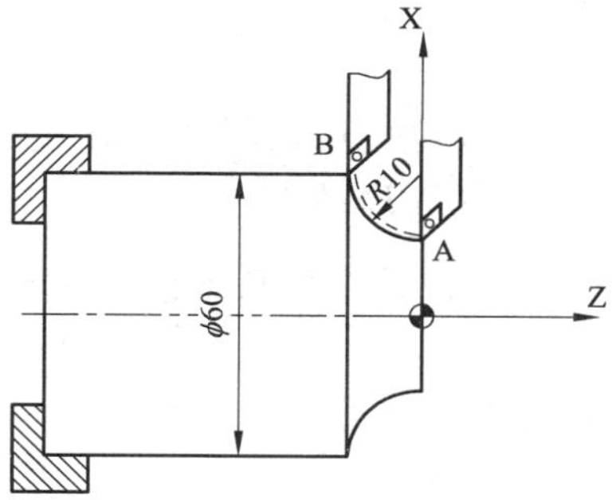

图 4-39　圆弧插补

【例 4-4】 刀具按如图 4-40 所示的走刀路线进行加工，已知进给量为 0.25 mm/r，切削线速度为 150 m/min，试编程。

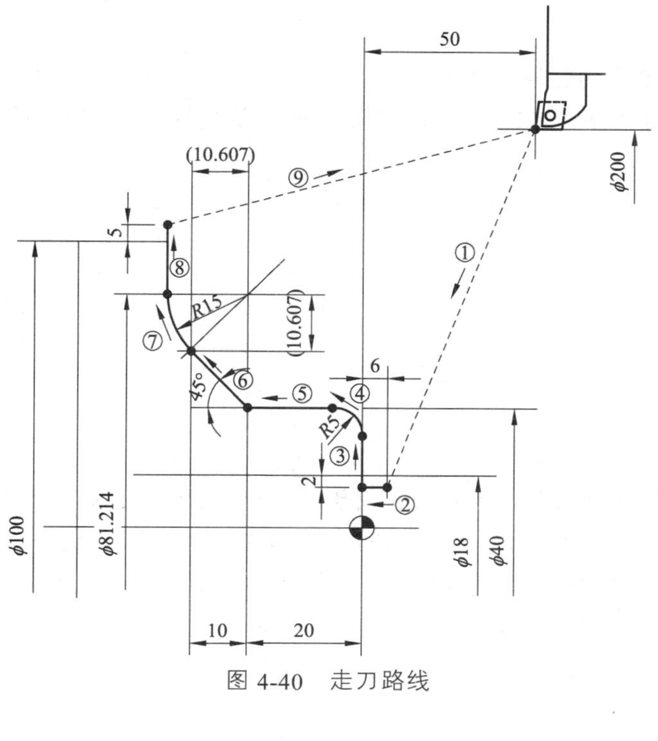

图 4-40　走刀路线

解：建立如图 4-40 所示的工件坐标系，程序编制如下：

```
O0002;                          （程序号）
G00 X200 Z50 T0200;             （建立工件坐标系，换 T02 号刀）
G96 S150 M03;                   （恒线速度设定，主轴正转）
G00 X14 Z6 T0202;               （①建立刀具补偿）
G01 Z0 F0.25;                   （②）
X30;                            （③）
G03 X40 Z-5 R5;                 （④）
G01 Z-20;                       （⑤）
X60 Z-30;                       （⑥）
G02 X81.214  Z-34.393 R15;      （⑦）
G01 X110;                       （⑧）
G00 X200 Z50 T0200;             （⑨，取消刀具补偿）
M30;                            （程序结束）
```

例 4-4 仿真加工

※翻转课堂：请同学们用 I、K 方式结合增量坐标重新编制程序。

4.4.5 程序暂停（G04）

该指令控制系统按指定时间暂时停止执行后续程序段，暂停时间结束则继续执行。该指令为非模态指令，只在本程序段有效。指令格式：

$$\text{G04}\left\{\begin{array}{c}\text{X\_\_}\\ \text{U\_\_}\\ \text{P\_\_}\end{array}\right\};$$

其中，X、U、P 均为暂停时间（s）。

注意：在用地址 X 和 U 表示暂停时间时，允许使用小数点，用地址 P 表示暂停时间时，不能用小数点表示法。

例如，若要暂停 3 s，则可写成如下几种格式：

G04 X3.0;

或 G04 X3000;

或 G04 U3.0;

或 G04 U3000;

或 G04 P3000;

切槽刀对刀

G04 主要应用于：

（1）在车削沟槽或钻孔时，为使槽底或孔底得到准确的尺寸精度及光滑的加工表面，在加工到槽底或孔底时，应该暂停一适当时间，使工件回转一周以上。

（2）使用 G96（主轴以恒线速度回转）车削工件轮廓后，改成 G97（主轴以恒定转速回转）车削螺纹时，指令暂停一段时间，使主轴转速稳定后再执行螺纹车削，以保证螺距加工精度的要求。

4.4.6 刀尖圆弧自动补偿功能

请思考以下问题：

工件加工中需要用到粗车刀、精车刀、切槽刀、螺纹车刀等刀具，每把刀具长度均不相同，怎么保证整个加工过程中加工尺寸准确？

假设加工中选用：

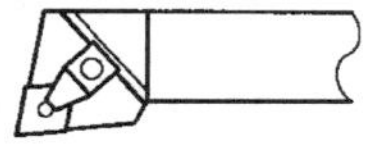
粗车（T0101）：80°外圆车刀，刀尖半径 $R = 0.8$ mm；

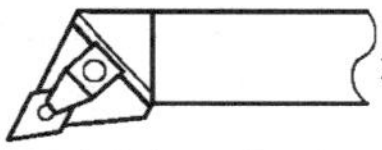
精车（T0202）：55°外圆车刀，刀尖半径 $R = 0.4$ mm。

刀尖圆弧半径对车削加工有何影响？

编程时，通常都将车刀刀尖作为一点来考虑，但实际上刀尖存在圆角，如图 4-41 所示。实际上 CNC 车床一般使用粉末冶金制作的刀片，其刀尖是一圆弧形。常用的 CNC 车刀片的刀尖半径 R 有 0.2 mm、0.4 mm、0.6 mm、0.8 mm、1 mm 等多种。在对刀时，刀尖的圆弧中心不易直接对准起刀位置或基准位置，若使用理论刀尖则易于对准该位置。

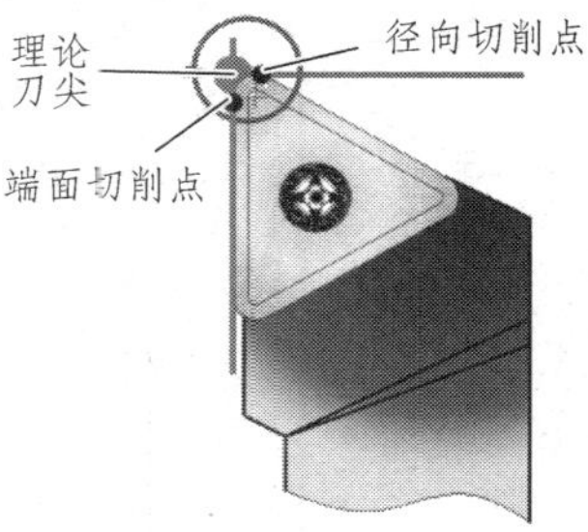

图 4-41　理论刀尖

按理论刀尖编出的程序在车削外圆、内孔等与 Z 轴平行的表面时，是没有误差的，但在车削右端面、锥面及圆弧时会发生少切或过切的现象，如图 4-42 所示。

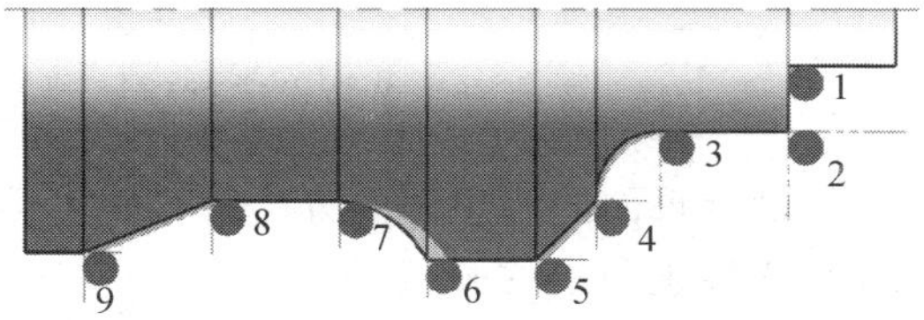

1 点—少切	3～4 点—少切	6～7 点—过切
1～2 点—正常	4～5 点—少切	7～8 点—正常
2～3 点—正常	5～6 点—少切	8～9 点—少切

图 4-42　刀尖圆角“R”造成少切削或过切削现象示意图

为避免因刀尖圆弧半径所造成的过切或少切现象，在不改变程序的情况下使刀具切削路径与工件轮廓吻合一致，加工出尺寸正确的零件，数控系统均设计出能自动补偿刀尖圆弧半径功能。假想刀尖和实际刀尖圆弧半径补偿指令如下：

G40：取消刀尖圆弧半径补偿，即按程序路径进给；

G41：刀具左补偿，指站在刀具路径上，沿着刀具切削前进方向看，刀具在工件的左方；

G42：刀具右补偿，指站在刀具路径上，沿着刀具切削前进方向看，刀具在工件的右方。

使用刀尖半径补偿指令时应注意以下几点：

（1）G41 或 G42 指令必须和 G00 或 G01 指令一起使用，且当轮廓切削完成后即用指 G40 取消补偿。

（2）工件有锥度、圆弧时，必须在精车锥度或圆弧前一程序段建立半径补偿，一般在切入工件时的程序段建立半径补偿。

（3）必须在刀具补偿参数设定页面的刀尖半径处填入该把刀具的刀尖半径值（如图 4-43 中的半径项），则 CNC 装置会自动计算应该移动的补偿量，作为刀尖半径补偿的依据。

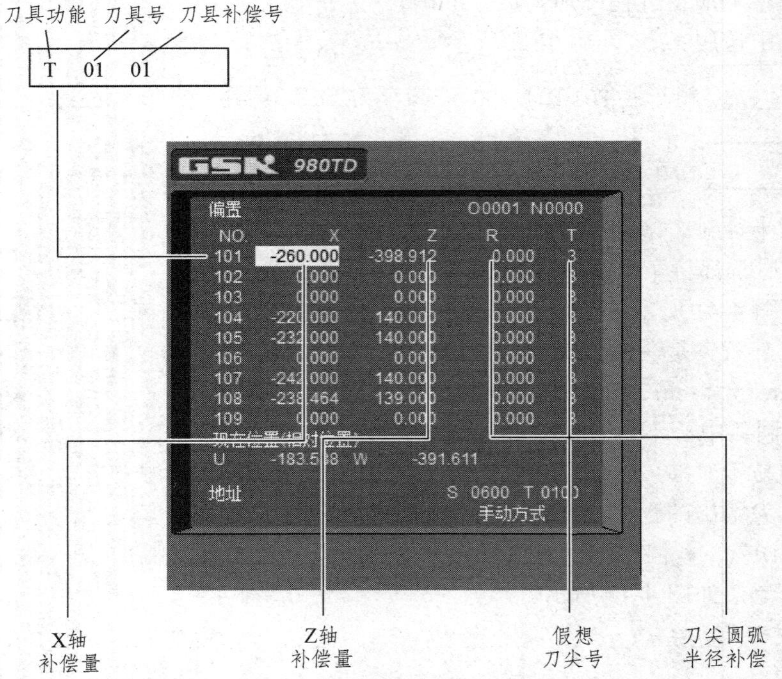

图 4-43　刀具补偿参数设定页面

（4）必须在刀具补偿参数设定页面的假想刀尖方向处（如图 4-43 中的 T 项）填入该把刀具的假想刀尖号码，以作为刀尖半径补偿的依据。

（5）假想刀尖方向是指假想刀尖点与刀尖圆弧中心点的相对位置关系，用 0～9 共 10 个号码来表示，0 与 9 的假想刀尖点与刀尖圆弧中心点重叠。常用车刀的假想刀尖号如图 4-44 所示。

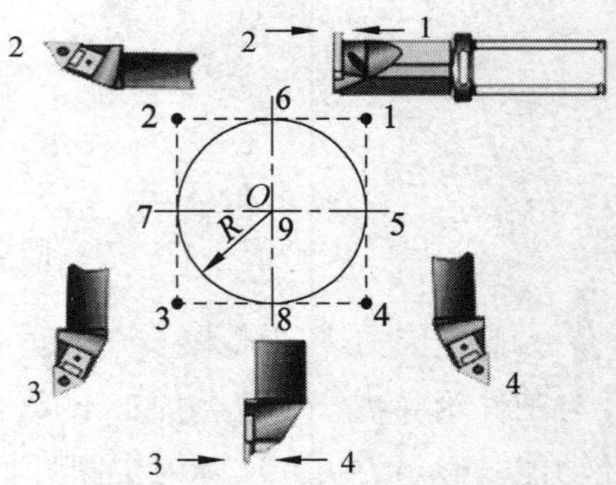

图 4-44　不同车刀的假想刀尖号

（6）刀尖半径补偿指令 G41 或 G42 后，刀具路径必须是单向递增或单向递减，即指令 G42 后刀具路径若向 Z 轴负方向切削，就不允许往 Z 轴正方向移动，故必须在往 Z 轴正方向移动前，用 G40 取消刀尖半径补偿。

（7）建立刀尖半径补偿后，在 Z 轴的切削移动量必须大于其刀尖半径值（如刀尖半径为 0.6 mm，则 Z 轴移动量必须大于 0.6 mm）；在 X 轴的切削移动量必须大于 2 倍刀尖半径值（如刀尖半径为 0.6 mm，则 Z 轴移动量必须大于 1.2 mm），这是因为 x 轴用直径值表示的缘故。

【例 4-5】 刀具按如图 4-45 所示的走刀路线进行精加工，已知进给量为 100 mm/min，切削线速度为 1 000 r/min，刀具号为 T02，刀具补偿号为 No.002，试进行刀尖圆弧半径补偿编程。

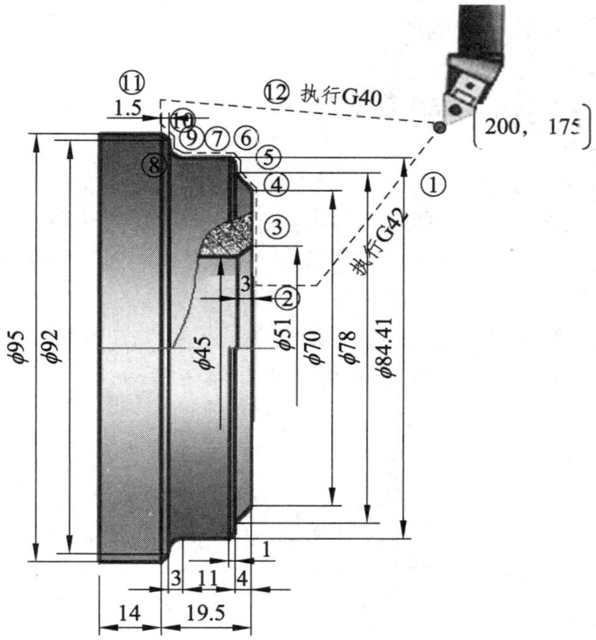

图 4-45 走刀路线

解：刀尖位置编码：3。

编制程序如下：

```
O0003;                         （程序号）
G00 X200 Z175 T0202;           （设定工件坐标系，调用刀补）
M03 S1000;                     （主轴正转）
G00 G42 X58 Z10 M08;           （①调用右刀补，切削液开）
G01 Z0 F100;                   （②）
X70;                           （③）
X78 Z-4;                       （④）
X82.41;                        （⑤）
X84.41 Z-5;                    （⑥）
Z-15;                          （⑦）
G02 X90.41 Z-18 R3;            （⑧）
G01 X92;                       （⑨）
X95 Z-19.5;                    （⑩）
X100;                          （⑪）
G00 G40 X200 Z175;             （⑫退回起始点，取消刀具补偿）
M30;                           （程序结束）
```

注：小的倒角、圆角不能忽略。

4.4.7 返回参考点检查（G27）

数控机床通常是长时间连续工作，为了提高加工的可靠性及保证零件的加工精度，可用 G27 指令来检查工件原点的正确性。

指令格式：G27 X(U)__　Z(W)__;

其中：X、Z 值指机床参考点在工件坐标系中的绝对坐标；U、W 值表示机床参考点相对刀具目前所在位置的增量坐标。

该指令的用法如下：当执行加工完成一循环，在程序结束前执行 G27 指令，则刀具将以快速定位（G00）移动方式自动返回机床参考点，如果刀具到达参考点位置，则操作面板上的参考点返回指示灯会亮；若工件原点位置在某一轴向有误差，则该轴对应的指示灯不亮，且系统将自动停止执行程序，发出报警提示（No.92 报警）。

使用 G27 指令时，若先前用 G41 或 G42 建立了刀具半径补偿，必须用 G40 将刀具半径补偿取消后才可使用 G27 指令。编程时可参考如下程序结构：

```
⋮
T0101;
⋮
G40;                              （取消刀具半径补偿）
G27 X345.213      Z478.954;       （返回参考点检查）
```

4.4.8 自动返回参考点（G28）

G28 指令的功能是使刀具从当前位置以快速定位（G00）移动方式经过中间点回到参考点。指定中间点的目的是使刀具沿着一条安全路径回到参考点。

指令格式：G28 X(U)Z(W)__;

其中：X、Z 值是刀具经过的中间点的绝对坐标；U、W 值为刀具经过的中间点相对起点的增量坐标。

如图 4-46 所示，若刀具从当前位置经过中间点（30，15）返回参考点，则可用指令：

G28 X30 Z15;

如图 4-47 所示，若刀具从当前位置直接返回参考点，这时相当于中间点与刀具当前位置重合，则可用增量坐标方式指令为：

G28 U0 W0;

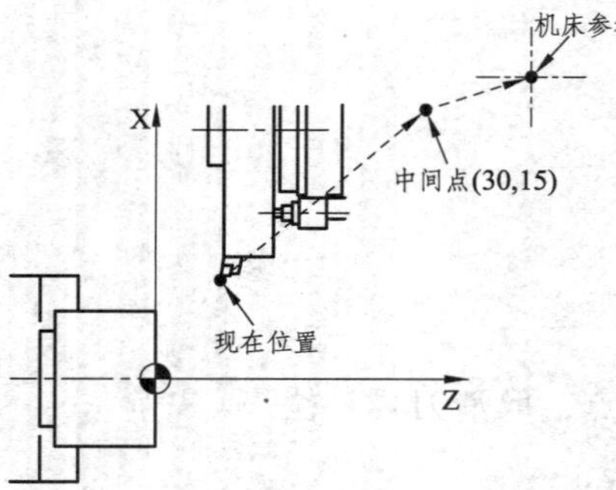

图 4-46　刀具经过中间点返回参考点

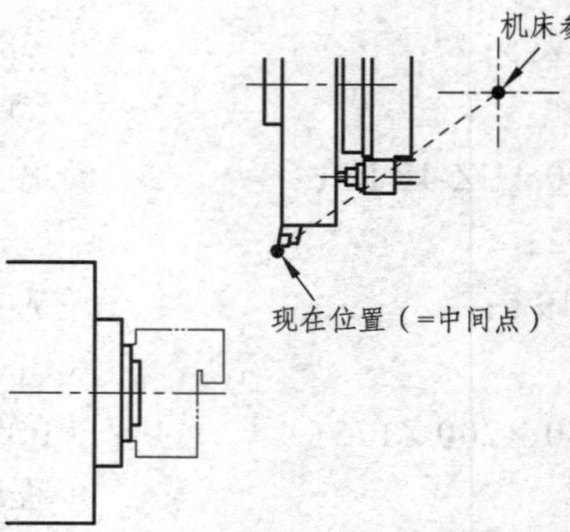

图 4-47　刀具直接返回参考点

4.4.9　从参考点返回（G29）

此指令的功能是使刀具由机床参考点经过中间点到达目标点。

指令格式：G29　X___　Z___；

其中：X、Z 后面的数值是指刀具的目标点坐标。

这里经过的中间点就是 G28 指令所指定的中间点，故刀具可经过这一安全路径到达欲切削加工的目标点位置。所以用 G29 指令之前，必须先用 G28 指令，否则 G29 指令不知道中间点位置会发生错误。

4.4.10　螺纹切削指令（G32）

数控车床可以加工直螺纹、锥螺纹、端面螺纹。

1. 指令格式

G32 X(U)__　Z(W)__　F__；

其中：X、Z 值是指车削到达的终点坐标；U、W 值是指切削终点相对起点的增量坐标；F 是指螺纹导程（单位为 0.01 mm/min）。

2. 运动轨迹

G32 刀具路径与 G01 相同。一般在切削螺纹时，从粗切到精切，是沿同一轨迹多次重复切削。由于在主轴上安装有位置编码器，每次重复切削时起始点和运动轨迹都是相同的，同时要求主轴的转速必须是恒定的。由于伺服电机由静止到匀速运动有一个加速过程，反之，则为降速过程。为防止加工螺纹螺距不均匀，车削螺纹前后，必须有适当的进刀段 δ_1 和退刀段 δ_2。按下面公式计算：

$$\delta_1 = n \times P/400,\quad \delta_2 = n \times P/1\ 800$$

式中：n 为主轴转速，r/min；P 为螺纹导程，mm。

由以上公式所计算而得的 δ_1 和 δ_2 是理论上所需的进、退刀量，实际应用时一般取 δ_1 = 2 ~ 5 mm，δ_2 =（1/4 ~ 1/2）δ_1，运动轨迹如图 4-48 所示。

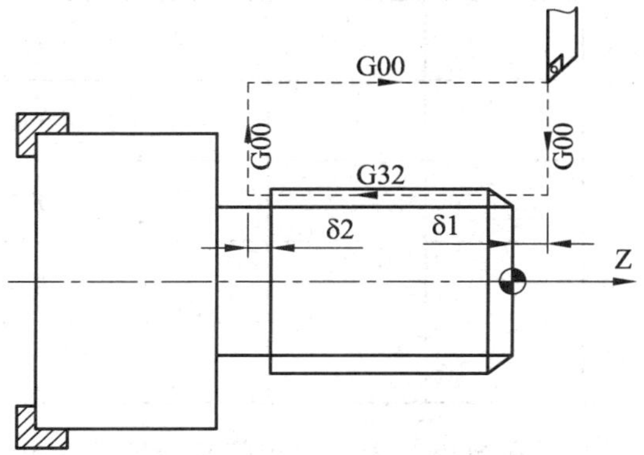

图 4-48　G32 切削螺纹轨迹

3. 注意事项

（1）主轴应通过 G97 指令指定恒转速，在保证生产效率和正常切削的情况下，宜选择较低的主轴转速。切削螺纹时，为能加工到螺纹小径，车削时 Z 轴的直径值逐次减少，若使用 G96 恒线速度控制指令，则工件旋转时，其转速会随切削点直径减少而增加，这会使 F 导程指定的值产生变动（因为 F 值的单位是 mm/r，会随转速而变化）从而发生乱牙现象。

（2）当螺纹加工程序段中的导入长度 δ_1 和切出长度 δ_2 比较充裕时，可选择适当高些的主轴转速。

（3）螺纹加工时最简单的方法是进刀方向指向卡盘，若使用左手刀具加工右旋螺纹，进刀方向也可远离卡盘，反之亦然。

（4）通常情况下车螺纹时主轴转速应按其机床或数控系统说明书中规定的计算式进行确定，其计算式为：

$$n_{螺} \leqslant (1\,200/P) - 80$$

（5）牙型较深、螺距较大时，可分数次进给，每次进给的背吃刀量用螺纹深度减去精加工背吃刀量所得之差按递减规律分配。常用螺纹切削的进给次数与背吃刀量参考表 4-8。

表 4-8　常用公制螺纹切削的进给次数与背吃刀量（双边）　　单位：mm

米制螺纹								
螺距		1	1.5	2	2.5	3	3.5	4
牙深（半径量）		0.649	0.974	1.299	1.624	1.949	2.273	2.598
切削次数及吃刀量（直径量）	1 次	0.7	0.8	0.9	1.0	1.2	1.5	1.5
	2 次	0.4	0.6	0.6	0.7	0.7	0.7	0.8
	3 次	0.2	0.4	0.6	0.6	0.6	0.6	0.6
	4 次		0.16	0.4	0.4	0.4	0.6	0.6
	5 次			0.1	0.4	0.4	0.4	0.4
	6 次				0.15	0.4	0.4	0.4
	7 次					0.2	0.2	0.4
	8 次						0.15	0.3
	9 次							0.2

【例 4-6】 如图 4-49 所示，在数控车床上欲车削普通螺纹 M40 × 1.5，用 G32 指令编程。

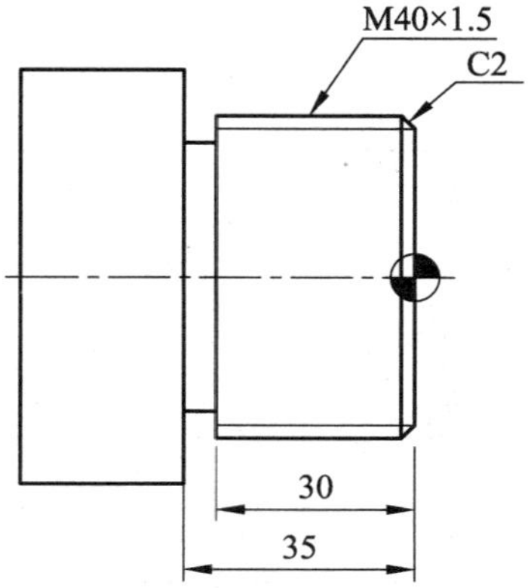

图 4-49　例 4-5

解：

（1）确定工件坐标系和对刀：

在 XOZ 平面内确定以工件右端面轴心线上点为工件原点，建立工件坐标系，采用手动试切对刀方法对刀。

螺纹刀对刀

（2）决定主轴转速：

n 的取值应适合机床的要求：

$$n_{螺} \leqslant (1\,200/P)-80$$

计算得知：$n_{螺} \leqslant 720$ r/min 可使用，一般取整数较方便，故取 700 r/min 车削螺纹。

（3）加工前螺纹大径和底径的计算方法：

$$螺纹大径 = 公称直径 - 0.13 \times 螺距 = 40 - 0.13 \times 1.5 = 39.805$$

$$螺纹底径 = 螺纹大径 - （1.1 \sim 1.3）\times 螺距 = 39.805 - 1.3 \times 1.5 = 37.855$$

（4）计算进刀段 δ_1 及退刀段 δ_2：

$$\delta_1 = n \times P/400 = 800 \times 1.5/400 = 3\ (\text{mm}) \qquad 取：\delta_1 = 4\ \text{mm}$$

$$\delta_2 = n \times P/1\,800 = 800 \times 1.5/1\,800 = 0.67\ (\text{mm}) \qquad 取：\delta_2 = 2\ \text{mm}$$

（5）切削用量选择：

查表得需分 4 次切完，每一次切深为：0.8 mm、0.6 mm、0.4 mm、0.15 mm（查表值为 0.16 mm，但切削后小于底径，故取 0.15 mm）。

假定毛坯已经加工成相应尺寸台阶轴，具备退刀槽，仅编制螺纹加工部分。程序见表 4-9。

表 4-9　程序

程序号	O0005	
程序段号	程序段内容	注释
N01	T0101；	换 1 号刀，调用 1 号刀补
N05	M03 S700；	主轴正转

续表

程序号	O0005	
程序段号	程序段内容	注释
N09	G00　X200　Z100	设定工作坐标系
N10	X42　Z4　M08；	到达起刀点，切削液开
N20	X39.005；	螺纹切削第一次 X 方向进刀
N30	G32　Z-32　F1.5；	切螺纹
N40	G00 X42；	X 向退刀
N50	Z4；	Z 向退刀
N60	X38.405；	第二次 X 向进刀
N70	G32　Z-32　F1.5；	切螺纹
N80	G00　X42；	X 向退刀
N90	Z4；	Z 向退刀
N100	X38.005；	第三次 X 向进刀
N110	G32　Z-32　F1.5；	切螺纹
N120	G00　X42；	X 向退刀
N130	Z4；	Z 向退刀
N140	X37.855；	第四次 X 向进刀
N150	G32　Z-32　F1.5；	切螺纹
N160	G00　X42；	X 向退刀
N170	Z4；	Z 向退刀
N180	X37.855；	最后一刀重复一次螺纹成形更好
N190	G32　Z-32　F1.5；	切螺纹
N200	G00　X42；	X 向退刀
N210	Z4；	Z 向退刀
N220	G00 X200 Z100	退回刀具起始点
N230	M30	程序结束

※翻转课堂：让同学们画出螺纹加工走刀路线图。

4.4.11　单一固定循环（G90、G92、G94）

前面所介绍的 G 指令，如 G00、G01、G02、G03 等都是基本切削指令，即一个指令只施加产生一个动作。一个循环切削指令可使刀具产生四个动作，即可将刀具“切入→切削→刀→返回”用一个循环指令完成。因此，使用循环指令可简化编程。

当工件毛坯的轴向余量比径向多时，使用 G90 轴向切削循环指令；当材料的径向余量比轴向多时，使用 G94 径向切削循环指令；G92 是用于切削螺纹的循环指令。

1. 圆柱面切削循环指令（G90）

1）指令格式

G90 X(U)__ Z(W)__ F__;

其中，X(U)__ Z(W)__ 表示切削终点坐标值；F__表示切削速度。

2）运动轨迹

如图 4-50 所示，刀具从循环起点开始按矩形循环，最后又回到循环起点。图中虚线表示快速运动，实线表示按 F 指定的工作进给速度运动。X、Z 为圆柱面切削终点坐标值；U、W 为圆柱面切削终点相对循环起点的增量值。

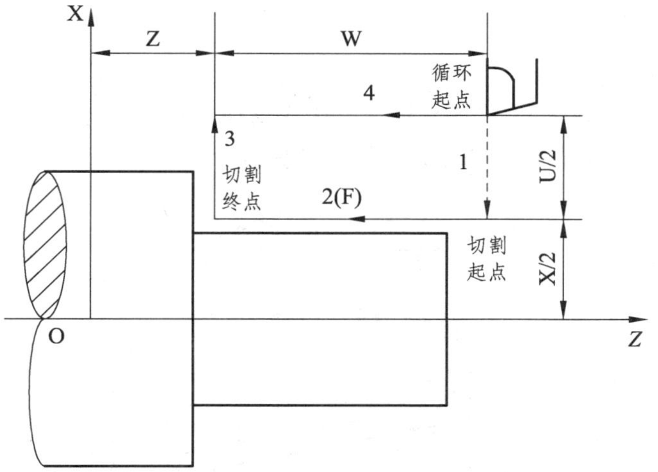

图 4-50 外圆切削循环

动作分解：其加工顺序按①→②→③→④进行。

① X 轴快进至与终点坐标同一 X 坐标的位置上；

② Z 轴以进给速度车削至终点位置；

③ X 轴以进给速度退至与起点同一 X 坐标的位置；

④ Z 轴快退回起点。

注意：使用循环切削指令，刀具必须先定位至循环起点，再执行循环切削指令，且完成循环切削后，刀具仍回到此循环起点。循环切削指令为模态指令。

3）指令作用

固定循环是预先给定一系列操作，用来控制机床位移或主轴运转，从而完成各项加工。对非一刀加工完成的轮廓表面（包括外圆柱面、内孔面），即加工余量较大的表面，采用循环编程，可以缩短程序段的长度，减少程序所占内存。

【例 4-7】 应用圆柱面切削循环功能加工如图 4-51 所示的零件。

```
0010
N10 T0101;
N20 M03 S1000;
N30 G00 X55 Z4 M08:
N50 G90 X45 Z-25 F150;
N60 X40;
N70 X35;
N80 G00 X200 Z200;
N90 M05;
N100 M30;
```

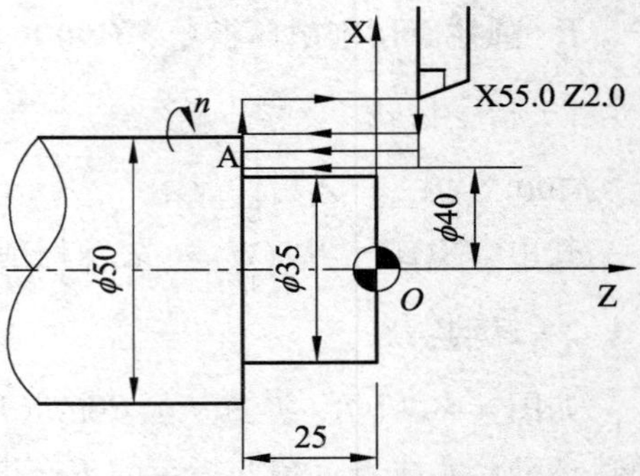

图 4-51 C90 切削圆柱表面应用

2. 锥面切削固定循环指令 G90

1）指令格式

G90 X(U)__ Z(W)__ R__ F__

其中，X(U)__ Z(W)__ 为终点坐标；F 为进给速度；R 为锥体大小端的半径差。编程时，应注意 R 的符号，锥面起点坐标大于终点坐标时为正，反之为负，如图 4-52 所示。

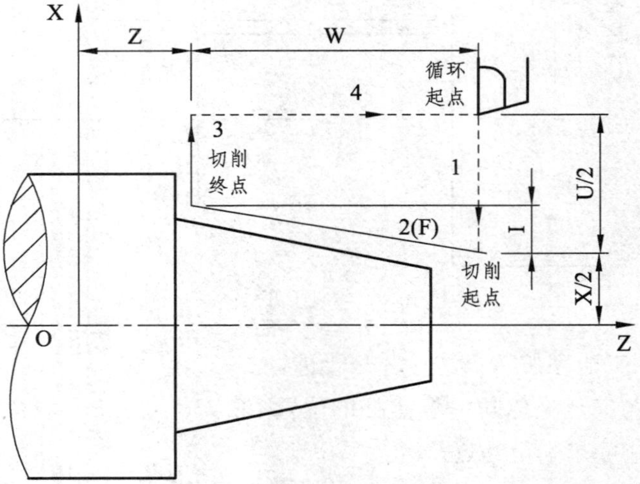

图 4-52 锥面切削循环

2）运动轨迹

刀具从循环起点开始按梯形循环，最后又回到循环起点。图中虚线表示快速运动，实线表示按 F 指定的工作进给速度运动。X、Z 为圆柱面切削终点坐标值；U、W 为圆柱面切削终点相对循环起点的增量值。

动作分解：其加工顺序按①→②→③→④进行。

① X 轴快进至与终点坐标同一 X 坐标的位置上；

② Z 轴以进给速度车削至终点位置；

③ X 轴以进给速度退至与起点同一 X 坐标的位置；

④ Z 轴快退回起点。

3）指令作用

对加工余量较大的锥面，采用循环编程，可以缩短程序段的长度，减少程序所占内存。

4）注意事项

一般在固定循环切削过程中，M、S、T 等功能都不改变；但如果需要改变时，必须在 G00 或 G01 的指令下变更，然后再指令固定循环。

例如：

N10 G00 X60 Z87；

N20 S600 M03；

N30 G90 X38 Z25 F0.3；

【例 4-8】 应用圆锥面切削循环功能加工如图 4-53 所示的零件。

⋮

G01 X65 Z2；

G90 X60 Z-35 R-5 F0.2；

X50 R-5；

G00 X100 Z200；

⋮

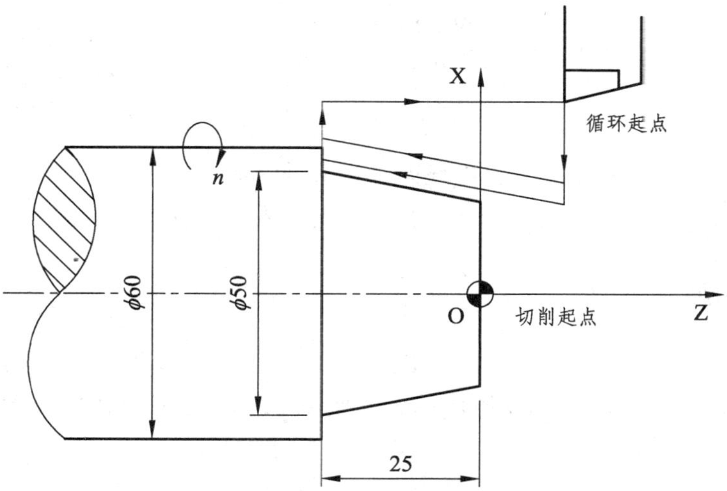

图 4-53 圆锥面单一固定循环

3. 端面切削循环 G94

1）指令格式

G94 X(U)__ Z(W)__ F__

其中，X(U)、Z(W)为终点坐标；F 为进给速度。

2）运动轨迹

刀具从循环起点开始按矩形循环，最后又回到循环起点。图中虚线表示快速运动，实线表示按 F 指定的进给速度运动。X、Z 为圆柱面切削终点坐标值；U、W 为圆柱面切削终点相对循环起点的增量值，如图 4-54 所示。

3）指令作用

G94 指令用于在零件的垂直端面毛坯余量较大时的加工，或直接用棒料车削零件时，以去除大部分毛坯余量。端面切削循环是一种单一固定循环，适用于端面切削加工。

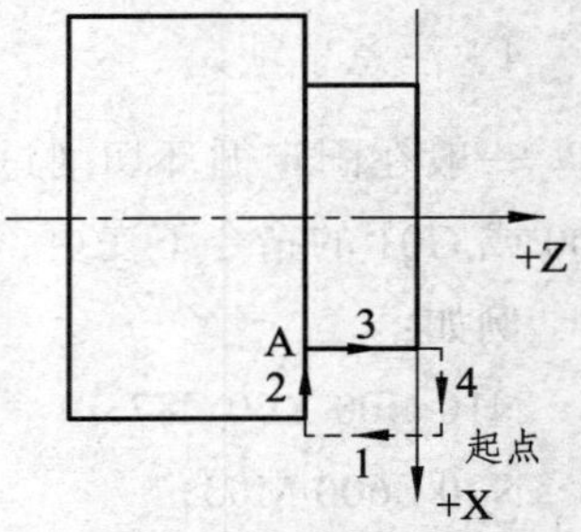

图 4-54 端面车削固定循环

4. 锥形端面车削固定循环

1）指令格式

G94 X(U)__ Z(W)__ R__ F__；

其中，X(U)__ Z(W)为终点坐标；F 为进给速度，R 为圆锥起点相对于圆锥终点在 Z 轴上的位置差，$R = Z_A - Z_B$。

2）指令轨迹

刀具从循环起点开始按梯形循环，最后又回到循环起点，如图 4-55 所示。图中虚线表示快速运动，实线表示按 F 指定的工作进给速度运动。X、Z 为圆柱面切削终点坐标值；U、W 为圆柱面切削终点相对循环起点的增量值。

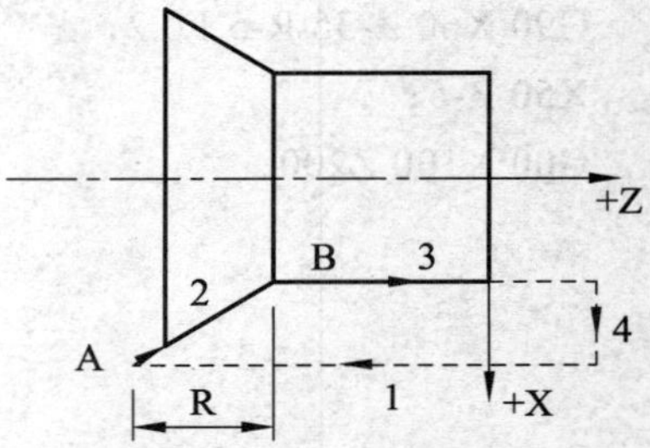

图 4-55 G94 指令轨迹

3）指令作用

G94 指令用于在零件锥形端面上毛坯余量较大时的加工，直接从棒料车削零件时进行精车前的粗车，以去除大部分毛坯余量。

5. 螺纹切削循环（G92）

1）指令格式

螺纹切削循环 G92 为单一螺纹循环，该指令可以切削锥螺纹和圆柱螺纹。其格式：

G92 X(U)__ Z(W)__ R__ F__；

其中：X、Z 为螺纹终点的坐标值；U、W 为螺纹终点坐标相对于螺纹起点的增量坐标；R 为锥螺纹起点和终点的半径差（有正、负之分），加工圆柱螺纹时为零，可省略。

2）运动轨迹

图 4-56 所示为螺纹循环，按 1、2、3、4 进行自动循环，最后又回到循环起点。图中虚线表示快速移动，实线表示按 F 指定的工作进给速度移动。

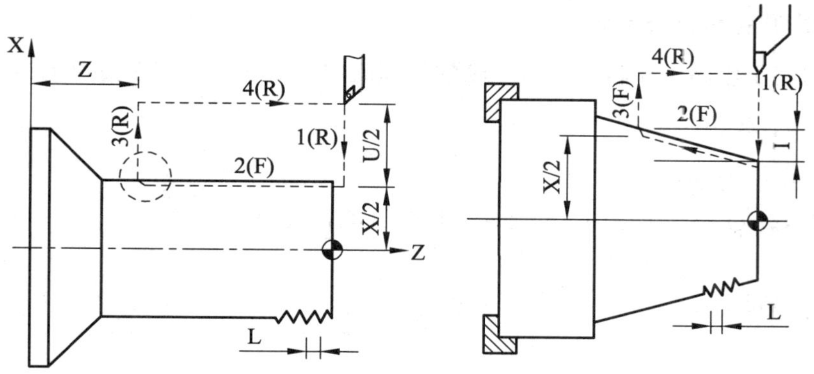

（a）直螺纹　　　　（b）锥螺纹

图 4-56　G92 螺纹切削循环

3）指令作用

G92 螺纹循环指令适用广泛，在生产企业加工螺纹几乎全部使用 G92 指令，因为 G32 指令生产效率低。G92 指令不仅可以加工直螺纹、锥螺纹，还可以加工多线螺纹。使用 G92 指令加工螺纹时，螺纹刀是直进式切削方法，由于两侧的刀刃同时工作，切削力大，排屑困难，因此在切削时，两侧切削刃易磨损。切削螺距较大的螺纹时，其切削深度较大，刀刃磨损较快，进而造成螺纹中径误差较大，但是其加工的牙型精度较高，因此一般多用于螺距小于 3 mm 的螺纹加工。

前面介绍的例 4-5 的 00005 程序中 N10 ~ N210 程序段若用 G92 编程，则可简化程序。

```
⋮
N10   G00 X42 Z4 M08;            （快速定位至循环起点，切削液开）
      G92 X39.005 Z-32 F1.5;     （车螺纹第一次走刀）
          X38.405;               （车螺纹第二次走刀）
          X38.005;               （车螺纹第三次走刀）
          X37.855;               （车螺纹第四次走刀）
N180      X37.855;               （螺纹最后一刀重复一次）
```

4.4.12　复合固定循环

当工件的形状较复杂，如有台阶、锥度、圆弧等，若使用基本切削指令或循环切削指令，粗车时为了考虑精车余量，在计算粗车的坐标点时可能会很繁杂。如果使用复合固定循环指令，只需依指令格式设定粗车时每次的切削深度、精车余量、进给量等参数，在接下来的程序段中给出精车时的加工路径，则 CNC 控制器即可自动计算出粗车的刀具路径，自动进行粗加工，因此在编制程序时可节省很多时间。

使用粗加工固定循环 G71、G72、G73 指令后，必须使用 G70 指令进行精车，使工件达到所要求的尺寸精度及表面粗糙度。

1. 外圆/内孔粗车复合循环 G71

该指令适用于用圆柱棒料粗车阶梯轴的外圆或内孔需切除较多余量时的情况。

1）指令格式

G71　U(Δd)　R(e);

G71　P(ns)　Q(nf)　U(Δu)　W(Δw)　F(f)　S(s)　T(t);

N(ns)……;

……S(s)　F(f);

⋮

N(nf)……;

指令中各项参数的含义如下：

Δd：背吃刀量，是半径值，且为正值；

e：退刀量；

ns：精车开始程序段的程序段号；

nf：精车结束程序段的程序段号；

Δu：X 轴方向精加工余量，是直径值；

Δw：Z 轴方向精加工余量；

f：粗车时的进给量；

s：粗车时的主轴速度；

T：精车时所用的刀具。

2）指令轨迹

G71 指令的刀具循环路径如图 4-57 所示。在使用 G71 指令时，CNC 装置会自动计算出粗车的加工路径控制刀具完成粗车，且最后会沿着粗车轮廓 A′B′车削一刀，再退回至循环起点 C 完成粗车循环。

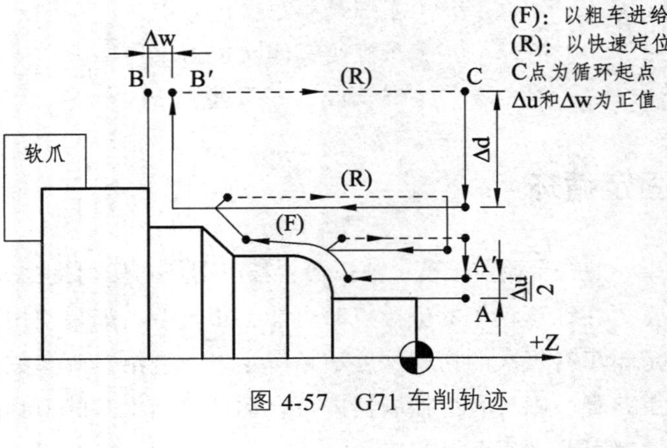

图 4-57　G71 车削轨迹

3）指令作用

该指令适用于毛坯料的粗车外径与粗车内径，主要适用于切除棒料毛坯的大部分加工余量。

4）注意事项

（1）G71 指令必须带有 P、Q 地址 ns、nf，且与精加工路径起、止顺序号对应，否则不能进行该循环加工。

（2）ns 的程序段必须为 G00/G01 指令，即从循环起点 *C* 到 *A* 点的动作必须是直线或点定位运动。

（3）在顺序号为 ns 到顺序号为 nf 的程序段中，不应包含子程序。

（4）粗加工时，G71 中编程的 F、S、T 有效，而精加工时处于 ns 到 nf 程序段之间的 F、S、T 有效。

（5）车削的路径必须是单调增大或单调减小，即不可有内凹的轮廓外形。

（6）由循环起点 *C* 到 *A* 点的只能用 G00 或 G01 指令，且不可有 *Z* 轴方向移动指令（请参考例 O4010 程序）。

（7）当使用 G71 指令粗车内孔轮廓时，须注意 Δu 为负值。

2. 精加工循环指令 G70

1）指令格式

G70 P(ns)　Q(nf);

指令中各项参数的含义如下：

ns：开始精车程序段号；

n：完成精车程序段号；

Nf：完成精车程序段号。

2）注意事项

（1）精车过程中的 F、S 在程序段号 ns 至 nf 间指定。

（2）在 ns 至 nf 间精车的程序段中，不能调用子程序。

（3）必须先使用 G71、G72 或 G73 指令后，才可使用 G70 指令。

（4）精车时的 S 也可以于 G70 指令前，在换精车刀时同时指定（如后面例题）。

（5）在车削循环期间，刀尖半径补偿功能有效。

【例 4-9】 车削如图 4-58 所示的工件。粗车刀 1 号，精车刀 2 号，刀尖半径为 0.6 mm。精车余量 *x* 轴为 0.5 mm，*z* 轴为 0 mm；粗车的切削速度为 800 r/min，精车为 1 200 r/min；粗车的进给量为 100 mm/min，精车为 80 mm/min。粗车时每次背吃刀量为 1.5 mm。试用 G71 指令编制加工程序（参考表 4-10）。

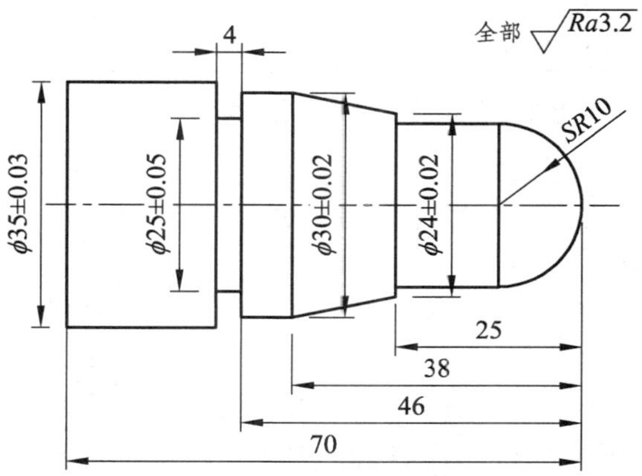

图 4-58　G71 编程零件

表 4-10 参考程序

程序号	O4010	
程序段号	程序段内容	注释
N01	T0101	选择 1#刀，1#刀补，设置工件零点
N05	M03 S800	主轴正转
N09	G00 X100 Z100	设定工作坐标系
N10	G41 X45 Z2	刀具快速移至粗车循环起点，调用刀补
N20	G71 U1.5 R1	定义车削循环
N30	G71 P40 Q130 U0.5 W0 F100;	
N40	G00 X0	切削起点 *A* 点的 *X* 坐标
N50	G01 Z0 F80	
N60	G03 X20 W-10 R10;	逆圆加工
N70	G01 Z-25	外圆柱面切削
N80	X24	端面切削
N90	X30 Z-38	圆锥面切削
N100	Z-50	外圆柱面切削
N110	X35	端面切削
N120	Z-74	外圆柱面切削
N130	X40	退出工件表面
N140	G40 G00 X100 Z100	刀具返回换刀点
N150	T0202 S1200	选择 2#刀，2#刀补，提速
N160	G00 X100 Z100	响应第二把刀的刀补
N170	G41 X45 Z2	循环加工起刀点定位
N180	G70 P40 Q130	精加工
N190	G00 G40 X100 Z100	刀具返回换刀点
N200	M30	程序结束

※翻转课堂：让同学们用仿真软件操作出该零件外形。

程序说明：

（1）精车开始程序段必须由循环起点 *A* 到 *A'* 点，且没有 *z* 轴方向移动指令。

（2）必须用 G40 指令取消刀尖半径补偿，否则会发生补偿错误信息。而且此程序段的 X 坐标值减去上个程序段的 X 坐标值的得数必须大于两倍精车刀刀尖的半径，否则会发生补偿错误信息。

例 4-9 仿真加工

（3）执行此程序前，必须在刀具补偿参数页面的 2 号补偿内输入刀尖半径的补偿值 0.6 及假想刀尖号码 3 号。

3. 端面粗车复合循环指令 G72

1）指令格式

G72　W(Δd)　R(e)；

G72　P(ns)　Q(nf)　U(Δu)　W(Δw)　F　S　T
N(ns)……；

⋮

N(nf)……；

指令中各项参数的含义如下：

W(Δd)：表示 Z 轴方向每次循环进刀量，W<刀宽；

R(e)：表示 X 轴方向每次循环退刀量；

U(Δu)　W(Δw)：表示 X 轴、Z 轴方向的精加工余量，有方向性。

2）运动轨迹

G72 指令运动轨迹如图 4-59 所示。指令中各项的意义与 G71 相同。除了切削是平行 X 轴的操作外，该循环与 G71 完全相同。

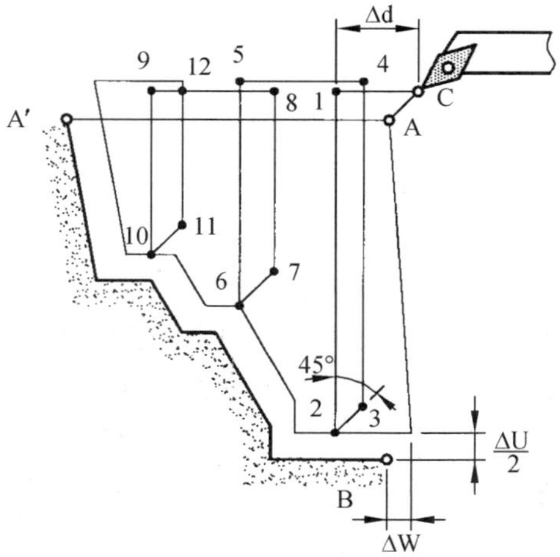

图 4-59　G72 指令运动轨迹

3）指令作用

G72 指令用于直径较大零件粗车加工。

4）注意事项

（1）只能加工 X 轴、Z 轴单调增加或单调减小的工件。

（2）精车轨迹程序第一段只能含 Z，不能有 X；精车程序只能使用 G00、G01、G02、G03 等指令。

（3）最多可有 15 个精加工程序段。

【例 4–10】 加工如图 4-60 所示的工件，1 号为粗车刀，每次背吃刀量为 3 mm，进给量 0.2 mm/r，切削速度为 150 m/min；2 号为精车刀，刀尖半径为 0.6 mm，进给量为 0.07 mm/r，切削速度为 180 m/min，X 轴方向精车余量为 0.2 mm，Z 轴方向为 0.05 mm。试用 G72 指令编制加工程序。

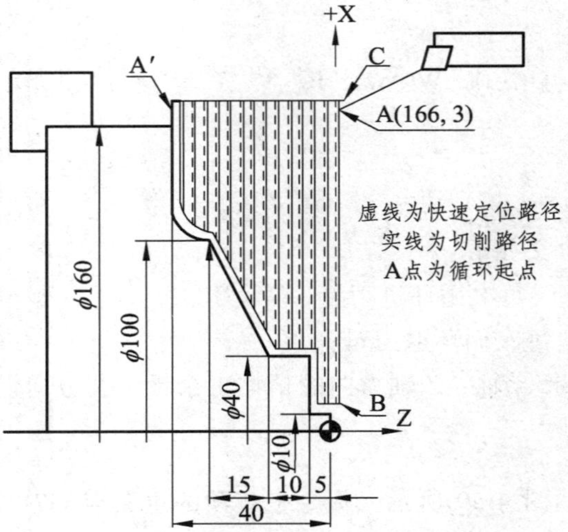

图 4-60　G72 加工示例

O4011；	
G00 X150 Z200 T0100；	
G50 S150；	
G96 M03 S150；	
T0101 M08；	
G00 X166 Z3；	（快速定位至循环起点 A）
G72 W3 R1；	（每次背吃刀量为 3 mm，退刀量为 1 mm）
G72 P10 Q20 U0.2 w0.05 F0.2；	（粗车的进给量为 0.2 mm/r）
N10 G00 Z-40；	（由 A 快速定位至 A′，开始精车程序段）
G01 G41 X120 F0.07 S180；	（建立刀尖半径左补偿，设定精车进给量和切削速度）
G03 X100 W10 R10；	
G01 X40 W15；	
W10；	
X10；	
N20 G40 Z3；	（完成精车程序段，并取消刀尖半径补偿）
G00 X150 Z200 T0100；	（快速退至安全点，准备换 2 号精车刀）
T0202；	（换 2 号精车刀，建立刀具补偿）
X166 Z3；	（快速定位至循环起点 A）
G70 P10 Q20；	（精车循环）
G00 X150 Z200 T0200；	
M30；	

※翻转课堂：让同学们先自己编程，老师再讲解，看是否正确。

4. 仿形粗车循环（G73）

G73 指令用于零件毛坯已基本成形的铸件或锻件的加工。铸件或锻件的形状与零件轮廓相接近，这时若仍使用 G71 或 G72 指令，则会产生许多无效切削而浪费加工时间。

1）指令格式

G73　U(Δi)　W(Δk)　R(d)；

G73　P(ns)　Q(nf)　U(Δu)　W(Δw)　F(f)　S(s)　T(t)；

N(ns)……；

⋮

N(nf)……；

指令中各项参数的含义：

Δi：表示 X 轴退刀方向及距离（半径指定）；

Δk：表示 Z 轴退刀方向及距离；

d：表示切割次数；

f：表示进给量；

ns：表示精加工形状程序段的第一个程序段的顺序号；

nf：表示精加工形状程序段的最后一个程序段的顺序号；

Δu：X 轴方向精加工余量的距离及方向；

Δw：Z 轴方向精加工余量的距离及方向。

F、S、T：在 G73 循环中，顺序号 ns 到 nf 之间程序段中的 F、S、T 功能都无效。但是在 G70 循环中有效。

2）运动轨迹

执行 G73 功能时，每刀的切削路线的轨迹形状是相同的，只是位置不同。每走完一刀，就把切削轨迹向工件移动一个位置，这样就可以将锻件待加工表面分布较均匀的切削余量分层切去。其走刀路线如图 4-61 所示。

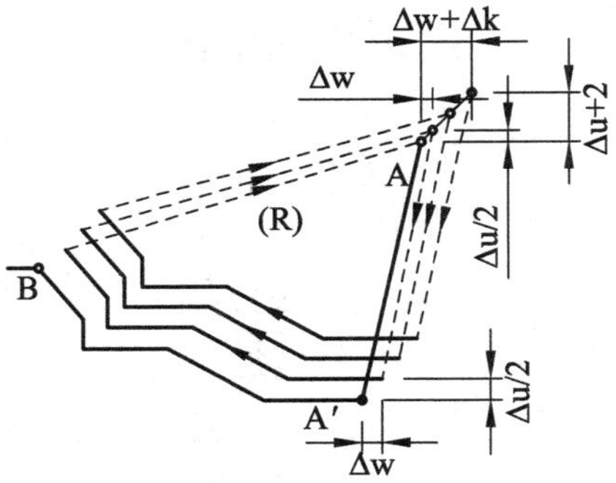

图 4-61　G73 指令运动轨迹

3）指令作用

G73 指令适用于加工具有一定轮廓形状的铸锻件等毛坯的工件，即可以加工在 X 或 Z 方向上尺寸不是单调增大或减小的工件。

4）注意事项

（1）精加工程序段里只能有 G00、G01、G02、G03 等指令。

（2）第一段可同时出现 X、Z。

（3）最多可有 15 个精加工程序段。

【例 4–11】 车削如图 4-62 所示的铸件。*x* 轴方向加工余量为 6 mm（半径值），*z* 轴方向为 6 mm，粗加工次数为 3 次。1 号为粗车刀，2 号为精车刀，刀尖半径为 0.6 mm，*x* 轴方向精车余量为 0.2 mm，z 轴方向为 0.05 mm。试用 G73 指令编制加工程序。

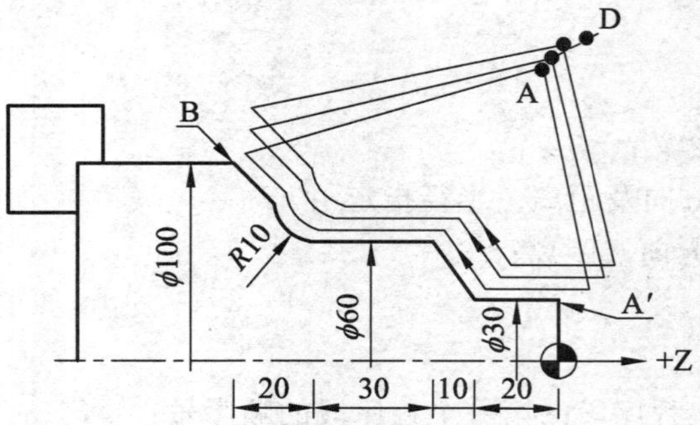

图 4-62　车削铸件

先按前面介绍方法计算 Δi 、Δk 可得：Δi = Δk = 4 mm。编制加工程序如下：

```
O4000;
G00 X150 Z100 T0101;
S800 M03;
G00 X112 Z6 M08;                （快速定位至循环起点 A）
G73 U4 W4 R3;                   （Δi = Δk = 4 mm，d = 3）
G73 P10 Q20 U0.2 W0.05 F0.2;    （粗车的进给量为 0.2 mm/r）
N10 G00 X30 Z1;                 （快速定位，开始精车程序段）
G42 G01 Z-20 F0.07;             （建立刀尖半径右补偿，设置精车进给量）
X60 W-10;
W-30;
G02 X80 W-10 R10;
G01 X100 W-10;
N20 G40 X106;                   （完成精车程序段，并取消刀尖半径补偿）
G00 X150 Z100;                  （快速退至安全点，准备换 2 号精车刀）
T0202 S1200;                    （换 2 号精车刀，建立刀具补偿，设置精车切削速度）
G00 X100 Z100
X112 Z6;
G70 P10 Q20;                    （精车循环）
G00 X150 Z100 T0200;
M30;
```

5. 径向切槽循环指令 G75

1）指令格式

G75 R(e);

G75 X(U)　Z(W)　P(Δi)　Q(Δk)　R(Δd)　F____

指令在各项参数的含义：

e：每次径向（X 轴）进刀后的径向退刀量，取值范围为 0 ~ 999（单位：mm）。

X：切削终点的 X 轴绝对坐标值。

U：切削终点与起点的 X 轴绝对坐标的差值（单位：mm）。

Z：切削终点的 Z 轴绝对坐标值。

W：切削终点与起点的 Z 轴绝对坐标的差值（单位：mm）。

Δi：径向（X 轴）进刀时，X 轴断续进刀的进刀量，取值范围为 0 ~ 9 999 999（单位：0.001 mm，半径值），无符号。

Δk：单次径向切削循环的轴向（Z 轴）进刀量，取值范围为 0 ~ 99 999（单位：0.001 mm），无符号。Z 向移动量必须小于刀宽。

Δd：切削至径向切削终点后，轴向（Z 轴）的退刀量，取值范围为 0 ~ 99.999（单位：mm），无符号。一般设为 0，以免断刀。

F：进给速度。

省略 R(Δd)时，系统默认径向切削终点后，轴向（Z 轴）的退刀量为 0。

省略 Z(W)和 Q(Δk)，默认往正方向退刀。

2）运动轨迹

G75 指令运动轨迹如图 4-63 所示。

3）指令作用

G75 指令可进行沟槽加工和切断加工，如图 4-63 所示的动作。在此循环中，可以进行沟槽加工和切断加工（省略 Z、W、K）。

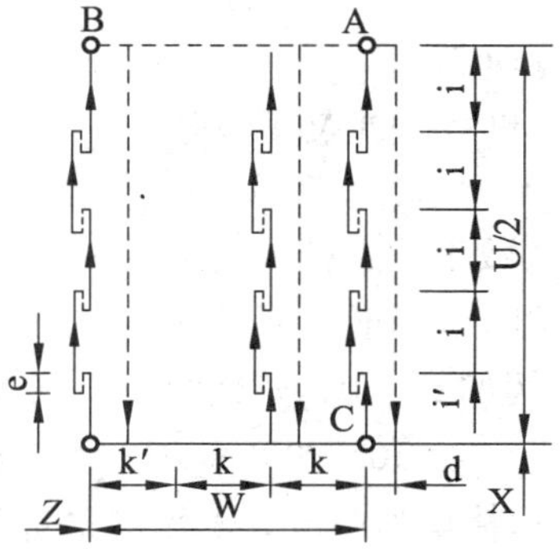

图 4-63　G75 指令运动轨迹

【例 4-12】 加工如图 4-64 所示的零件，写出用 G75 编制的外径沟槽切削部分的程序。切槽时主轴转速 600 r/min，刀具选用 3 mm 宽的切槽刀，放在 2 号刀位。

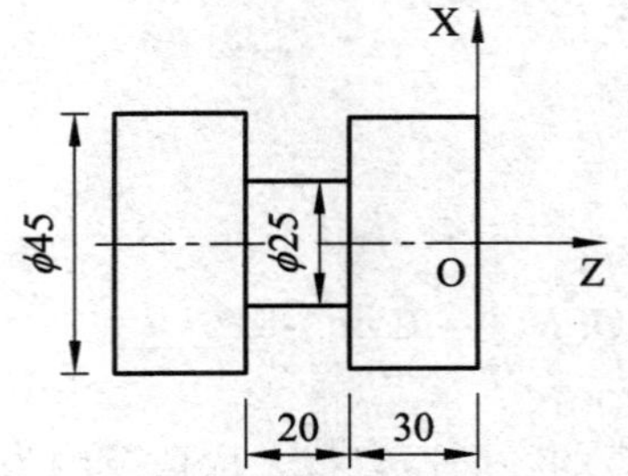

图 4-64　加工零件

解：程序如下：

```
O0013
⋮
T0202;                          （换 2 号刀）
M03 S600;                       （启动主轴）
G00 X55.0 Z-34. 0;              （刀具加工定位）
G01 X25. F60;                   （切一个刀宽）
G01 X55;                        （起刀点）
G75 R2.;                        （切削循环）
G75 X25. Z-50 P5000 Q3000 F50;
G00 X100. 0   Z100. 0;          （退刀）
M05;                            （主轴停）
M30;                            （程序结束）
```

6. 螺纹切削复合循环（G76）

已介绍过 G32 和 G92 两个车削螺纹指令。G32 指令需要 4 个程序段才能完成一次螺纹切削循环；G92 是一个程序段可完成一次螺纹切削循环，程序长度比 G32 短，但仍须多次进刀方可完成螺纹切削。若使用 G76 指令，则一个指令即可完成多次螺纹切削循环。

1）指令格式

G76　P(m)(r)(α)　Q(Δd)　R(Δd);
G76　X(U)　Z(W)__　R(i)　P(k)　Q(Δd)　F(l);

指令中各项参数的含义：

m：精车削次数，必须用两位数表示，范围为 01 ~ 99。

r：螺纹末端倒角量。当螺距用 l 表示时，可以从 0.01 到 9.91 设定；r 必须用两位数表示，范围为 00 ~ 99；倒角量 = 0.1lr。例如 r = 10，则倒角量 = 10 × 0.1 × l。

α：刀具角度，有 80°、60°、55°、30°、29°和 0°六种。m、r、α 都必须用两位数表示，同时由 P 指定。例如 P021060 表示精车削两次，末端倒角量为一个螺距长，刀具角度为 60°。

Δd_{min}：最小切削深度。若自动计算而得的切削深度小于 Δd_{min} 时，以 Δd_{min} 为准，此数值不可用小数点方式表示。例如 Δd_{min} = 0.02 mm，需写成 Q20。

d：精车余量。

X（U），Z（W）：螺纹终点坐标。X 值即螺纹的小径，Z 值即螺纹的长度。

i：车削锥度螺纹时，终点 B 到起点 A 的向量值。若 i = 0 或省略，则表示车削圆柱螺纹。

K：X 轴方向的螺纹深度，以半径值表示。

Δd：第一刀切削深度，以半径值表示。

l：螺纹的螺距（同 G32）。

2）运动轨迹

G76 指令的运动轨迹与 G71 指令相似，如图 4-65 所示。

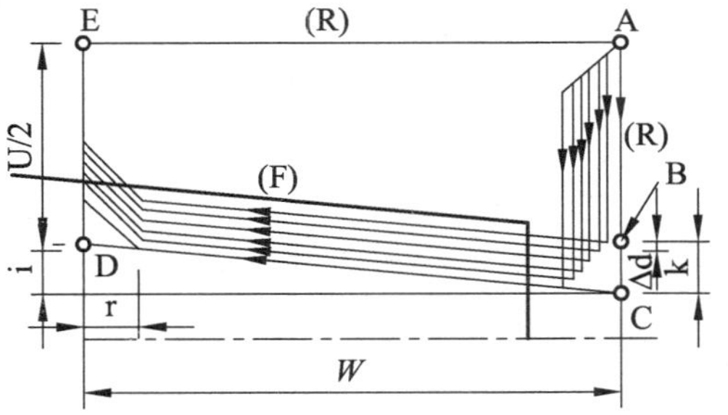

图 4-65　G76 指令的运动轨迹

3）指令作用

G76 是加工各类螺纹使用的复合循环指令。G76 指令的进刀方式与其他螺纹切削方式的进刀不同。G76 采用斜进式切削方法，螺纹刀以斜进的方式进行螺纹切削，由于为单侧刃加工，加工中刀刃容易损伤和磨损，使加工的螺纹面不直；刀尖角发生变化，从而造成牙型精度较差。但其为单侧刃工作，刀具负载较小，排屑容易，并且切削深度为递减式。因此，此加工方法一般适用于螺距大于 3 mm 的螺纹加工。由于此加工方法排屑容易，刀刃加工工况好，所以在螺纹精度要求不高的情况下，此加工方法更为方便。

4）注意事项

（1）主轴转速发生变化有可能切出不正确的螺距，因此在螺纹切削过程中不要使用恒表面切削速度指令 G96。

（2）在螺纹切削期间进给倍率无效（固定为 100%），主轴倍率固定在 100%。

（3）在螺纹切削程序段的前一程序段中不能指定倒角或倒圆。

（4）在螺纹切削前，刀具起始位置必须位于大于螺纹直径的位置，锥螺纹按大头直径计算，否则会出现扎刀现象。

使用 G70 ~ G76 循环指令时应注意下列几点：

（1）同一程序内 P、Q 所指定的顺序号码必须是唯一的，不可重复使用。

（2）由 P 至 Q 所指定顺序号中的程序段中，不能使用下列指令：

① 除 G04 暂停指令以外的非模态 G 代码；

② G00、G01、G02、G03 以外的所有 01 组 G 代码；

③ 06 组 G 代码；

④ M98 及 M99。

【例 4–13】 加工如图 4-66 所示的零件，写出用 G76 编制的螺纹切削部分的程序。螺纹刀放在 3 号刀位，车螺纹时主轴转速 400 r/min 。

解：G76 指令编程，精加工重复 2 次，倒角长度为 3 mm，刀尖角度为 60°，最小背吃刀时为 0.1 mm，精加工余量为 0.2 mm。直螺纹牙高 1.95 mm，第一刀的背吃刀量为 1.2 mm，螺距为 3 mm。

编制的程序如下：

```
O0014
T0303;                              (换 3 号刀)
M03 S400;                           (启动主轴)
G00 X100 Z100
X30.0 Z4. 0;                        (刀具加工定位)
G76 P021060 Q100 R0.2;              (螺纹切削循环)
G76 X16.1 Z-22. R0 P195 Q1200 F3;
G00 X100. 0 Z100.0;                 (退刀)
M05;                                (主轴停)
M30;                                (程序结束)
```

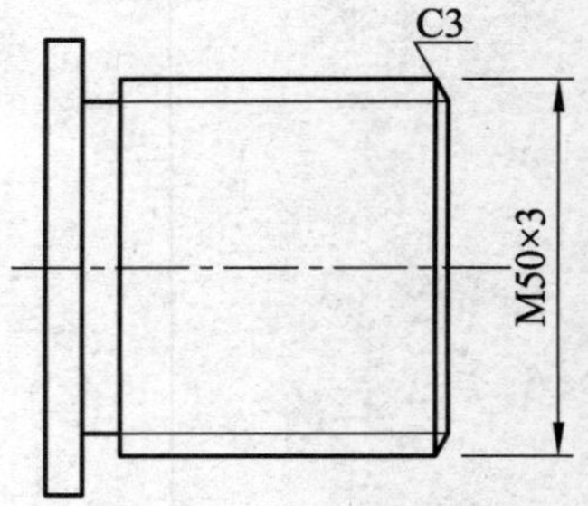

图 4-66　加工零件

4.4.13　子程序

引入：课堂讨论如图 4-67 所示的工件，如何编写切削 5 个 $\phi48\times4$ 槽的程序？

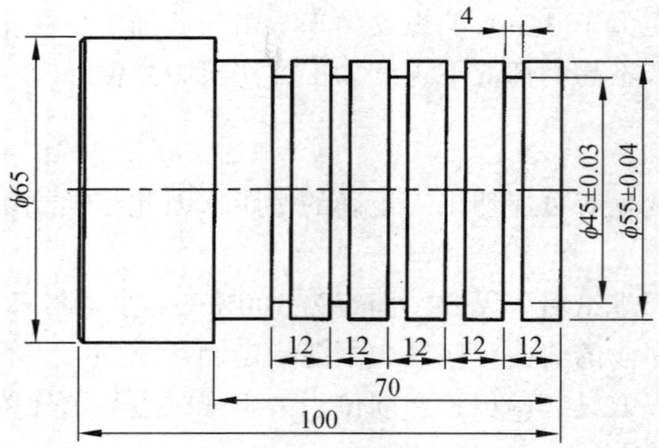

图 4-67　子程序应用

在相同的间隔距离切削四个凹槽，若用一个程序切削，则必有许多重复的加工指令，此种情况可将柜同的加工程序制作成一个子程序，再使用主程序去调用此子程序，则可简化程序的编制和节省 CNC 系统的内存空间。

子程序必须有一程序号码，且以 M99 作为子程序的结束指令。主程序调用子程序的指令格式如下：

M98 P_____;

其中：P 后最多可以跟 8 位数字，前 4 位表示调用次数，后 4 位表示调用的子程序号，若调用一次则可直接给出子程序号。

例如：M98　P30022；（表示连续调用三次 O22 子程序）

M98　P555；（表示调用 O555 子程序一次）

M98　P10；（表示调用 O10 子程序一次）

主程序调用同一子程序执行加工，最多可执行 999 次，且子程序也可再调用另一子程序执行加工，最多可调用 4 层子程序（不同的系统其执行的次数及层次可能不同）。

主程序调用子程序的执行方式如下：

```
主程序                            子程序
O1111;                            O2222;
N10……;                            N10……;
N20……;                            N20……;
N30……;                            N30……;
N40 M98 P23333;                   ⋮
N50……;                            M99;

N60……;
N70……;
⋮
M30;
```

【例 4–14】 以广数 GSK980TD 系统子程序指令加工如图 4-67 所示的工件上的 5 个槽。（假设外轮廓已经加工完毕）分别编制主程序和子程序如下：

```
主程序                      子程序
O4444;                      O1001;
N1 T0300;                   G00 W-12;
G97 S800 M03;               G01 X48 F0.05 M08;
G00 X57 Z0 T0303;           G04 U0.2;
M98 P0051001;               G00 X57 M09;
G00 X100 Z80 T0300;         M99;
M05;
M30;
```

M99 指令也可用于主程序最后程序段，此时程序执行指针会跳回主程序的第一程序段继续执行此程序，所以此程序将一直重复执行，除非按下 RESET 键才能中断执行。此种方法常用于数控车床开机后的热机程序，下面例子可供参考。

【例 4–15】 数控车床热机程序：

```
O0015;
G28  U0  W0;              （X、Z 轴返回参考点）
G97  S100  M03;           （主轴以 100 m/min 正转）
T0100;                    （换 1 号刀）
```

```
G01  U-200  W-250  F2;   （刀具以 2 mm/r 的进给量向 X、Z 轴负方向移动）
T0200;                   （换 2 号刀）
U180;                    （刀具向 X 轴正方向移动）
W200;                    （刀具向 Z 轴正方向移动）
T0300;                   （换 3 号刀）
U-180;                   （刀具向 X 轴负方向移动）
W-220;                   （刀具向 Z 轴负方向移动）
T0400;                   （换 7 号刀）
M99;                     （程序执行指针跳回程序开始继续执行此程序）
```

4.5 数控车削综合实例

分析如图 4-68 所示的数控车削加工工艺，并参考广数 GSK980TD 系统编写其加工程序。

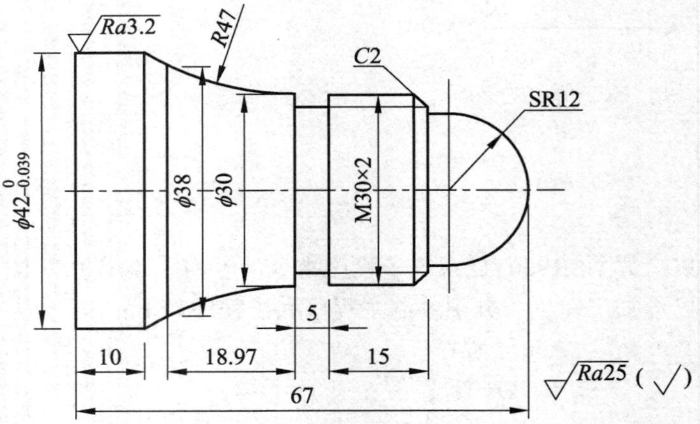

图 4-68 钉帽

1. 零件图与加工工艺分析

1）零件图分析

图形尺寸齐全，图 4-68 中 $\phi42$ 有公差要求，外圆表面有 *Ra*3.2 μm 的粗糙度要求，因此需要进行粗、精加工；图 4-68 中有螺纹加工，且需切削螺纹退刀槽，故需要用切断刀和螺纹车刀来完成。其余加工可使用 90°外圆车刀来完成，刀具卡见表 4-11。

表 4-11 数控车工刀具卡

工序	加工内容	刀具	刀具类型	主轴转速 *n*/（r/min）	进给量/mm
1	车外形	T01	外圆车刀	700～1 000	200
2	切螺纹退刀槽	T02	切断刀	200	50
3	切螺纹	T03	螺纹车刀	100	200
4	切断	T02	切断刀	150	30

2）确定装夹步骤

经以上分析可知，此零件的加工可采用一端装夹实现，不需掉头，因此可采用三爪自定心卡盘一次装夹左端面来实现。

3）确定加工方案

本零件为轴类零件，首先进行外形加工，由于其外形尺寸由右至左为单调增，使用 G71 复合循环来实现；其次切宽为 5 mm、深为 2 mm 的槽，由于切断刀宽一般小于 5 mm，故需采用 G75 切槽复合循环来实现；切螺纹需换 60°螺纹车刀用 G92 螺纹切削循环完成；最后切断用 G01 来完成。零件加工工艺卡见表 4-12。

表 4-12　零件加工工艺卡

<table>
<tr><td colspan="9">数控加工工序卡片</td></tr>
<tr><td rowspan="2">（单位）</td><td colspan="2" rowspan="2">数控加工工序卡</td><td colspan="2">产品名称或代号</td><td colspan="2">零件名称</td><td>材料</td><td>零件图号</td></tr>
<tr><td colspan="2"></td><td colspan="2">图 4-68</td><td>45 号钢</td><td></td></tr>
<tr><td>工序号</td><td>程序序号</td><td colspan="2">夹具名称</td><td>夹具编号</td><td>使用设备</td><td></td><td colspan="2">车间</td></tr>
<tr><td></td><td>O0001</td><td colspan="2">三爪自定心卡盘</td><td></td><td>GSK980TD</td><td></td><td colspan="2">数控实训基地</td></tr>
<tr><td>工步号</td><td>工步内容</td><td>刀具号</td><td>刀具规格</td><td>主轴转速 n/（r/min）</td><td>进给速度 F /（mm/ min）</td><td>背吃刀量 a_p</td><td>量具</td><td>备注</td></tr>
<tr><td>1</td><td>车外轮廓</td><td>T0101</td><td>90°外圆车刀</td><td>600</td><td>200</td><td>2</td><td>游标卡尺</td><td></td></tr>
<tr><td>2</td><td>切螺纹退刀槽</td><td>T0202</td><td>4 mm 切断刀</td><td>150</td><td>25</td><td>1</td><td>游标卡尺</td><td></td></tr>
<tr><td>3</td><td>车螺纹</td><td>T0303</td><td>60°螺纹车刀</td><td>100</td><td>200</td><td>0.3</td><td>齿形规</td><td></td></tr>
<tr><td>4</td><td>切断</td><td>T0202</td><td>4 mm 切断刀</td><td>150</td><td>30</td><td></td><td></td><td></td></tr>
<tr><td>编制</td><td></td><td>审核</td><td></td><td colspan="2">共　页</td><td></td><td colspan="2">第　页</td></tr>
</table>

2. 加工程序的编制

1）工件坐标系的设置

坐标系原点取在左端面的中心。

2）参考程序

```
O0001
N10 G00 X70;
N20 Z120;
N30 T0101;（安全位置外圆车刀）
N40 M03 S600;
```

```
N50 G00 X50 Z70 M08;（循环起点）
N60 G71 U2 R0.5;（粗加工循环）
N70 G71 P80 Q180 U0.5 W0 F200;
N80 G00 Z67;
N90 G01 Z67;
N100 G03 X24 Z55 R47;
N110 G01 252;
N120 X26;
N130 X30 Z50;
N140 Z32;
N150 G02 X38 Z13.03 R47;
N160 G01 X42 Z10;
N170 Z-5;
N180 X45;
N190 G70 P80 Q180 F80;（精加工）
N200 G00 X70 Z120;
N210 T0202;（换切断刀）
N220 G00 Z33;
N230 X33;
N240 G75 R1;（切槽循环）
N250 G75 X26 Z32 P1 Q3 F25 S150;
N260 G00 X70;
N270 Z120;
N280 T0303;
N290 S150;
N300 G92 X25.9 Z35 F2;（螺纹切削单循环）
N320 X28.3;
N330 X27.7;
N340 X27.2;
N350 X27.2;
N360 G00 X70 Z120;
N370 T0203;
N380 S150;
N390 G00 Z-4;
N400 X44;
N410 G00 X-1 F30;
N420 G00 X50;
N430 Z120 M09;
N440 M30;
```

复习思考题

一、选择题

1. G96 S150 表示切削点线速度控制在______。

A. 150 m/min　　B. 150 r/min　　C.150 mm/min　　D. 150 mm/r

2. 程序停止，程序复位到起始位置的指令是______。

A. M00　　B. M01　　C. M02　　D. M30

3. 圆锥切削循环的指令是______。

A. G90　　B. G92　　C. G94　　D. G96

4. 90°外圆车刀的刀尖位置编号______。

A. 1　　B. 2　　C. 3　　D. 4

5. 从提高刀具耐用度的角度考虑，螺纹加工应优先选用_____。

A. G32　　B. G92　　C. G76　　D. G85

二、判断题

1. 数控车床与普通车床用的可转位车刀有本质的区别，其基本结构、功能特点都是不相同的。（　　）

2. 选择数控车床用的可转位车刀时，钢和不锈钢属于同一工件材料组。（　　）

3. 使用 G71 粗加工时，在 ns→nf 程序段中的 F、S、T 是有效的。（　　）

4. 45°倒角指令中不会同时出现 X 和 Z 坐标。（　　）

5. 刀尖点编出的程序在进行倒角、锥面及圆弧切削时，会产生少切或过切现象。（　　）

三、简答题

1. 试分析数控车床 X 方向的手动对刀过程。

2. 选择加工如图 4-69、图 4-70、图 4-71 所示的零件所需刀具，编制数控加工程序。

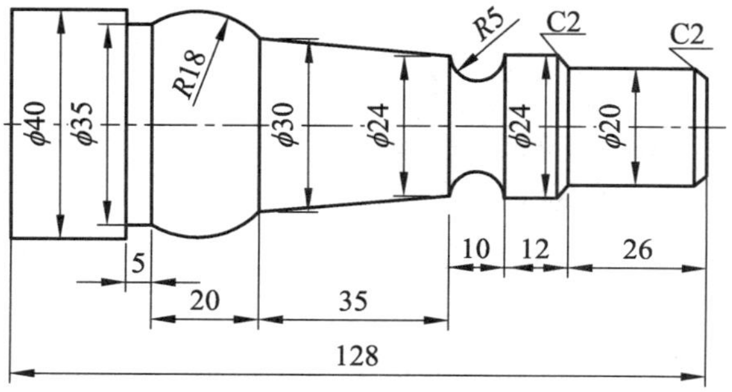

图 4-69　习题

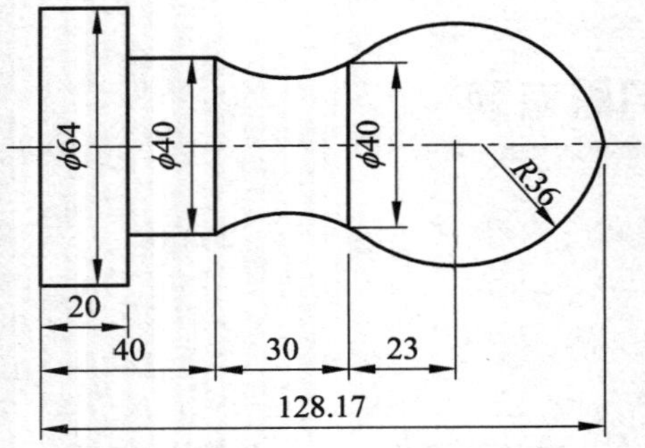

图 4-70　习题

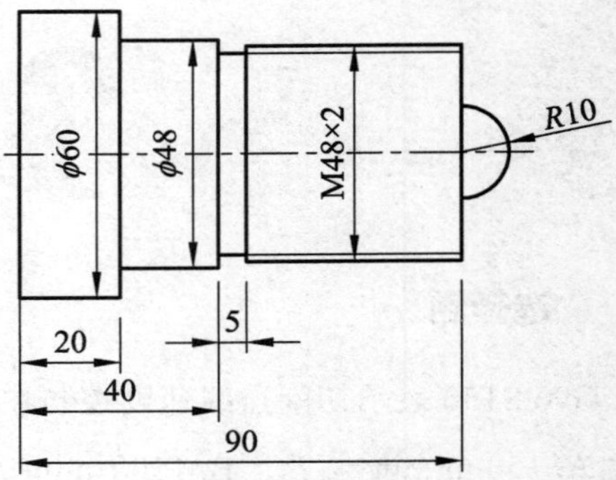

图 4-71　习题

3. 简述刀尖圆弧半径补偿的作用。
4. 简述设置假设刀尖点位置编码的方法。
5. 简述圆锥切削循环指令中 I 的指定方法。
6. 试写出普通粗牙螺纹 M48×2 复合螺纹切削循环指令。
7. 简述 G71、G72、G73 指令的应用场合有何不同。
8. 用固定循环指令加工如图 4-72 所示的零件，试分析下述程序并填充完成该加工程序。

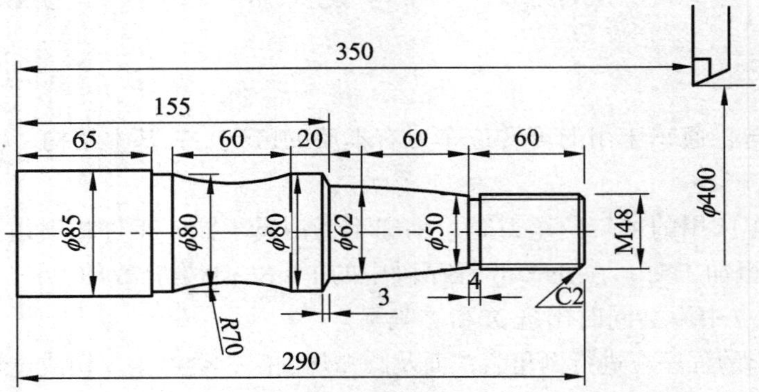

图 4-72　习题

程序：

G50 X400 Z350 T0101

M03 S1000

G00 X60 Z2

G73 U9.5 W0 R4

_________P10 Q20 U1 W0.5 F0.2

_________G00 X41.9　Z291 M08

G01 X47.9_________F0.1

Z230

X50

X62 W____

```
Z155
_________
X80 W-3
W-17
G02_________R70
G01 Z65
_________X90
G00 X400 Z350
T0202
M03 S315
G00 X51 Z230
G01_________F0.15
G00 X51
X400 Z350
T0303
G76 P01 2 60 Q0.1 R0.1
___________X_________Z_________P1.299 Q0.8 F______
G00 X200 Z350
M30
```

第 5 章　数控铣削加工及程序编制

本章导学

1. 了解数控铣床和加工中心的主要工艺特点。

2. 认识数控铣床和加工中心常用的刀具类型及特点，并能正确选用。

3. 会对数控铣床和加工中心加工典型零件进行工艺分析。

4. 掌握 FANUC 0i 数控铣削系统常用编程指令的含义及格式，并能熟练应用编制典型零件的数控铣床和加工中心加工程序。

5.1　数控铣削加工工艺基础

数控铣削加工在工业生产领域应用十分广泛，可以加工平面和曲面轮廓的零件，也可以加工复杂型面的零件，如凸轮、模具、螺旋槽等，还可以对零件进行钻、扩、铰、镗孔和攻螺丝等加工。数控铣床和加工中心是目前主要的数控铣削加工设备，数控铣床就是装备了数控系统的铣床，而加工中心是从数控铣床发展而来的，与数控铣床最大区别在于加工中心具有刀具交换装置（ATC）和刀具库。故可将使用的刀具预先安排存放于刀具库内，需要时再通过换刀指令由 ATC 自动换刀。加工中心，除具有一般数控铣床的工艺特点外，由于工序的集中和自动换刀，减少了工件的装夹、测量和机床调整时间等，同时也减少了工序之间的工件周转、搬运和存放时间，缩短了生产周期，具有明显的经济效益。加工中心适宜于加工形状复杂、加工内容多、要求较高、需多种类型的普通机床和众多的工艺装备且经多次装夹和调整才能完加工的零件。

5.1.1　数控铣床与加工中心的加工工艺范围

铣削是机械加工中最常用的加工方法之一，它主要包括平面铣削和轮廓铣削，也可以进行钻、扩、铰、镗孔和攻螺丝等加工。数控铣削主要适合于下列零件的加工：

1. 平面类零件

平面类零件是指加工面平行或垂直于水平面，以及加工面与水平面间的夹角为一定值的零件，这类加工面可展开为平面。

如图 5-1 所示的三个零件均为平面类零件。曲面轮廓面 *A* 垂直于水平面，可采用圆柱立铣刀加工；凸台侧面 *B* 与水平面成一定角度，这类加工面可采用专用的角度成型铣刀来加工；斜面 *C*，当工件尺寸不大时，可用人斜板垫平后加工，当工件尺寸较大时，斜面坡度又较大时，常用行切加工方法加工，此时会在加工面上留下进刀时的刀锋残留痕迹，要用钳工修理方法进行清除。

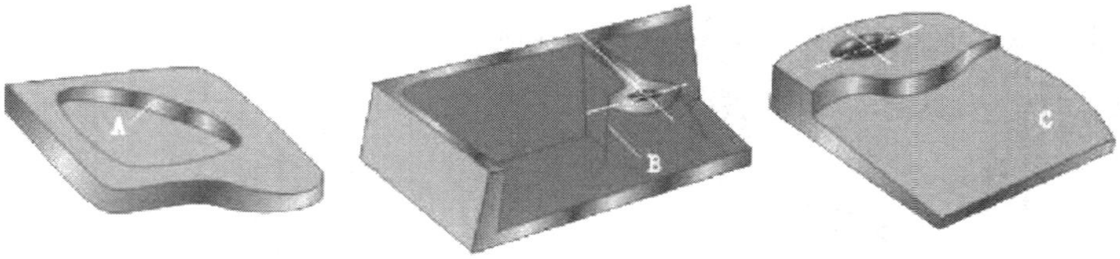

（a）曲线轮廓面 *A*　　（b）凸台侧面 *B*　　（c）斜面 *C*

图 5-1　平面类零件

2. 直纹曲面类零件

直纹曲面类零件是指由直线依某种规律移动所产生的曲面类零件。图 5-2 所示零件的加工面就是一直纹曲面。当直纹曲面从截面 1 变化至截面 2 时，其与水平面间的夹角从 3°10′ 均匀变化为 2°32′；从截面 2 到截面 3 时，又均匀变化为 1°20′；最后到截面 4，斜角均匀变化为 0°。

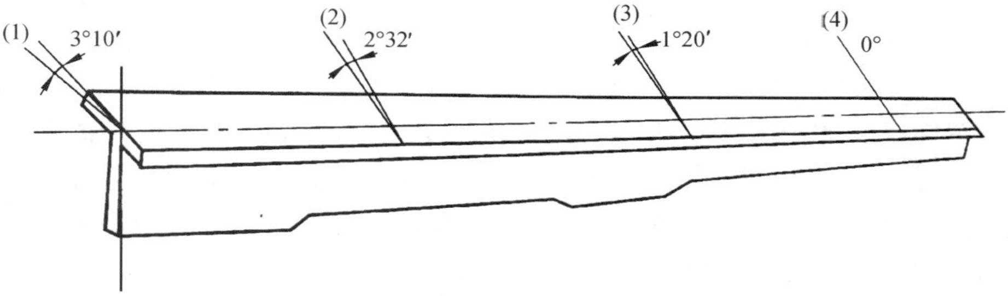

图 5-2　直纹曲面

当采用四坐标或五坐标数控铣床加工直纹曲面类零件时，加工面与铣刀圆周的接触瞬间为一条直线。此类零件也可在三坐标数控铣床上采用行切法近似加工。

3. 立体曲面类零件

加工面为空间曲面的零件为立体曲面类零件。此类零件的加工面不能展成平面，一般使用球头铣刀切削，加工面与铣刀始终为点接触。若采用其他刀具加工，易于产生干涉而损伤邻近表面。加工立体曲面类零件一般使用三坐标数控铣床，采用以下两种加工方法：

1）行切加工法

采用三坐标数控铣床进行二轴半坐标控制加工，即行切加工法。如图 5-3 所示，球头铣刀沿 *xy* 平面的曲线进行直线插补加工，当一段曲线加工完成后，沿 *y* 方向进给 Δy 再加工相邻的另一曲线，如此依次用平面曲线来逼近整个曲面。相邻两曲线间的距离 Δy 应根据表面粗糙度的要求和球头铣刀半径合理选取。球头铣刀的半径应尽可能选得大一些，以增加刀具刚度，提高散热性，降低表面粗糙度值。加工凹的空间曲面时，铣刀球头半径必须小于补加工曲面的最小曲率半径。

2）三坐标、四坐标、五坐标联动加工

三坐标数控镗铣床与加工中心：除了具有普通镗铣床的工艺性能外，还具有加工形状复杂的二维以至三维复杂轮廓的能力。例如半球形，采用三坐标联动的方法加工，如图 5-4 所示。

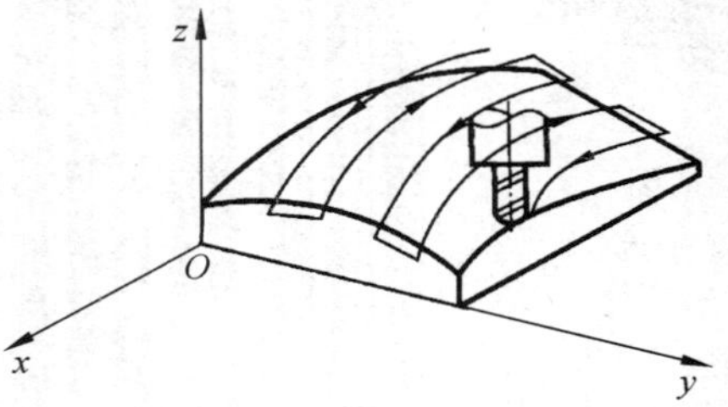

图 5-3　行切加工法

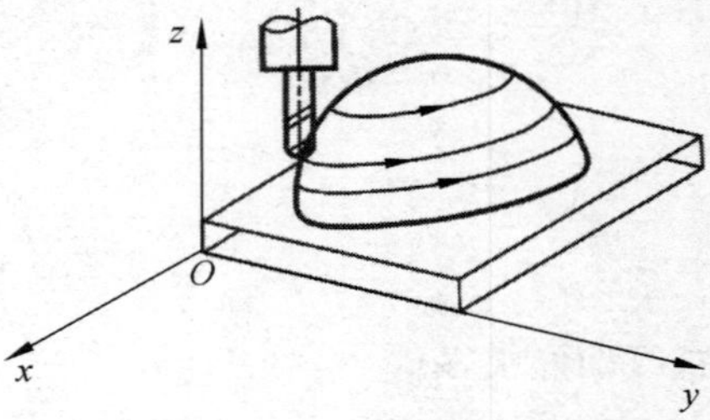

图 5-4　三坐标联动加工

四坐标数控镗铣床与加工中心：四坐标是指在 x、y 和 z 三个平动坐标轴基础上增加一个转动坐标轴（A、B 或 C），且四个轴一般可以联动，如图 5-5 所示。图 5-5（a）是在立式数控机床工作台上安装一个能绕 x 轴旋转的数控转台，这种结构主要应用于回转体类等工件的加工。图 5-5（b）是在卧式数控机床工作台上安装一个能绕 y 轴旋转的数控转台，这种结构主要适合于大型工件的侧面加工。图 5-5（c）是在立式数控机床工作台上安装一个能绕 z 轴旋转的数控转台，这种结构一个典型的应用是在回转体工件上需要较大 x、y 轴行程才能进行的钻孔加工。对于四坐标机床，不管是哪种类型，其共同特点是：相对于静止的工件来说，刀具的运动位置不仅是任意可控的，而且刀具轴线的方向在刀具摆动平面内也是可以控制的，从而可根据加工对象的几何特征按保持有效切削状态或避免刀具干涉等需要来调整刀具相对零件表面的姿态。因此，四坐标加工可以获得比三坐标加工更广的工艺范围和更好的加工效果。

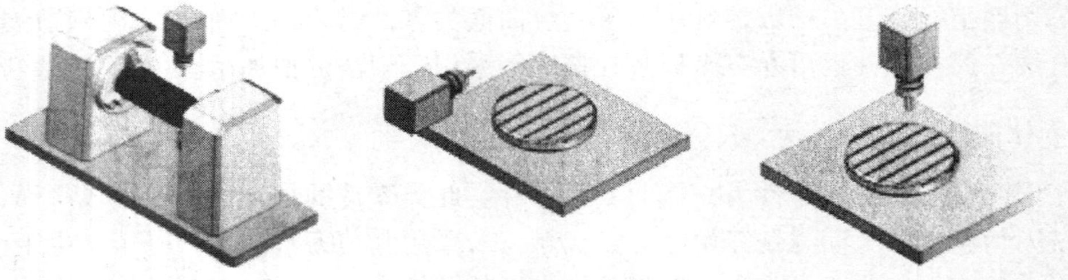

（a）含 A 轴　　（b）含 B 轴　　（C）含 C 轴

图 5-5　四轴数控机床的类型

五坐标数控镗铣床与加工中心：它们都具有两个回转坐标，如图 5-6 所示。图 5-6（a）是工作台旋转型，在工作台上增加一个绕 x 轴摆动的转台和一个绕 z 轴旋转的转台。这种类型主要用于小型五轴机床，又称为“小五轴”。图 5-6（b）是主轴头旋转型，这种类型包含主轴头绕 z 轴旋转的 C 轴，以及绕 x 轴摆动的 A 轴。这种结构主要用于大型五轴机床，又称为“大五轴”。图 5-6（c）是主轴头旋转和工作台旋转的复合型。工作台安装有绕 z 轴旋转的转台（C 轴），同时主轴头可绕 y 轴摆动（B 轴）。这种结构主要适用于中型、卧式或车铣复合机床。五坐标数控机床相对于静止的工件来说，其运动合成可使工具轴线的方向在一定的空间内（受机构结构限制）任意控制，从而具有保持最佳切削状态及有效避免刀具干涉的能力。因此，五轴加工又可以获得比四轴加工更广的工艺范围和更好的加工效果，特别适宜于三维曲面零件的高效、高质量加工以及异型复杂零件的加工。

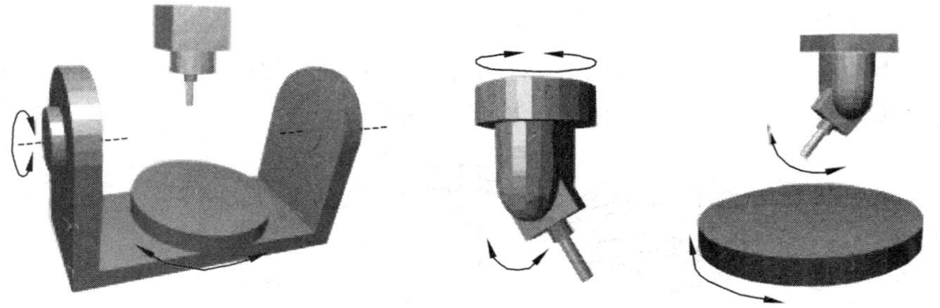

（a）含 A 轴　（b）含 B 轴　（c）含 C 轴

图 5-6　五轴数控机床的类型

5.1.2　数控铣床和加工中心刀具及其工艺特点

数控铣床和加工中心上使用的刀具主要有铣削用刀具和孔加工用刀具两大类。

数控机床上进行铣削加工主要是通过旋转的多切削刃刀具，沿着工件在几乎任何方向上执行可编程的进给运动，从而完成切削加工。

1. 铣刀的种类和工艺特点

1）面铣刀

面铣刀主要用于面积较大平面的铣削和较平坦的立体轮廓的多坐标加工。

硬质合金面铣刀与高速钢面铣刀相比，铣削速度较高、加工效率高、加工表面质量也较好并可加工带有硬皮和淬硬层的工件，故得到广泛应用。硬质合金面铣刀按刀片和刀齿安装方式的不同，可分为整体焊接式、机夹焊接式和可转位式三种，如图 5-7 所示。

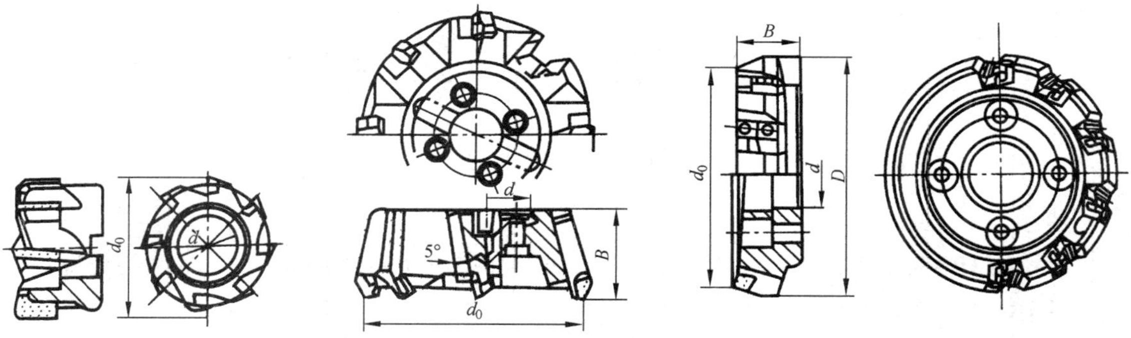

（a）整体焊接式　（b）机夹焊接式　（c）可转位式

图 5-7　硬质合金面铣刀

数控加工中广泛使用可转位式面铣刀。目前先进的可转位式数控面铣刀的刀体趋向于用轻质高强度铝、镁合金制造，切削刃采用大前角、负刃倾角，可转位刀片（多种几何形状）带有三维断屑槽型，便于排屑。

2）立铣刀

立铣刀是数控机床上应用最广的一种铣刀。立铣刀的圆柱表面和端面上都有切削刃，它们可同时进行切削，也可单独进行切削。立铣刀的结构有整体式和机夹式等，硬质合金和高速钢是铣刀工作部分的常用材料，如图 5-8 所示。立铣刀按端部切削刃的不同可分为过中心刃和不过中心刃两种，过中心刃立铣刀可直接轴向进刀；按螺旋角大小可分为 30°、40°、60°等几种形式；按齿数可分为粗齿、中齿、细齿三种。

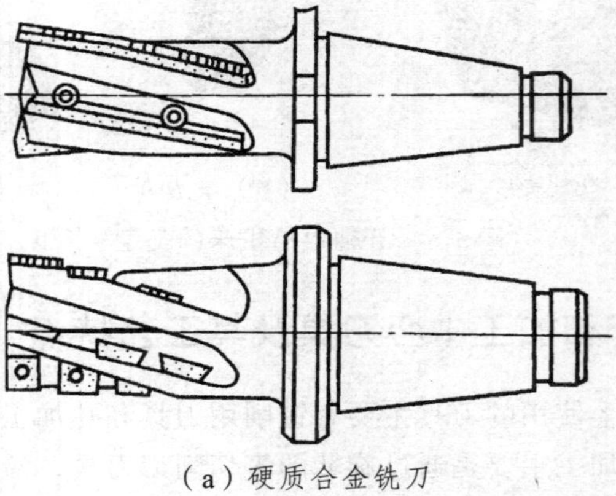

（a）硬质合金铣刀

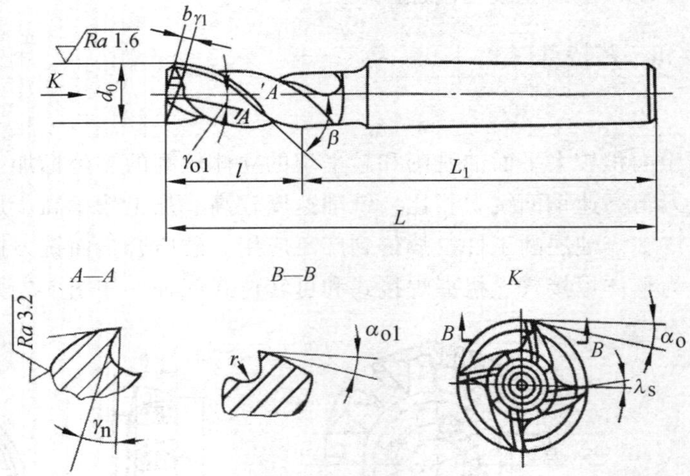

（b）高速钢立铣刀

图 5-8　立铣刀

数控加工中除了用普通的高速钢立铣刀以外，还广泛使用以下几种先进的结构类型：

（1）整体式立铣刀：硬质合金立铣刀侧刃采用大螺旋升角（≤62°）结构，立铣刀头部的过中心端刃（或螺旋中心刃）往往呈弧线形、负刃倾角，增加了切削刃长度，提高了切削平稳性、工件表面精度及刀具寿命，适应数控高速、平稳三维空间铣削加工技术的要求。

（2）可转位立铣刀：各类可转位立铣刀由可转位刀片（往往设有三维断屑槽型）组合而成侧齿、端齿与过中心刃端齿（均为短切削刃），可满足数控高速、平稳三维空间铣削加工技术要求。

（3）波形立铣刀：波形立铣刀的结构如图 5-9 所示，其特点是：① 能将狭长的薄切屑变成厚而短的碎切屑，使排屑变得流畅；② 比普通立铣刀容易切进工件，在相同进给量的条件下，它的切削厚度比普通立铣刀要大些，并且减小了切削刃在工件表面的滑动现象，从而提高了刀具的寿命；③ 与工件接触的切削刃长度较短，刀具不易产生振动；④ 由于切削刃是波形的，因而使刀刃的长度增大，所以有利于散热。

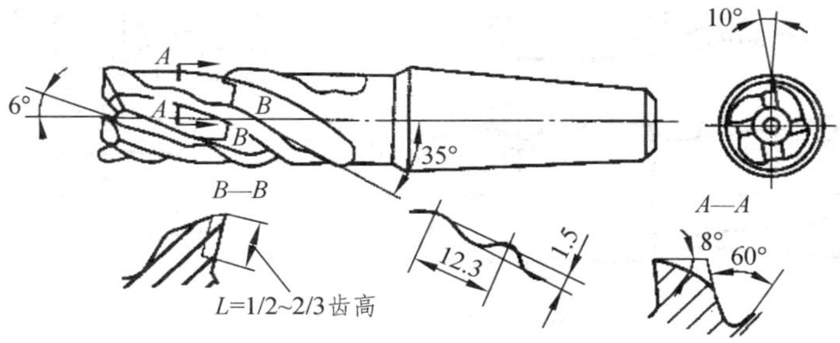

（a）

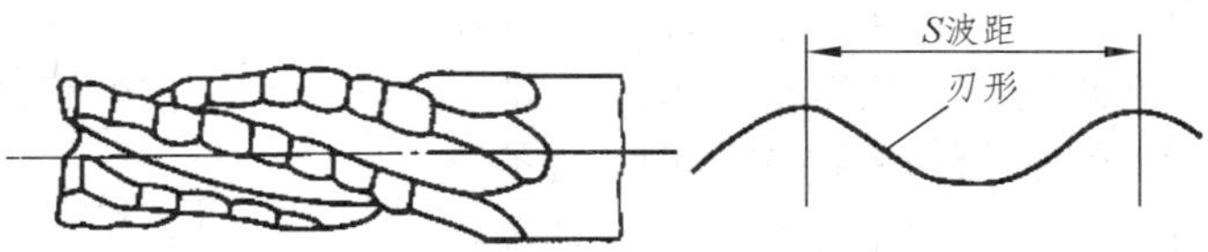

（b）

图 5-9　波形立铣刀

3）模具铣刀

模具铣刀由立铣刀发展而成，它是加工金属模具型面铣刀的通称。模具铣刀可分为圆锥形立铣刀、圆柱形球头立铣刀和圆锥形球头立铣刀三种，其柄部有直柄、削平型直柄和莫氏锥柄三种。它的结构特点是球头或端面上布满切削刃，圆周刃与球头刃圆弧连接，可以做径向和轴向进给。铣刀工作部分用高速钢或硬质合金制造。国家标准规定直径 $d = 4 \sim 63$ mm。图 5-10 所示为高速钢制造的模具铣刀，图 5-11 所示为用硬质合金制造的模具铣刀。小规格的硬质合金模具铣刀多制成整体结构，ϕ16 mm 以上直径的可制成焊接或机夹可转位刀片结构。

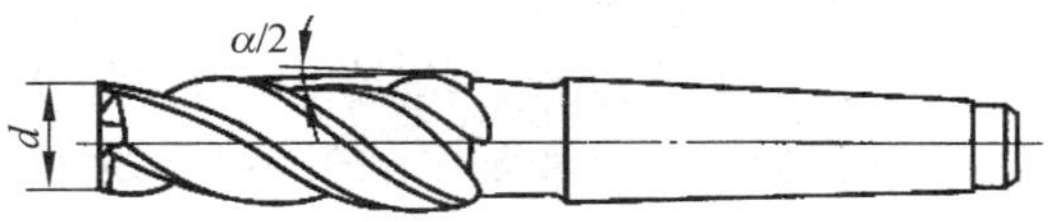

（a）圆锥形立铣刀

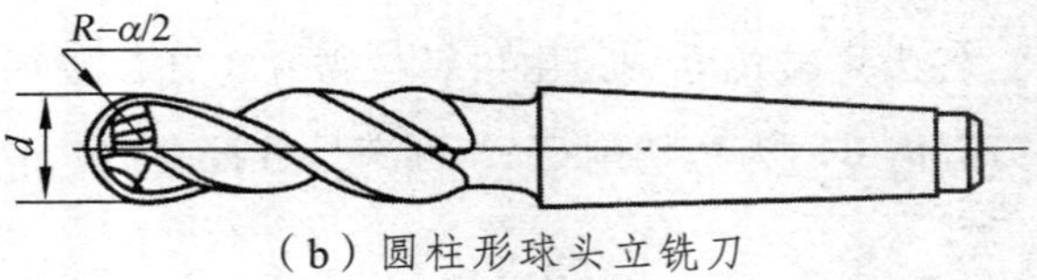

（b）圆柱形球头立铣刀

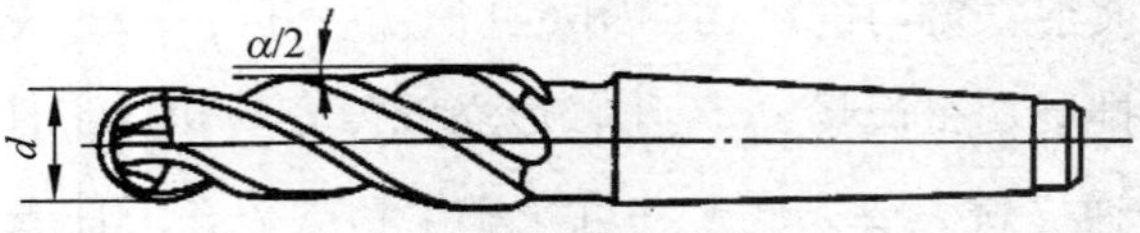

（c）圆锥形球头立铣刀

图 5-10　高速钢模具铣刀

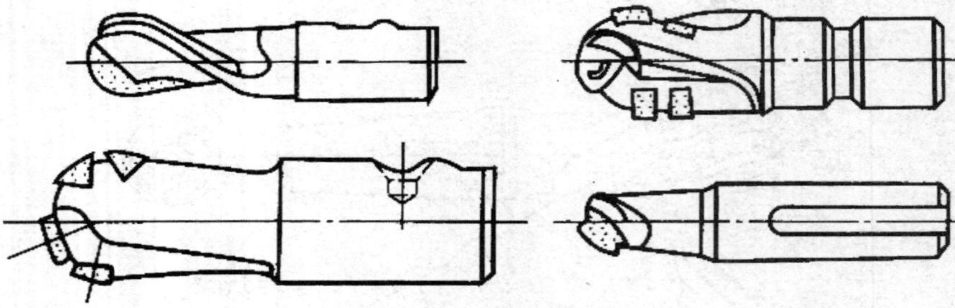

图 5-11　硬质合金模具铣刀

4）键槽铣刀

键槽铣刀有两个刀齿，圆柱面和端面都有切削刃，端面刃延至中心，也可把它看作立铣刀的一种。按国家标准规定，直柄键槽铣刀直径 $d = 2 \sim 22$ mm，锥柄键槽铣刀直径 $d = 14 \sim 50$ mm。键槽铣刀直径的偏差有 e8 和 d8 两种。键槽铣刀的圆周切削刃仅在靠近端面的小段长度内发生磨损，重磨时只需刃磨端面切削刃，因此重磨后铣刀直径不变。用键槽铣刀铣削键槽时，一般先轴向进给达到槽深，然后沿键槽方向铣出键槽全长。由于切削力引起刀具和工件变形，一次走刀铣出的键槽形状误差较大，槽底一般不是直角。为此，通常采用两步法铣削键槽，即先用小号铣刀粗加工出键槽，然后以逆铣方式精加工四周，可得到真正的直角，能获得最佳的精度，如图 5-12 所示。

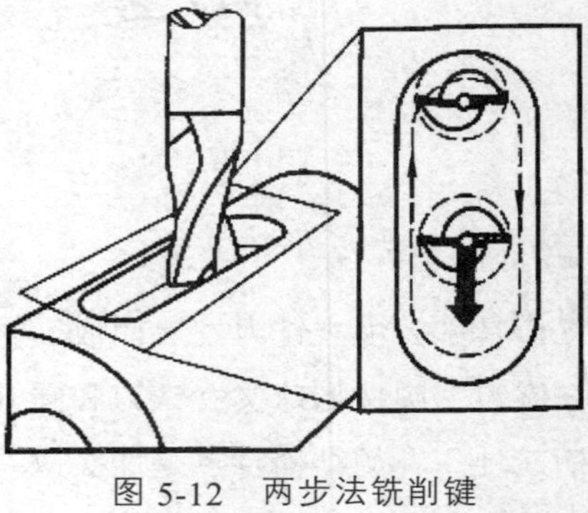

图 5-12　两步法铣削键

5）鼓形铣刀

图 5-13 所示为一种典型的鼓形铣刀，它的切削刃分布在半径为 R 的圆弧面上，端面无切削刃。鼓形铣刀多用来对飞机结构件等零件中与安装面倾斜的表面进行三坐标加工，如图 5-14 所示。这种表面最理想的加工方案是多坐标侧铣，在单件或小批量生产中可用鼓形铣刀加工来取代多坐标加工，加工时控制刀具上下位置，相应改变刀刃的切削部位，可以在工件上切出从负到正的不同斜角。R 越小，鼓形刀所能加工的斜角范围越广，但所获得的表面质量也越差。这种刀具的缺点是刃磨困难，切削条件差，而且不适合加工有底的轮廓表面。

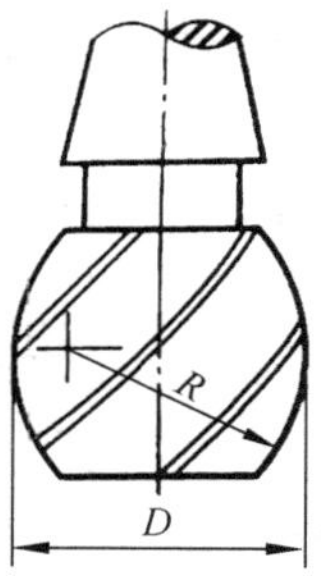

图 5-13　鼓形铣刀

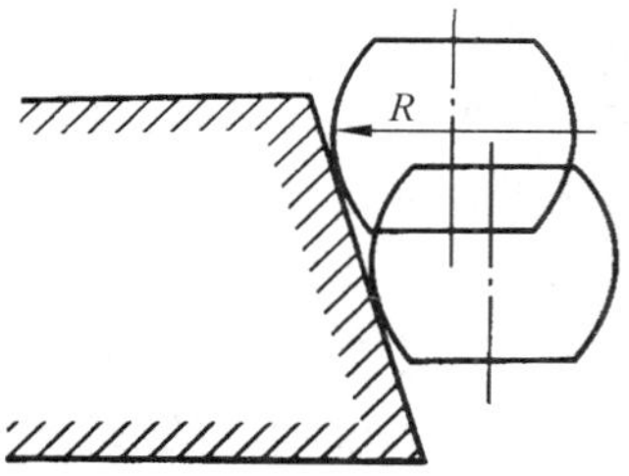

图 5-14　三坐标鼓形铣加工

6）成形铣刀

图 5-15 是常见的几种成形铣刀，一般都是为特定的工件或加工内容专门设计制造的，如角度面、凹槽、特形孔或台等。

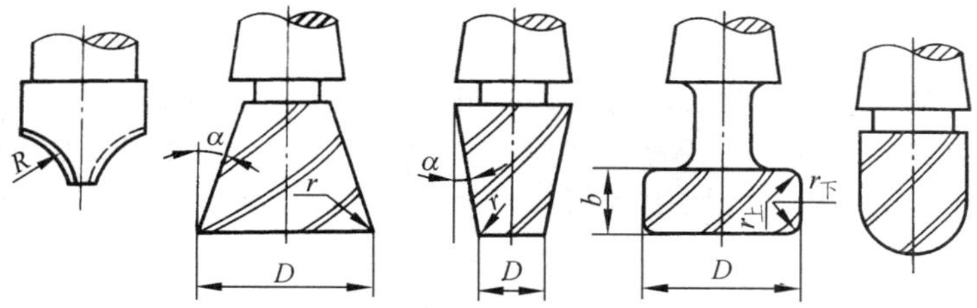

图 5-15　成形铣刀

7）锯片铣刀

锯片铣刀可分为中小规格的锯片铣刀和大规格锯片铣刀（GB/T 6130—2001）。数控镗铣及加工中心主要用中小规格的锯片铣刀，其分类及主要尺寸参数范围见表 5-1。目前国外有可转位锯片铣刀，如图 5-16 所示。

表 5-1　中小规格的锯片铣刀分类及适用范围

分类		范围	
		锯片铣刀外圆直径 d	锯片铣刀厚度 L
高速钢（GB/T 6120—2012）	粗	$\phi50 \sim \phi315$	0.80 ~ 6
	中	$\phi32 \sim \phi315$	0.30 ~ 6
	细	$\phi20 \sim \phi315$	0.20 ~ 6
整体硬质合金（GB/T 14301—2008）		$\phi8 \sim \phi125$	0.20 ~ 5

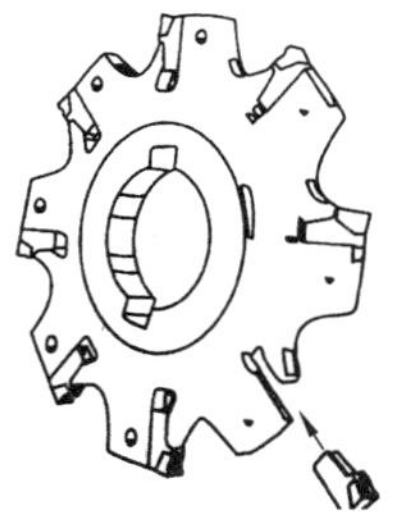

图 5-16　可转位锯片铣刀

锯片铣刀主要用于大多数材料的切槽、切断、内外槽铣削、组合铣削、缺口实验的槽加工、齿轮毛坯粗齿加工等。

选择铣刀时首先要注意根据加工工件材料的热处理状态、切削性能及加工余量，选择刚性好、寿命长的铣刀，同时铣刀类型应与工件表面形状和尺寸相适应。加工较大的平面应选择面铣刀；加工凹槽、较小的台阶面及平面轮廓应选择立铣刀；加工空间曲面、模具型腔或凸模成形表面等多选用模具铣刀；加工封闭的键槽选择键槽铣刀；加工变斜角零件的变斜角面应选用鼓形铣刀；加工各种直的或圆弧形的凹槽、斜角面、特殊孔等应选用成形铣刀。根据不同的加工材料和加工精度要求，应选择不同参数的铣刀进行加工。

2. 孔加工刀具的类型与工艺特点

在刀具种类中，孔加工刀具是一大家族，在此就数控加工用主要新结构孔加工刀具作一简要介绍。

1）数控钻头

（1）整体式钻头：钻尖切削刃由对称直线形改进为对称圆弧形（$r=1/2D$），以增长切削刃，提高钻尖寿命；钻芯加厚，提高钻体刚度，用“S”形横刃（或螺旋中心刃）替代传统横刃，减小轴向钻削阻力，提高横刃寿命；采用不同顶角阶梯钻尖及负倒刃，提高分屑、断屑、钻孔性能和孔的加工精度；镶嵌模块式硬质（超硬）材料齿冠；油孔内冷却及大螺旋升角（≤40°）结构等。最近研制出整体式细颗粒陶瓷（Si_3N_4）、Ti 基类金属陶瓷材料钻头。

（2）机夹式钻头：钻尖采用长方异形专用对称切削刃，钻削力径向自成平衡的可转位刀片替代其他几形状，以减小钻削振动，提高钻尖自定心性能、寿命和孔的加工精度。

2）数控铰刀

大螺旋升角（≤45°）切削刃、无刃挤压铰削及油孔内冷却的结构是数控铰刀的总体发展方向，最大铰削孔径已达ϕ400 mm。

3）镗　刀

适合于各种类型孔的镗削加工，最小镗孔直径为ϕ3 mm，最大可达ϕ975 mm。国外已研制出采用工具系统内部推拉杆轴向运动或高速离心力带平衡滑块移动，一次走刀完成镗削球面（曲面）、斜面及反向走刀切削加工零件背面的数控智能精密镗刀，代表了镗刀发展的方向。

4）丝　锥

目前已研发出大螺旋升角（≤45°）丝锥，其切削锥根据被加工零件材料的软、硬状况来设计专用刃倾角、前角等。

5）扩（锪）孔刀

多刃、配置各种数控工具柄及模块式可调微型刀夹的结构形式是目前扩（锪）孔刀具发展的方向。

6）复合（组合）孔加工数控刀具

该类数控刀具集合了钻头、铰刀、扩（锪）孔刀及挤压刀具的新结构、新技术。目前，

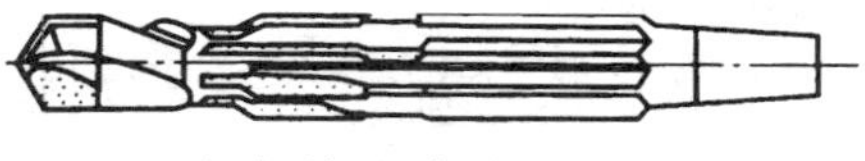

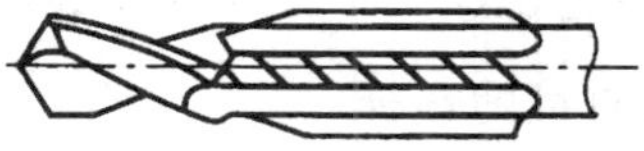

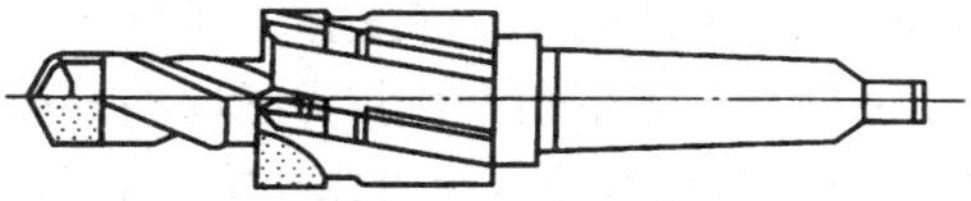

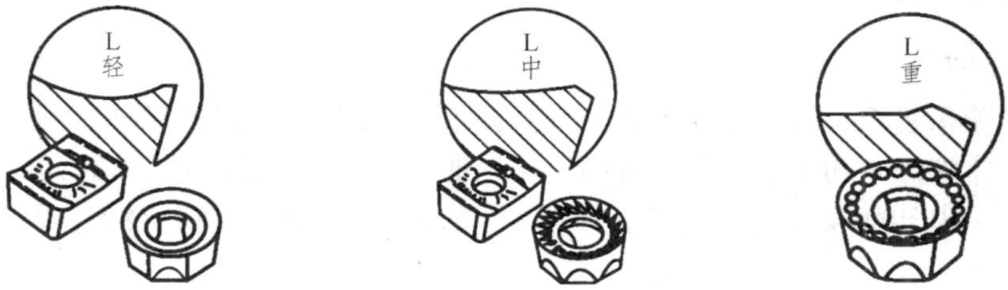

整体式、机夹式、专用复合（组合）孔加工数控刀具研发速度很快。总体而言，采用镶嵌模块式硬质（超硬）材料切削刃（含齿冠）及油孔内冷却、大螺旋槽等结构是其目前发展趋势。图 5-17 所示为几种复合刀具简图。

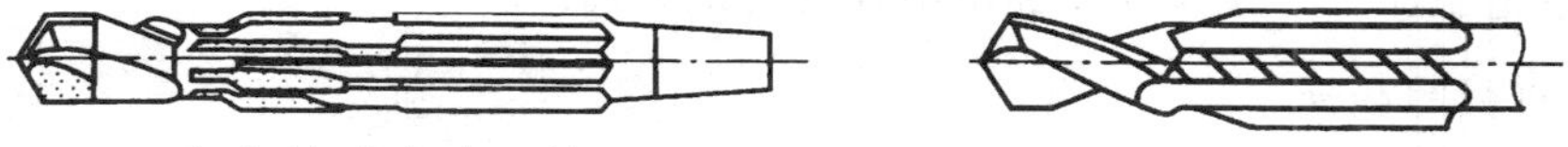
（a）钻-铰复合刀具　（b）钻-攻复合刀具

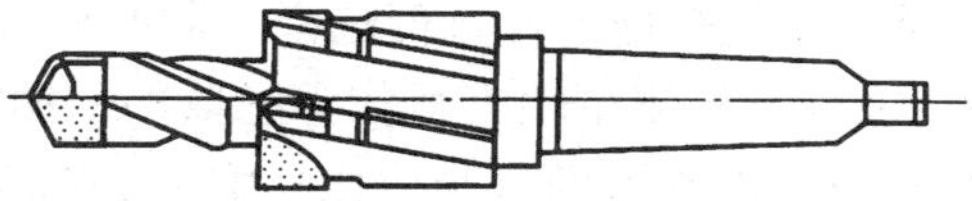
（c）钻-锪复合刀具

图 5-17　复合刀具

3. 铣削刀具的选用特点

目前可转位铣刀已广泛应用于各行业的高效、高精度铣削加工，其种类已基本覆盖了现有的全部铣刀类。由于可转位铣刀结构各异、规格繁多，选用时有一定难度，可转位铣刀的正确选择和合理使用是充分发挥其效能的关键。下面主要就可转位铣刀的合理选用作一简单介绍。

1）刀片断屑槽型的选择

经过长期发展，用于铣削的切削刃槽型和性能得到了很大的提高，很多最新刀片都有轻型、中型和重型加工三种基本槽型，如图 5-18 所示。

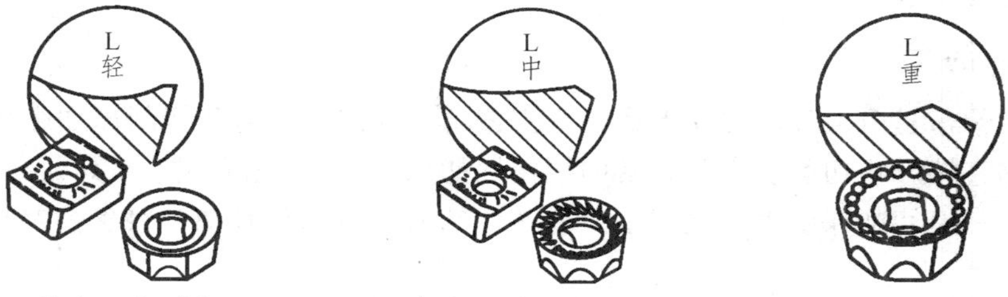

大正前角、轻型加工 切削力小、进给量小　大多数材料的普通加工　强化切削刃、重载加工 刀刃可靠性高、进给量大

图 5-18　铣刀刀片的三种基本槽型

2）刀具齿数的选择

铣刀齿数多，可提高生产效率，但受容屑空间、刀齿强度、机床功率及刚性等的限制，不同直径的可转位铣刀的齿数均有相应规定。为满足不同用户的需要，同一直径的可转位铣刀一般有粗齿、中齿、密齿三种类型。

（1）粗齿铣刀：适用于普通机床的大余量粗加工和软材料或切削宽度较大的铣削加工；当机床功率较小时，为使切削稳定，也常选用粗齿铣刀。

（2）中齿铣刀：是通用系列，使用范围广泛，具有较高的金属切除率和切削稳定性。

（3）密齿铣刀：主要用于铸铁、铝合金和其他有色金属的大进给速度切削加工。在专业化生产（如流水线加工）中，为充分利用设备功率和满足生产节奏的要求，也常选用密齿铣刀（此时多为专用非标准铣刀）。

此外，为防止工艺系统出现共振，使切削平稳，还开发出一种不等分齿距铣刀。在铸钢、铸铁件的大余量粗加工中建议优先选用不等分齿距的铣刀。

3）铣刀直径的选择

下面以面铣刀和立铣刀为例来说明铣刀直径选择的主要依据。

（1）面铣刀：面铣刀直径主要是根据工件宽度选择，同时要考虑机床的功率、刀具的位置和刀齿与工件接触形式等，也可将机床主轴直径作为选取的依据，面铣刀直径可按 $D=1.5d$（d 为主轴直径）选取。一般来说，面铣刀的直径应比切宽大 20%～50%。为了获得最佳的切削效果，推荐采用如图 5-19 所示的不对称铣削切削位置。另外，为提高刀具寿命，推荐采用顺铣，如图 5-20 所示。

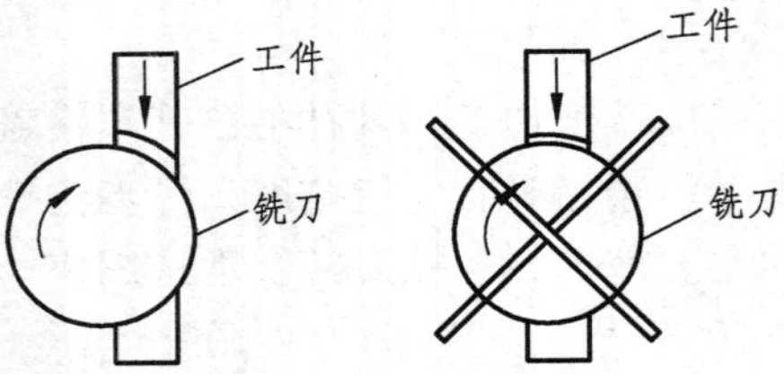

图 5-19　最佳铣削位置

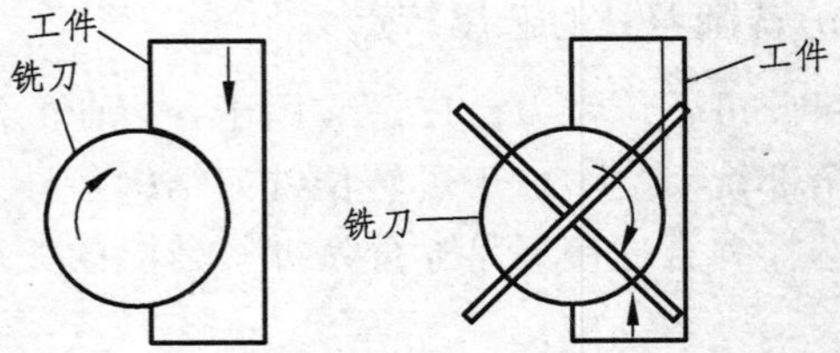

图 5-20　最佳铣削方法

（2）立铣刀：立铣刀直径的选择主要应考虑工件加工尺寸的要求，并保证刀具所需功率在机床额定功率范围以内。若是小直径立铣刀，则应主要考虑机床的最高转速能否达到刀具的最低切削速度要求。

4）主偏角的选择

铣刀的主偏角是由刀片和刀体形成的，主偏角对径向切削力和切削深度影响很大。径向可削力的大小直接影响切削功率和刀具的抗振性能。铣刀的主偏角越小，其径向切削力越小，抗震性也越好，但切削深度也随之减小。可转位铣刀的主偏角有 90°、88°、75°、70°、60°、45°等几种。

90°主偏角刀具适用于薄壁零件、装夹较差的零件的加工或要求准确 90°角成形的场合，由于该类刀具的径向切削力等于切削力，进给抗力大，易振动，因而要求机床具有较大功率和足够的刚性。45°主偏角刀具为一般切削加工首选，此类铣刀的径向切削力大幅度减小，约等于轴向切削力，切削载荷分布在较长的切削刃上，具有很好的抗振性，适用于镗铣床主轴悬伸较长的加工场合。用该类刀具加工平面时，刀片破损率低，寿命长；在加工铸铁件时，工件边缘不易产生崩刃。圆刀片刀具可多次转位，切削刃强度高，随切深不同其主偏角和切屑负载均会变化，切屑很薄，最适合加工耐热合金。

4. 刀柄和拉钉的种类和选用

1）按刀柄锥度分类

数控镗铣床和加工中心的刀柄通常分为两大类，即 7∶24 锥度的通用刀柄和 1∶10 的 HSK 空心短锥柄。

（1）7∶24 锥度的通用刀柄：由于历史原因，各国在最初设计 7∶24 圆锥柄时，在锥柄尾的拉钉和锥柄前端凸缘结构（包括机械手夹持槽、键槽和方向识别槽的选择）上各不相同，并且形成了各自的标准，如美国标准（ANSI CAT B5.50）、德国标准（DIN 69871）、日本标准（BT MAS 403）、国际标准化组织标准（ISO）等多种形式。目前不同的机床规格和不同的生产商，所选用的刀柄规格和系列各有不同。常见的刀柄分为 BT 系列（常用）、CAT 系列、DIN 系列（德国常用）。刀柄的规格又根据机床规格的不同分为 30、40、50 等多个品种。7∶24 的通用刀柄是靠刀柄的 7∶24 锥面与机床主轴孔的 7∶24 锥面接触定位连接的，在高速加工、连接刚性和重合精度三方面有局限性。

（2）1∶10 的 HSK 空心短锥柄：空心短锥柄的德国标准是 DIN 69873，有六种标准和规格，即 HSK-A、HSK-B、HSK-C、HSK-D、HSK-E 和 HSK-F，常用的有三种，分别是 HSK-A（带内冷自动换刀）、HSK-C（带内冷手动换刀）和 HSK-E（带内冷自动换刀，高速型）。A 型和 E 型的最大区别就在于：A 型有传动槽而 E 型没有。所以相对来说 A 型传递扭矩较大，可进行一些重切削；而 E 型传递的扭矩就比较小，只能进行一些轻切削。其他常见结构的 1∶10 工具锥柄基本用企业标准，具有垄断性，如瑞典山特维克公司的 Capto 系列、美国肯纳公司的 KM 型系列、德国瓦尔特公司的 NOVEX 系列等。HSK 真空刀柄靠刀柄的弹性变形，不但刀柄的 1∶10 锥面与机床主轴孔的 1∶10 锥面接触，而且使刀柄的法兰盘面与主轴面也紧密接触，这种双面接触系统在高速加工、连接刚性和重合精度上均优于 7∶24 锥度的刀柄。

2）按夹持刀具的方法分类

（1）弹簧夹头刀柄：弹簧夹头刀柄和弹簧夹头如图 5-21 所示。通过更换弹簧夹头可装夹一定范围内各尺寸刀具，装卸刀具十分方便，应用较广泛。卡簧弹性变形量为 1 mm，主要夹持直柄小规格铣刀、钻头和丝锥。

（a）弹簧夹头刀柄

（b）弹簧夹头

图 5-21　弹簧夹头刀柄和弹簧夹头

（2）侧固式立铣刀柄：如图 5-22 所示，一个刀柄装夹一个尺寸的刀具，在强力切削时可防止刀具加工时的轴向窜动。该刀柄装夹的立铣刀尾部应开有装夹槽。

（3）强力刀柄：如图 5-23 所示，此类刀柄自锁性好，夹紧力大，可进行强力铣削加工，夹持精度高，可用于高精度铣铰孔加工，主要夹持直柄小规格铣刀、钻头、丝锥。

（4）面铣刀柄：如图 5-24 所示，用于装夹可转位面铣刀，可通过更换刀盘改变刀具直径。

图 5-22 侧固式立铣刀柄

图 5-23 强力夹头刀柄

图 5-24 面铣刀柄

（5）钻夹头刀柄：如图 5-25 所示，可直接装夹直柄的钻头，装夹精度较低，刀具不宜做径向移动，可夹持卡爪张开范围内任意尺寸的刀具。

（6）镗刀柄：如图 5-26 所示，适用于各种规格的孔的粗镗和精镗加工。

（7）液压刀柄：如图 5-27 所示，它利用高黏度液压油的不可压缩性使刀具夹持腔的内壁发生弹性变形，从而锁紧刀具。通过内六角扳手拧紧加压螺钉，提高油腔内的油压，那么封闭油腔中的每个部分都会受到相同的压力，使油腔的内壁均匀而对称地向轴线方向膨胀而夹紧刀具；当松开加压螺钉时，油腔内油压回落，装夹孔内壁在弹性回复力的作用下回复到原始直径而松开刀具。液压刀柄锁紧力矩通常优于弹簧套系统，精度高，可以实现高转速（2 000 r/min 以上）。

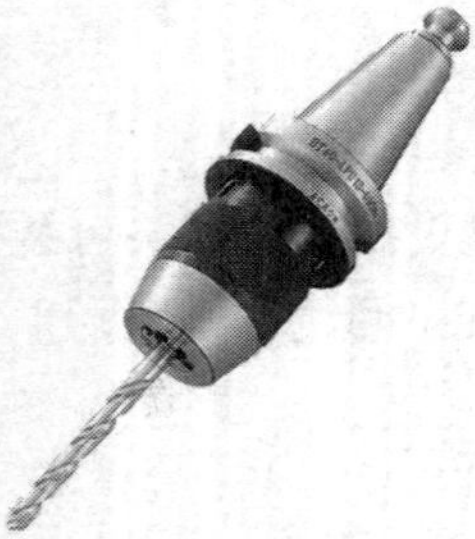

图 5-25 钻夹头刀柄

图 5-26 镗刀刀柄

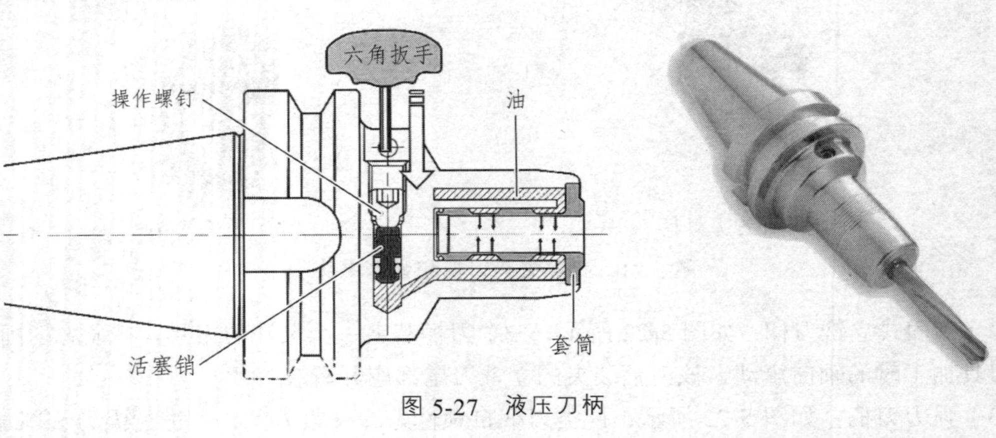

图 5-27 液压刀柄

（8）热胀刀柄：如图 5-28 所示，它具有液压刀柄的精度，克服了液压刀柄易损的缺点，在价格上有很强的优势，近年来在欧美的高速加工领域得到了广泛的使用；与热胀仪配合使用，利用电涡流加热原理，具有快速加热及冷却的特点（加热夹紧时间 5 s，冷却时间小于 30 s）；可用于直径 3 ~ 32 mm 的刀具。

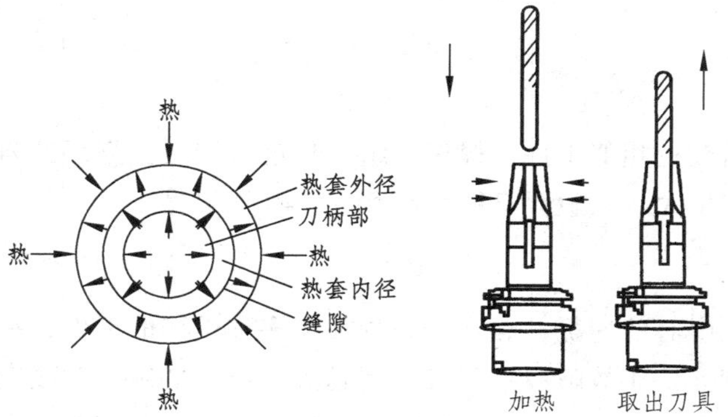

（a）热胀刀柄

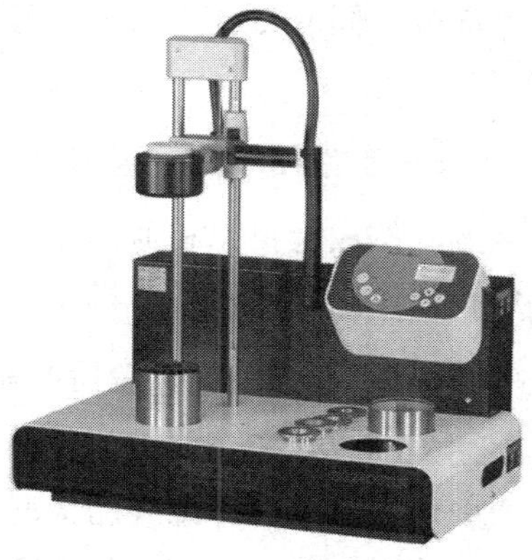
（b）热胀仪

图 5-28　热胀刀柄及热胀仪

3）拉钉的选择

数控机床刀柄常用拉钉如图 5-29 所示。拉钉是带螺纹的零件，常固定在各种工具柄的尾端机床主轴内的拉紧机构，借助它把刀柄拉紧在主轴中。数控机床刀柄有不同的标准，机床刀柄拉紧机构也不统一，故拉钉有多种型号和规格。正确选择拉钉应根据数控机床说明书或对机床自带的拉钉进行测量后来确定。如果拉钉选择不当，装在刀柄上使用可能会造成事故。

（a）ISO7388 及 DIN69871 的 A 型拉钉　（b）ISO 7388 及 DIN69871 的 B 型拉钉　（c）MASBT 的拉钉

图 5-29　数控机床刀柄常用拉钉

5. 刀具的管理

加工中心具有自动换刀功能，为了提高加工中心的效率，必须使刀具的供应顺利、及时，就是要在正确的时间将正确的刀具送到需要的加工中心上。在加工中心或 FMS 上刀具的管理主要有以下四种方法：

1）一种工件采用一组刀具

该方法是对加工不同的工件，各准备一组刀具。当一种工件加工完毕后，则将机床刀库所有刀具取下送到库房。加工另外一种工件时，再换上另一组刀具。这种方法管理简单，但刀具库存量大，费用高，一般在成批生产中采用，不适合于单件小批生产。

2）部分刀具更换及部分刀具共用

在加工完一组工件后，保留一部分共同的刀具，而将其余的专用刀具从刀库中卸下，再装上一部分不同的刀具，以加工另一种工件。因为不同的工件共用一部分刀具，这种方法较节省刀具。

3）数种工件使用同一组刀具

该方法按成组技术相似性原理选出数种相似工件，提供一组刀具进行加工。整组的刀具都安放在刀库中，因而需要机床刀库容量大，一般要求能容纳 80 ~ 140 把刀具。

4）所有刀具为一组机床所共用

上述三种方法均只考虑了一台加工中心的情况，假定按计划加工多种不同的工件，在实际生产中常会发生各种意外的情况。例如机床故障或材料发生问题等，以致必须临时改变加工计划。此时需要一个较有弹性的系统来适应这些意外的情况。这时可将刀具分布在一组加工中心的刀库中，彼此共用，而每一台机床均具有相同的功能，可以完成任一种零件的加工。因此，当有一台机床出现故障时，则立即可由另一台代替。这种方法使用的刀具数量虽然不少但是却有能力应付在 FMS 生产线上意外发生的情况，在生产期间，每台机床的刀库中装满了刀具，以减少机床之间刀具交换的次数。常用的刀具均装在刀库里，其中部分最常用的刀具在刀库中准备了两把以上，以便刀具磨损时能随时补充。这里需要容量较大的机床刀库，以及能在机床之间运送刀具的无人搬运系统。

另外，有些较先进的加工中心具有刀具寿命管理功能，刀具可按若干组分类，每组中的刀具寿命和刀号可以以表的形式在机床的 NC 存储器中事先设定。当加工过程中所使用的刀具达到其使用寿命时，机床能自动选择同组中未达到使用寿命的刀具继续加工。使用该功能，可实现刀具寿命管理的自动化。

5.1.3 加工工艺分析

数控铣削加工工艺分析是编程前的重要工艺准备工作之一。数控铣床或加工中心加工零件的表面不外乎平面、曲面、孔和内螺纹等，主要应考虑所选加工方法要与零件的表面特征、所要求达到的精度及表面粗糙度相适应。

在数控镗铣床及加工中心上可铣削平面及曲面。经粗铣的平面，尺寸精度一般可达 IT12 ~ IT14 级，表面粗糙度可达 Ra12.5 ~ 25 μm。经粗、精铣的平面，尺寸精度可达 IT7 ~ IT9 级，表面粗糙度可达 Ra0.8 ~ 3.2 μm。

1. 二维轮廓加工

1）刀具的选择

铣削平面类零件周边轮廓一般采用立铣刀。刀具的尺寸一般应满足：

（1）刀具半径 R 小于朝轮廓内侧弯曲的最小曲率半径 ρ_{min}，一般可取 R =（0.8 ~ 0.9）ρ_{min}。

（2）刀具与零件的接触长度 $H \leqslant$（1/4 ~ 1/6）R，以保证刀具有足够的刚度。

如果 ρ_{min} 过小，为提高加工效率，可先采用大直径刀具进行粗加工，然后按上述要求选择工具对轮廓上残留余量过大的局部区域处理后再对整个轮廓进行精加工。

2）走刀路线的选择

走刀路线的合理选择是非常重要的，因为它与零件的加工效率和表面质量密切相关，确定走刀路线的一般原则是：

（1）保证零件的加工精度和表面粗糙度要求。

（2）缩短走刀路线，减少进退刀时间和其他辅助时间。

（3）方便数值计算，减少编程工作量。

（4）尽量减少程序段数。

对于二维轮廓的铣削，无论是外轮廓或内轮廓，要安排刀具从切向进入轮廓进行加工，当轮廓加工完毕之后，要安排一段沿切线方向继续运动的退刀距离，这样可以避免刀具在工件上的切入点和退出点处留下接刀痕。而对于内轮廓的加工，其切向进、退刀路线可采用圆弧段。

此外，在铣削加工零件轮廓时，要考虑尽量采用顺铣加工方式，这样可以提高零件表面质量和加工精度，减少机床的“颤振”。要选择合理的进、退刀位置，尽可能选在不太重要的位置。

2. 二维型腔加工

型腔是指具有封闭边界轮廓的平底或曲底凹坑，而且可能具有一个或多个不加工的岛屿（见图 5-30），当型腔底面为平面时即为二维型腔。型腔类零件在模具、飞机零件中应用普遍，有人甚至认为80%以上的机械加工可归结为型腔加工。

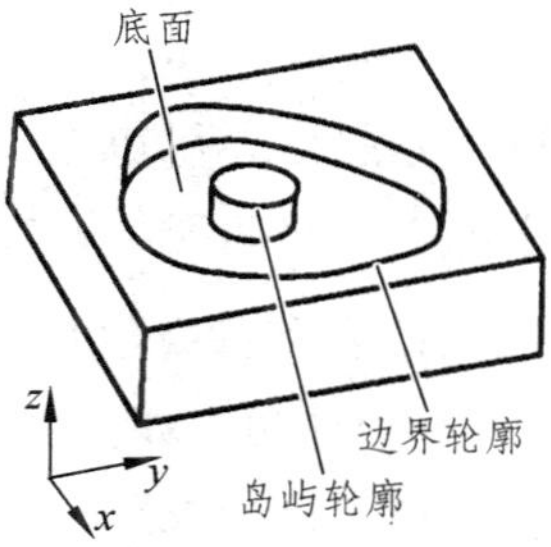

图 5-30　型腔类零件

型腔的加工包括型腔区域底面的加工与轮廓（包括边界与岛屿轮廓）的加工，一般采用立铣刀或成形铣刀（取决于型腔侧壁与底面间的过渡要求）进行加工。

型腔的切削分两步，第一步切内腔，第二步切轮廓。切削内腔区域时，主要采用行切和环切两种走刀路线，如图 5-31 所示。其共同点是都要切净内腔区域的全部面积，不留死角，不伤轮廓，同时尽量减少重复走刀的搭接量。从加工效率（走刀路线长短）、代码质量等方面衡量，行切与环切走刀路线哪个较好，要取决于型腔边界的具体形状与尺寸以及岛屿数量、形状尺寸与分布情况。切轮廓通常又分为粗加工和精加工两步。粗加工的刀具轨迹如图 5-32 中粗线所示，是从型腔边界轮廓向里及从岛屿轮廓向外偏置铣刀半径并且留出精加工余量而形成，它是计算内腔区域加工走刀路线的依据。另外，型腔加工还可采用其他走刀路线（例如，行切与环切的混合）。对于一具体型腔，可采用各种不同的走刀方式，并以加工时间最短（走刀轨迹长度最短）作为评价目标进行比较，原则上可获得较优的走刀方案。

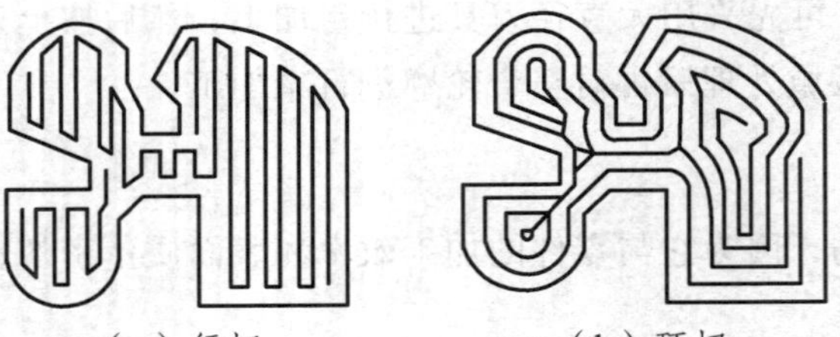

（a）行切　　　　（b）环切

图 5-31　型腔区域加工走刀路线

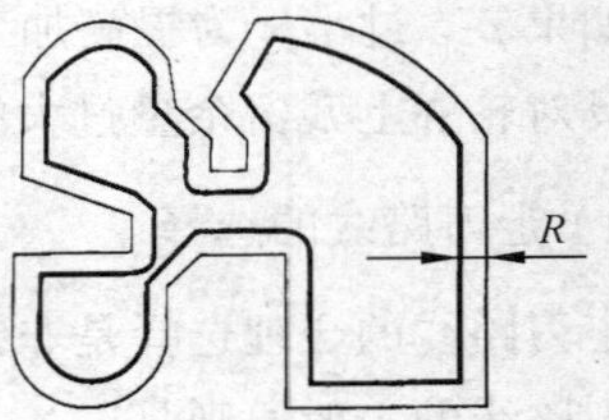

图 5-32　型腔轮廓粗加工

尽管采用大直径刀具可以获得较高的加工效率，但对于形状复杂的二维型腔，若采用大直径刀具将产生大量的欠切削区域，需进行后续加工处理，而若直接采用小直径刀具则又会降低加工效率。因此，一般采用大直径与小直径刀具混合使用的方案。

在型腔深处进行切削时（刀具长度大于三倍直径），采用侧铣很容易产生振动，这时最好采用插铣（轴向铣削）。另外，使用整体硬质合金刀具精加工型腔壁时，一般使用顺铣，但是，加工工件壁较厚时，应选择逆铣，这样刀具产生的弯曲小。

3. 曲面加工

曲面加工在飞机、模具等制造行业应用非常普遍，一直是数控加工技术的主要研究与应用对象。曲面加工应根据曲面形状、刀具形状以及加工精度要求采用不同的铣削方法，可在三坐标、四坐标或五坐标数控机床上完成，其中三坐标曲面加工应用最为普遍。

坐标曲面加工可采用球头刀、立铣刀、鼓形刀和成形刀等，其特征是加工过程中刀具轴线方向始终不变，平行于 z 轴。三坐标曲面加工通过 x、y、z 三坐标联动逐行走刀来完成，这种方法称为行切法。两相邻切削行刀具轨迹或刀具接触点之间的距离称为行距，行距的大小是影响曲面加工质量和效率的重要因素。

4. 孔和内螺纹加工

孔加工的方法比较多，有钻削、扩削、铰削、铣削和镗削等。

对于直径大于 ϕ30 mm 的已铸出或锻出的毛坯孔的加工，一般采用“粗镗—半精镗—孔口倒角—精镗”的加工方案，孔径较大的可采用立铣刀“粗铣—精铣”加工方案。

对于直径小于 ϕ30 mm 无底孔的加工，通常采用“锪平端面—打中心孔—钻—扩—孔口倒角—铰”的加工方案，对有同轴度要求的小孔，需采用“锪平端面—打中心孔—钻—半精镗（或铰）”的加工方案。为提高孔的位置精度，在钻孔工步前需安排打中心孔工步。孔口倒角一般安排在半精加工之后、精加工之前，以防孔内产生毛刺。

内螺纹的加工方法根据孔径的大小来选择，一般情况下，M6 ~ M20 的螺纹，通常采用攻螺纹的方法加工。因为在加工中心上攻小直径螺纹的丝锥容易折断，M6 以下的螺纹，可在加工中心上完成底孔加工，再通过其他手段攻螺纹；M20 以上的内螺纹，可采用铣削（或镗削）加工。另外，还可铣外螺纹，如图 5-33 所示。

图 5-33　铣螺纹

5.2 数控铣床和加工中心编程

下面以配置 FANUC Oi-MC 系统的数控铣床和加工中心为例，介绍其常用编程指令和方法。

5.2.1 G 功能

G 功能是命令机械准备以何种方式切削加工或移动。以地址 G 后面接两位数字组成，其范围为 G00 ~ G99，不同的 G 代码代表不同的意义与不同的动作方式，常用的 G 功能代码见表 5-2。

表 5-2 准备功能（FANUC 0i-MC）

代码	功 能	组别	代码	功 能	组别
★G00	快速定位	01	★G50	比例缩放取消	11
G01	直线插补		G51	比例缩放有效	
G02	顺时针圆弧插补		G52	局部坐标系统	00
G03	逆时针圆弧插补		G53	选择机床坐标系	
G04	暂停	00	★G54	选择第 1 工件坐标系	12
G09	准确停止检验		G55	选择第 2 工件坐标系	
G10	自动程序原点补正，刀具补正设定		G56	选择第 3 工件坐标系	
★G17	XY 平面选择	02	G57	选择第 4 工件坐标系	
G18	ZX 平面选择		G58	选择第 5 工件坐标系	
G19	YZ 平面选择		G59	选择第 6 工件坐标系	
G20	英制单位输入	06	G61	准确停止方式	15
G21	米制单位输入		G62	自动拐角倍率	
★G27	参考点返回检验	00	G63	攻螺纹方式	
G28	参考点返回		★G64	切削方式	
G29	由参考点返回		G65	宏程序调用	00
G30	第 2、3、4 参考点返回		G73	高速深孔啄钻循环	09
G33	螺纹切削	01	G74	攻左螺纹循环	
★G40	取消刀具半径补偿	07	G76	精镗孔循环	
G41	左刀补		★G80	取消固定循环	
G42	右刀补		G81	钻孔循环	09
G43	刀具长度正补偿	08	G82	沉头钻孔循环	
G44	刀具长度负补偿		G83	深孔啄钻循环	
★G49	取消刀具长度补偿		G84	攻右螺纹循环	
G85	铰孔循环	09	G92	设定工件坐标系	00
G86	背镗循环		★G94	每分钟进给量	05
★G90	绝对坐标编程	03	★G98	在固定循环中使 Z 轴返回到起点	11
G91	增量坐标编程		G99	在固定循环中使 Z 轴返回到 *R* 点	

注：① 标有★的 G 代码为电源接通时的状态。

② “00” 组的 G 代码为非续效指令，其余为续效代码。

③ 如果同组的 G 代码出现在同一程序段中，则最后一个 G 代码有效。

④ 在固定循环中（09 组），如果遇到 01 组的 G 代码时，固定循环被自动取消。

5.2.2 M 功能

数控镗铣床和加工中心的 M 功能与数控车床基本相同。表 5-3 为数控镗铣床和加工中心常用 M 代码（FANUC Oi-MC 系统）。

表 5-3 辅助功能（FANUC 0i-MC）功能代码

代码	功 能		代码	功 能	
M00	程序停止	A	M07	切削液开（雾状）	W
M01	选择停止	A	M08	切削液开	W
M02	程序结束	A	M09	切削液关	A
M03	主轴正转	W	M19	主轴准停	A
M04	主轴反转	W	M30	程序结束并返回	A
M05	主轴停止	A	M98	调用子程序	A
M06	自动换刀	W	M99	子程序结束，并返回主程序	A

通常 M 功能除某些有通用性的标准码外（如 M03、M05、M08、M09、M30 等），也可由制造商依其机械的动作要求，设计出不同的 M 指令，以控制不同的开/关动作，或预留 I/O（输入/输出）接点，作为用户自行连接其他外围设备使用。

在同一程序段中若有两个 M 代码出现时，虽其动作不相冲突，但排列在最后面的 M 代码有效，前面的 M 代码被忽略而不执行。

一般数控机床的 M 代码的前导零可省略，如 M01 可用 M1 表示，M03 可用 M3 来表示，以此类推，这样可节省内存空间及减少键入的字数。子程序结束，并返回主程序 M99。

M 代码分为前指令码（表 5-3 中标 W）和后指令码（表 5-3 中标 A），前指令码和同一程序段中的移动指令同时执行，后指令码在同段的移动指令执行完后才执行。例如，如果程序结构如下，注意 M 代码执行的时间：

G00…… M03; （在快速定位的同时主轴正转）
G01…… M08; （切削液开，刀具靠近工件准备加工）
⋮
G01…… M09; （刀具离开工件，切削液关）
G00…… M05; （刀具快速移动后主轴停）

5.2.3 F、S、T 功能

1. F 功能

F 功能用于控制刀具移动时的进给速度，F 后面所接数值代表每分钟刀具进给量（mm/min），为续效代码。

F 代码指令值如超过制造厂商所设定的范围时，则以厂商所设定的最高或最低进给速度为实际进给速度。

进给速度 v_f 的值可由下列公式计算而得：

$$v_f = fzn$$

式中 f——铣刀每齿的进给量，mm/z；

z——铣刀的刀刃数；

n——刀具的转速，r/min。

【例 5-1】 使用 ϕ75 mm、6 齿的面铣刀铣削碳钢表面，已知切削速度 $v_c = 100$ m/min，$f = 0.08$ mm/z，求主轴转速 n 及 v_f。

解：$n = 1\,000\ v$，$v_c/\pi D = 1\,000 \times 100/(3.14 \times 75) = 425$（r/min）

$$v_f = fzn = 0.08 \times 6 \times 425 = 204\ (\text{mm/min})$$

2. S 功能

S 功能用于指令主轴转速（r/min）。S 代码以地址 S 后面接 1 ~ 4 位数字组成。如其指令的数字大于或小于制造厂商所设定的最高或最低转速时，将以厂商所设定的最高或最低转速为实际转速。

3. T 功能

数控铣床因无 ATC，必须用人工换刀，所以 T 功能只用于加工中心。T 代码以地址 T 及接在后面的两位数字组成。

加工中心的刀具库有两种：一种是圆盘型，另一种为链条型。换刀的方式有无机械手式和有机械手式两种。无机械手式换刀方式是刀具库靠向主轴，先卸下主轴上的刀具，刀库再旋转至欲换的刀具位置，上升装上主轴。此种刀具库以圆盘型较多，且是固定刀号式（即 1 号刀必须插回 1 号刀套内），故换刀指令的书写方式如下：

M06　T02；

执行该指令时，主轴上的刀具先装回刀库，再旋转至 2 号刀，将 2 号刀装上主轴。

有机械手式换刀大都配合链式刀库且是无固定刀号式，即 1 号刀不一定插回 1 号刀套内。其刀库上的刀号与设定的刀号由控制器的 PLC 管理。此种换刀方式的 T 指令后面所接数字代表欲调用刀具的号码。当 T 代码被执行时，被调用的刀具会转至准备换刀位置（称为选刀），但无换刀动作，因此 T 指令可在换刀指令 M06 之前即设定，以节省换刀时等待刀具的时间。有机械手式换刀程序的指令常书写如下：

T01；　（1 号刀转至换刀位置）

⋮

M06；　（将 1 号刀换到主轴上）

T03；　（将 3 号刀转至换刀位置）

执行刀具交换时，并非刀具在任何位置均可交换，各制造厂商依其设计不同，均在一安全位置实施刀具交换动作，以避免与机床工作台、工件发生碰撞。z 轴的机床原点位置是远离工件最远的安全位置，故一般以 z 轴先返回机床原点后，才能执行换刀指令。但有些制造厂商，烟台中精机的加工中心除了 z 轴先返回机床原点外，还必须用 G30 指令返回第二参考点。

5.2.4 编程指令

1. 工件坐标系的设置

1）用 G54 ~ G59 选择 1 ~ 6 号加工坐标系

指令格式：G54 G00　X_　Y_　Z_ ；

执行该指令后工件坐标系就建立，后续程序段中所有绝对坐标值都是相对选定的工件加工坐标系中的位置。

工件坐标系的建立：数控机床一般在开机后需“回零”（即回机床参考点）才能建立机床坐标系。一般在正确建立机床坐标系后可用 G54 ~ G59 设定六个工件坐标系。在一个程序中，最多可设定六个工件坐标系，如图 5-34 所示。

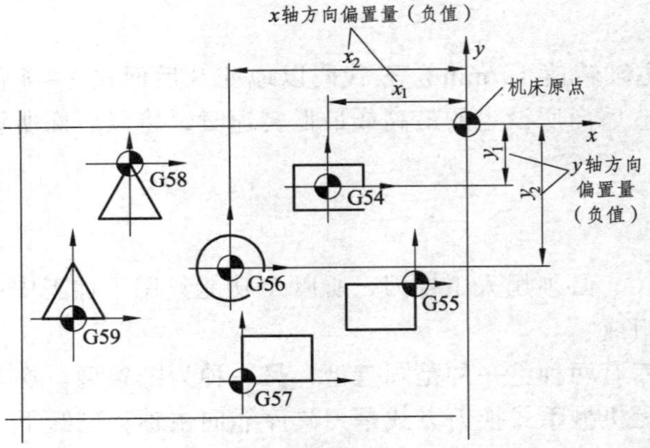

图 5-34　G54 ~ G59 设定工件坐标系

在三轴数控机床上用 G54 建立工件坐标系的方法如图 5-35 所示，图中表示了工件原点在机床坐标系中的坐标值。当工件装夹后，工件原点与机床参考点的偏移量可以过测量或对刀来确定，将偏移量用 CRT/MDI 参数设置方式下输入对应的工件坐标系的偏置界面中。G55 ~ G59 设定工件坐标系的方法相同。

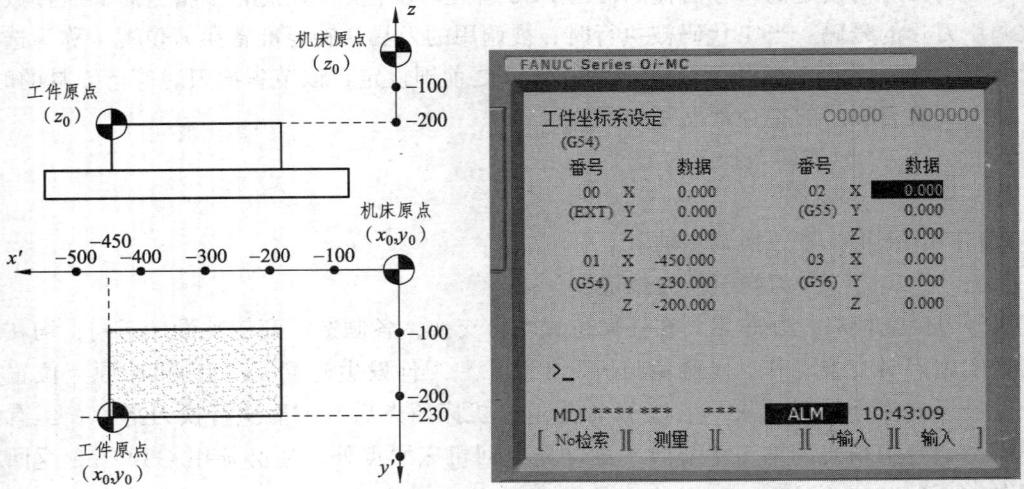

图 5-35　G54 设置工件坐标系

2）G92 设置加工坐标系

另外，可用 G92 指令建立工件坐标系。C92 指令通过设定刀具起点相对于工件原点的相对位置来建立工件坐标系。

指令格式：

G92　X_　Y_　Z_ ；

其中：X、Y、Z 值指刀具起点相对于工件原点的坐标。如图 5-36 所示，可用指令建立工件坐标系：

G92　X20　Y10　Z10；

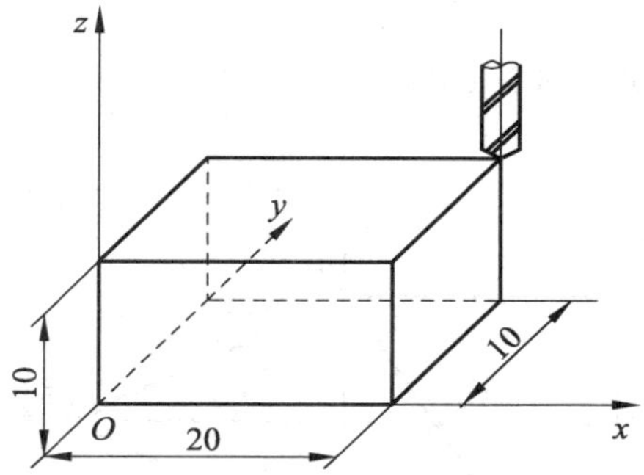

图 5-36　G92 设置工件坐标系

3）G92 与 G55 ~ G59 的区别

G92 指令是通过单独的一个程序段指定，其后的位置值与刀具的起始位置有关，在使用 G92 之前必须保证刀具处于加工起始点，执行该程序段只建立工件坐标系，并不产生坐标轴移动；G92 建立的工件坐标系在机床重开机时消失。

使用 G54 ~ G59 建立工件坐标系时，工件原点在机床坐标系中的位置是不变的，与刀具的当前位置无关，机床重新开机后并不消失；该指令可单独指定，也可与其他指令同段，如果该程序段中有位置移动指令（G00、G01），就会在设定的坐标系中运动。

例如：执行 G92 X10 Y10 时，设定工件坐标系，并不产生任何动作，刀具已在加工坐标系中的（10，10）点上。

执行 G54 G01 X10 Y10 F80 时，刀具在选定的工件坐标系中移动，无论刀具当前位置在哪里，它都会移动到加工坐标系中的（10，10）点上。

2. 基本移动指令

其本移动指令包括快速定位、直线插补和圆弧插补三个指令。

1）快速定位 G00

该指令控制刀具从当前所在位置快速移动到指令给出的目标点位置。该指令只能用于快速定位，不能用于切削加工。指令格式为：

G00 X__Y__Z__;

其中：X、Y、Z 值表示目标点坐标。

G00 可以同时指令一轴、两轴或三轴移动，如图 5-37 所示。

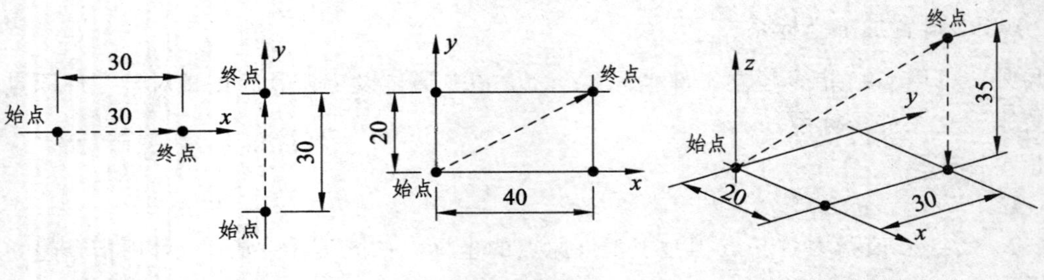

（a）一轴移动　（b）两轴移动　（C）三轴移动

图 5-37　G00 指令

如图 5-38 所示，刀具从原点 O 快速移动到 P_1、P_2、P_3 点，可分别用增量坐标方式（G91）或绝对坐标方式（G90）编程。

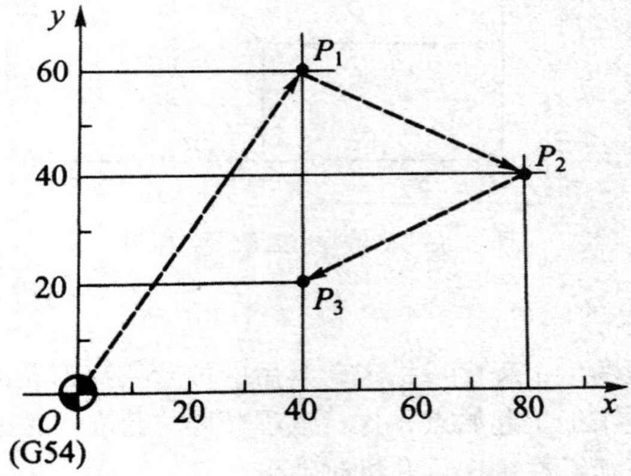

图 5-38　G00 编程示例

G91 方式编程为：

G00 X40 Y60;　（$O \rightarrow P_1$）

X40 Y-20;　（$P_1 \rightarrow P_2$）

X-40 Y-20;　（$P_2 \rightarrow P_3$）

G90 方式编程为：

G00 X40 Y60;　（$O \rightarrow P_1$）

X80 Y40;　（$P_1 \rightarrow P_2$）

X40 Y20;　（$P_2 \rightarrow P_3$）

需要说明的是，G00 的具体运动速度已由机床生产设定，不能用程序指令改变，但可以用机床操作面板上的进给修调旋钮来改变。另外，G00 的走刀轨迹通常不是直线，而是如图 5-39 所示的折线，这种走刀路线有利于提高定位精度。

2）直线插补 G01

该指令控制刀具以给定的进给速度从当前位置沿直线移动到指令给出的目标位置。指令格式为：

G01　X__Y__Z__F__;

其中：X、Y、Z 值表示目标点坐标；

F 表示进给量，mm/min。

图 5-40 表示刀具从 P_1 点开始沿直线移动到 P_2、P_3、P_4、P_5、P_6 点，可分别用增量坐标方式（G91）或绝对坐标方式（G90）编程。

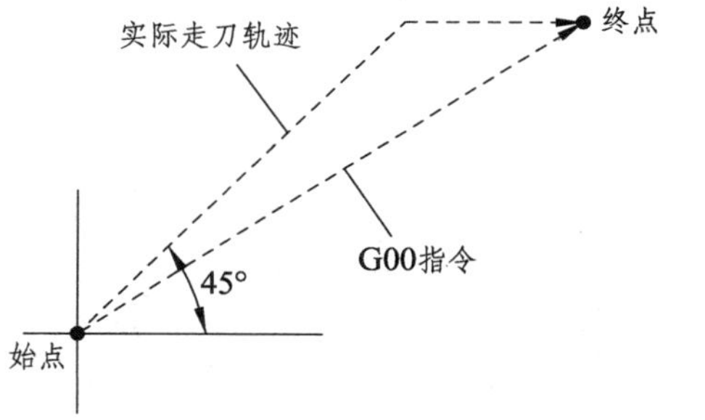

图 5-39　G00 的走刀轨迹

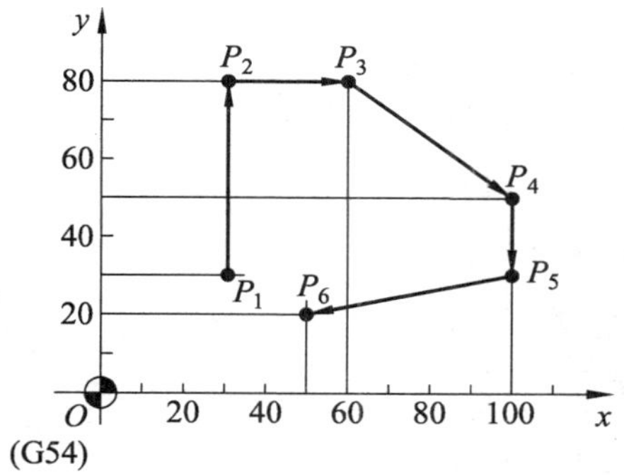

图 5-40　G01 编程示例

G91 方式编程为：

G01 Y50 F120;	（$P_1 \to P_2$）
X30;	（$P_2 \to P_3$）
X40 Y-30;	（$P_3 \to P_4$）
Y-20;	（$P_4 \to P_5$）
X-50 Y-10;	（$P_5 \to P_6$）

G90 方式编程为：

G01 Y80 F120;	（$P_1 \to P_2$）
X60;	（$P_2 \to P_3$）
X100 Y50;	（$P_3 \to P_4$）
Y30;	（$P_4 \to P_5$）
X50 Y20;	（$P_5 \to P_6$）

【例 5-2】 在立式数控铣床上按如图 5-41 所示的走刀路线铣削工件上表面，已知主轴转速为 300 r/min，进给量为 200 mm/min。试编制加工程序。

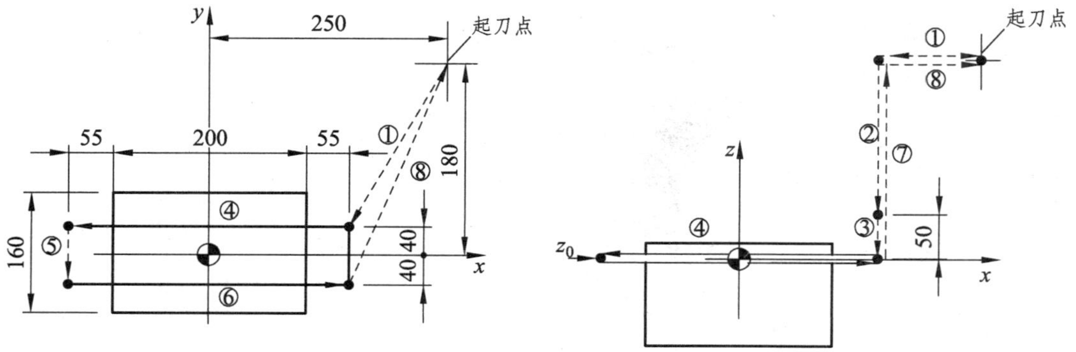

图 5-41　刀具走刀路线

建立如图 5-41 所示工件坐标系，编制加工程序如下：

O5001；	（程序号）
G90 G54 G00 X155 Y40 S300；	①
G00 Z50 M03；	②
Z0；	③
G01 X-155 F200；	④
G00 Y-40；	⑤
G01 X155；	⑥
G00 Z300 M05；	⑦
X250 Y180；	⑧
M30；	（程序结束）

3）圆弧插补 G02、G03

该指令控制刀具在指定坐标平面内以给定的进给速度从当前位置（圆弧起点）沿圆弧移动到指令给出的目标位置（圆弧终点）。G02 为顺时针圆弧插补指令，G03 为逆时针圆弧插补指令。因加工零件均为立体的，在不同平面上其圆弧切削方向（G02 或 G03）如图 5-42 所示。其判断方法为：在右手直角笛卡儿坐标系统中，从垂直于圆弧所在平面轴的正方向往负方向看，顺时针为 G02，逆时针为 G03。指令格式有三种情况：

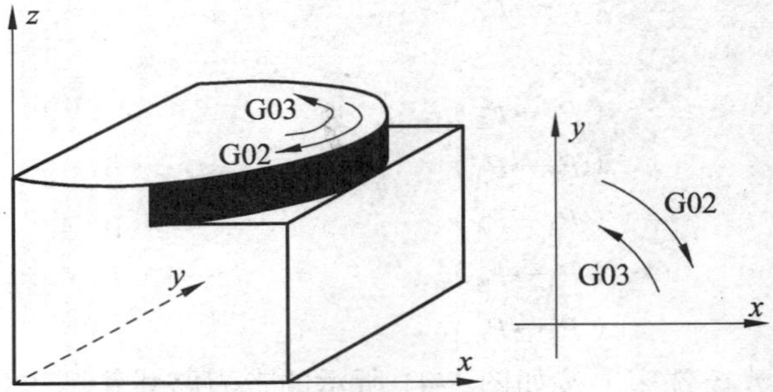

（a）*xy* 平面 G17

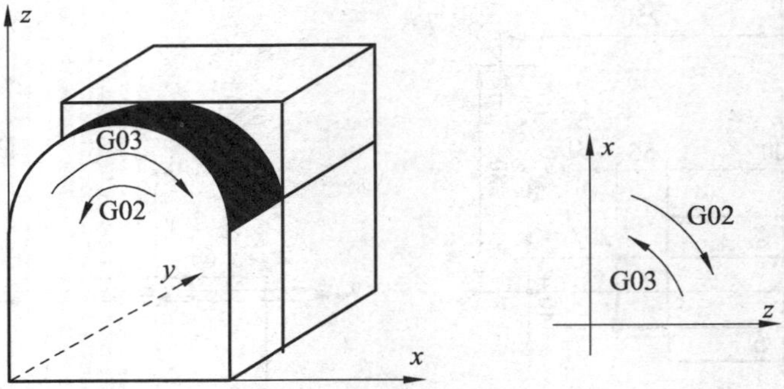

（b）*zx* 平面 G18

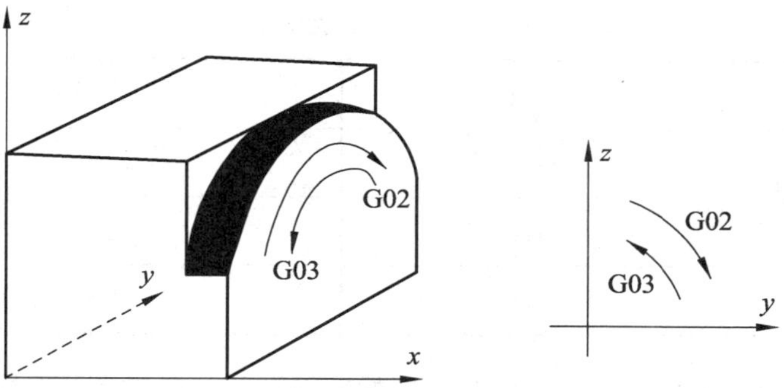

（c）yz 平面 G19

图 5-42　圆弧切削方向与平面的关系

1）*xy* 平面上的圆弧

$$G17\begin{Bmatrix}G02\\ \\G03\end{Bmatrix}X\_\_\quad Y\_\_\quad\begin{Bmatrix}I\_\_\ \ J\_\_\\ \\R\_\_\end{Bmatrix}F\_\_\_;$$

2）*zx* 平面上的圆弧

$$G18\begin{Bmatrix}G02\\ \\G03\end{Bmatrix}X\_\_\quad Y\_\_\quad\begin{Bmatrix}I\_\_\ \ J\_\_\\ \\R\_\_\end{Bmatrix}F\_\_\_;$$

3）*yz* 平面上的圆弧

$$G19\begin{Bmatrix}G02\\ \\G03\end{Bmatrix}X\_\_\quad Y\_\_\quad\begin{Bmatrix}I\_\_\ \ J\_\_\\ \\R\_\_\end{Bmatrix}F\_\_\_;$$

其中：X、Y、Z 值为圆弧终点坐标。

I、J、K 值为圆心分别在 *x*、*y*、*z* 轴相对圆弧起点的增量坐标（简称 IJK 编程），如图 5-43（a）所示；R 为圆弧半径（简称 R 编程），如图 5-43（b）所示。

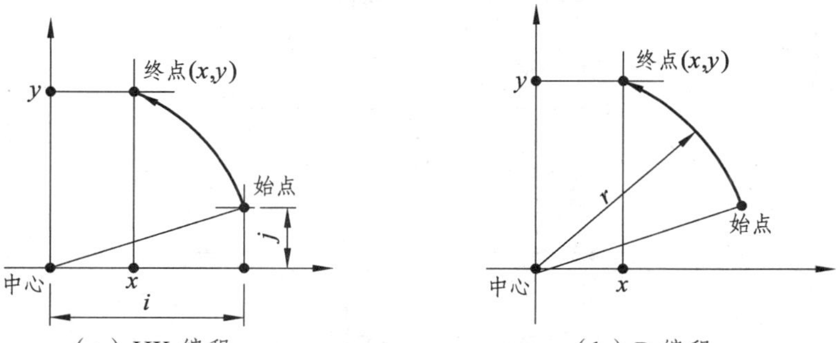

（a）IJK 编程　　（b）R 编程

图 5-43　圆弧插补 I JK 编程和 R 编程

G17、G18、G19 为坐标平面选择指令，其含义见表 5-4。

表 5-4　坐标平面选择指令

平　面	G 码	观看位置
xy	G17	从 +*z* 方向观看
zx	G18	从 +*y* 方向观看
yz	G19	从 +*x* 方向观看

注意：G02 和 G03 指令的编写与坐标平面的选择有关。圆弧终点坐标可分别用增量坐标方式（G91）或绝对坐标方式（G90）指令，用 G91 指令时表示圆弧终点相对于圆弧起点的增量坐标。用 R 编程时，如果圆弧圆心角$\alpha \leq 180°$，R 值取正；若$\alpha > 180°$，R 值取负。如果加工的是整圆，则不能直接用 R 编程，而应用 IJK 编程。如图 5-44 所示的圆弧可分别按如下四种不同的方式：

（1）G91 方式 IJK 编程：

G91 G17

G02 X30 Y-30 I-20 J-50 F120；

（2）G91 方式 R 编程：

G91 G17

G02 X30 Y-30 R54 F120；

（3）G90 方式 IJK 编程：

G17 G90 G54

G02 X90 Y40 I-20 J-50 F120；

（4）G90 方式 R 编程：

G17 G91 G54

G02 X90 Y40 R54 F120；

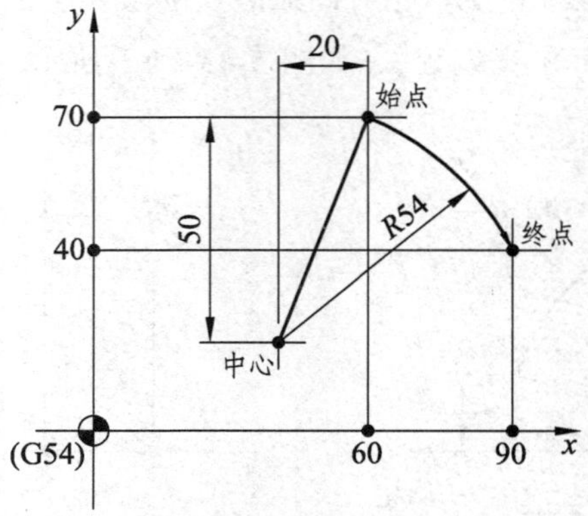

图 5-44　圆弧插补编程示例

【例 5-3】在立式数控铣床上按如图 5-45 所示的走刀路线铣削工件外轮廓（不考虑刀具半径），已知主轴转速为 400 r/min，进给量为 200 mm/min。试编制加工程序。

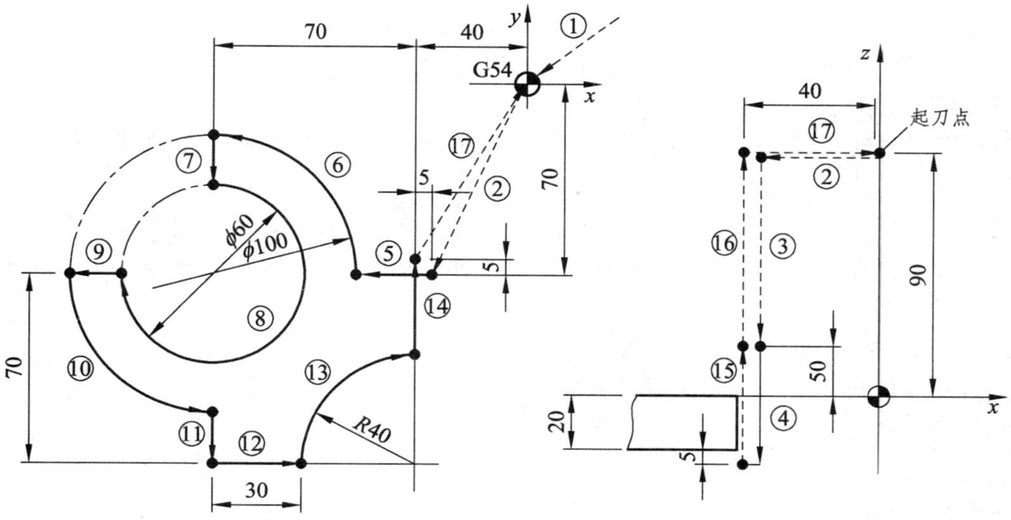

图 5-45　刀具走刀路线

建立如图 5-45 所示的工件坐标系，编制加工程序如下：

O5002;	程序号
G17 G90 G54 G00 X0 Y0;	①
X-35 Y-70 S400;	②
Z50 M03;	③
G01 Z-25 F1000 M08;	④
X-60 F200;	⑤
G03 X-110 Y-20 R50;	⑥
G01 Y-40;	⑦
G02 X-140 Y-70 R-30;	⑧
G01 X-160;	⑨
G03 X-110 Y-120 R50;	⑩
G01 Y-140;	⑪
X-80;	⑫
G02 X-40 Y-100 R40;	⑬
G01 Y-65;	⑭
G00 Z50;	⑮
Z90 MO5;	⑯
X0 Y0	⑰
M30;	程序结束

3. 程序暂停 G04

该指令控制系统按指定时间暂时停止执行后续程序段，暂停时间结束则继续执行。该指令为非模态指令，只在本程序段有效。指令格式为：

G04　X/P___；

其中：X、P 值均为暂停时间，单位分别为秒和毫秒。

暂停指令应用于下列情况：

（1）用于主轴有高速、低速挡切换时，以 M05 指令后，用 G04 指令暂停几秒，使主轴停稳后，再行换挡，以避免损伤主轴电动机。

（2）用于孔底加工时暂停几秒，使孔的深度正确及减小孔底面的表面粗糙度值。

（3）用于铣削大直径螺纹时，用 M03 指定主轴正转后，暂停几秒使转速稳定，再加工螺纹，使螺距正确。

如图 5-46 所示，在加工中心上镗孔，为了保证孔底光滑和深度尺寸准确，在镗到孔底时暂停 1 s（P1000），其加工程序为：

```
(G90 G54)
G00 Z2;
G01 Z-10 F100;
G04 P1000;
G00 Z22;
```

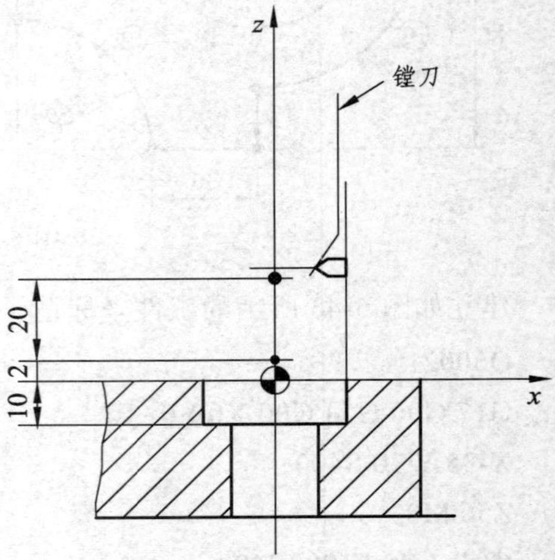

图 5-46　G04 编程示例

暂停时间一般应保证刀具在孔底保持回转一转以上。例如：假设主轴转速为 300 r/min，则暂停时间为 60/300 s = 0.2 s，也就是说，暂停时间应该为 0.2 s 以上。假设我们可以取 0.5 s，则指令为 G04 P500；（或 G04 X0.5；）

4. 刀具补偿指令

在数控机床上进行工件轮廓的铣削加工时，由于刀具半径的存在，刀具中心轨迹和工件轮廓不重合。

当数控机床具备刀具半径补偿功能时，编程人员只需根据工件轮廓编程，数控系统会自动计算出刀具中心轨迹，加工出所需要的工件轮廓。同时，为了简化编程，在编程时除了可以不虑刀具半径值以外，也可以不考虑刀具长度值，此时只需利用系统的长度补偿功能建立起相应的长度补偿即可。

FANUC Oi-MC 存储器可以储存 400 个刀具补偿值，专供刀具补偿之用。进行数控编程时，只需调用所需刀具补偿参数（刀具半径、刀具长度）所对应的寄存器编号即可，加工时，CNC 系统将该编号对应的刀具偏置寄存器中存放的刀具半径或长度补偿值取出，对刀具中心轨迹进行补偿计算，生成实际的刀具中心运动轨迹。

1）刀具半径补偿 G40、G41、G42

（1）刀具半径补偿功能及格式。

铣削加工刀具半径补偿分为刀具半径左补偿（G41）和刀具半径右补偿，当不需要进行刀具半径补偿时，则用 G40 取消刀具半径补偿。其格式：

G00(G01)G41　X__ Y__ D__；　　（建立刀具半径左补偿）

G00(G01)G42　X__ Y__ D__;　　　（建立刀具半径右补偿）

G00(G01)G40　X__ Y__ ;　　　　（取消刀具半径补偿）

其中：D__表示刀具偏置寄存器号，其偏置量（即补偿值）的大小通过 CRT/MDI 操作面板在对应的偏置寄存器中设定，可设定的范围为 0 ~ 999.999 mm。

根据 ISO 标准，当刀具中心轨迹沿前进方向位于零件轮廓右边时称为刀具半径右补偿，反之称为刀具半径左补偿，如图 5-47 所示。刀具半径补偿的建立有以下三种方式：① 先下刀后，再在 x、y 轴移动中建立刀具半径补偿，如图 5-48（a）所示；② 先建立刀具半径补偿后，再下刀到加工深度位置，如图 5-48（b）所示；③ x、y、z 三轴同时移动建立刀具半径补偿后再下刀，如图 5-48（c）所示。一般取消刀具半径补偿的过程与建立过程正好相反。

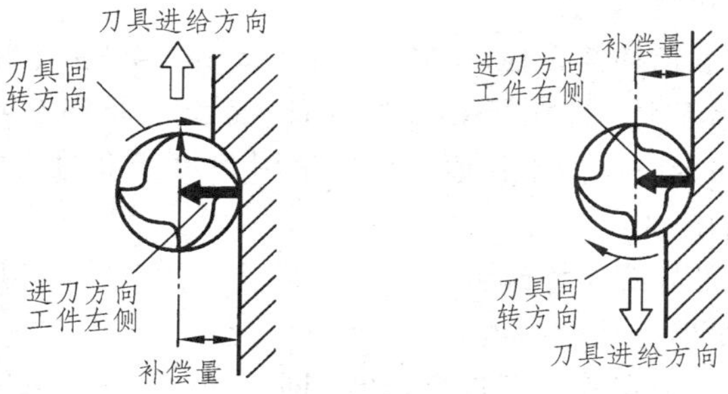

（a）G41　　　　（b）G42

图 5-47　刀具半径补偿方向

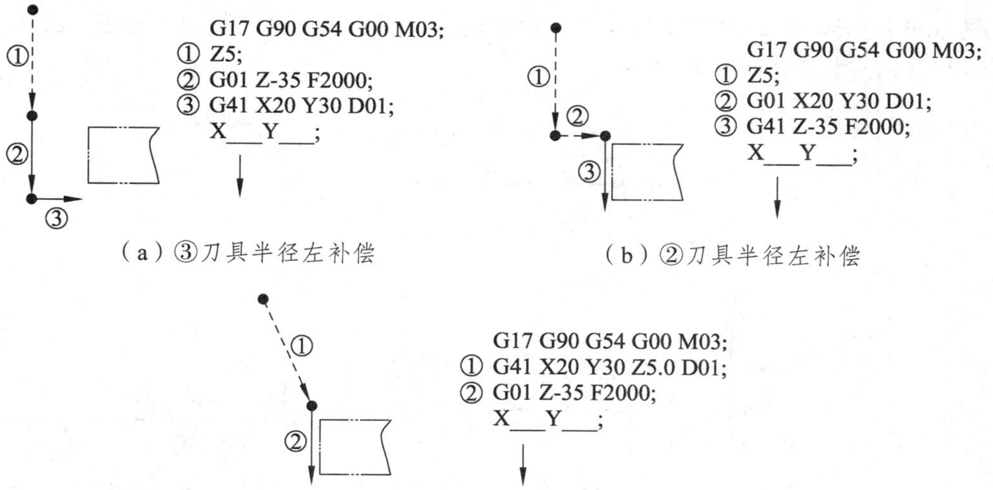

（a）③刀具半径左补偿　　　（b）②刀具半径左补偿

（c）同时三轴移动建立刀具半径补偿

图 5-48　建立刀具半径补偿的方法

（2）使用刀具半径补偿的注意事项：

① 机床通电后，为取消刀具半径补偿状态。

② G41、G42、G40 不能与 G02、G03 一起使用，只能与 G00 或 G01 一起使用，且刀具必须要移动。

③ 在程序中用 G42 指令建立右刀补，铣削时对于工件将产生逆铣效果，故常用于粗铣；

用 G41 指令建立左刀补，铣削时对于工件将产生顺铣效果，故常用于精铣。

④ 一般情况下，刀具半径补偿量应为正值，如果补偿值为负，则 G41 和 G42 正好相互替换。通常在模具加工中利用这一特点，可用同一程序加工同一公称尺寸的内外两个型面。

⑤ 在建立刀具半径补偿以后不能出现连续两个程序段无选择补偿坐标平面的移动指令，否则数控系统因无法正确计算程序中刀具轨迹交点坐标，可能会产生过切现象。

⑥ 在补偿状态下，铣刀的直线移动量及铣削内侧圆弧的半径值要大于或等于刀具半径，否则补偿时会产生干涉，系统在执行相应程序段时将会产生报警，停止执行。

⑦ 半径补偿功能为续效代码，在补偿状态时，若加入 G28、G29、G92 指令，当这些指令被执行时，补偿状态将暂时被取消，但是控制系统仍记忆着此补偿状态，因此在执行下一程序段时，又自动恢复补偿状态。

⑧ 若程序中建立了半径补偿，在加工完成后必须用 G40 指令将补偿状态取消，使铣刀的中心点回到实际的坐标点上，即执行 G40 指令时，系统会将向左或向右的补偿值往相反的方向释放，这时铣刀会移动一铣刀半径值。所以使用 G40 指令时最好是铣刀已远离工件。

（3）刀具半径补偿的应用：

① 编程时直接按工件轮廓尺寸编程。刀具在磨损、重磨或更换后直径会发生改变，此时不必修改程序，只需改变半径补偿参数。

② 刀具半径补偿值不一定等于刀具半径值。同一加工程序，采用同一刀具可通过修改刀补的办法实现对工件轮廓的粗、精加工；同时也可通过修改半径补偿值获得所需要的尺寸精度。

【例 5-4】 按如图 5-49 所示的走刀路径铣削工件外轮廓，试编制加工程序。已知立铣刀半径为ϕ16 mm，半径补偿号为 D001。

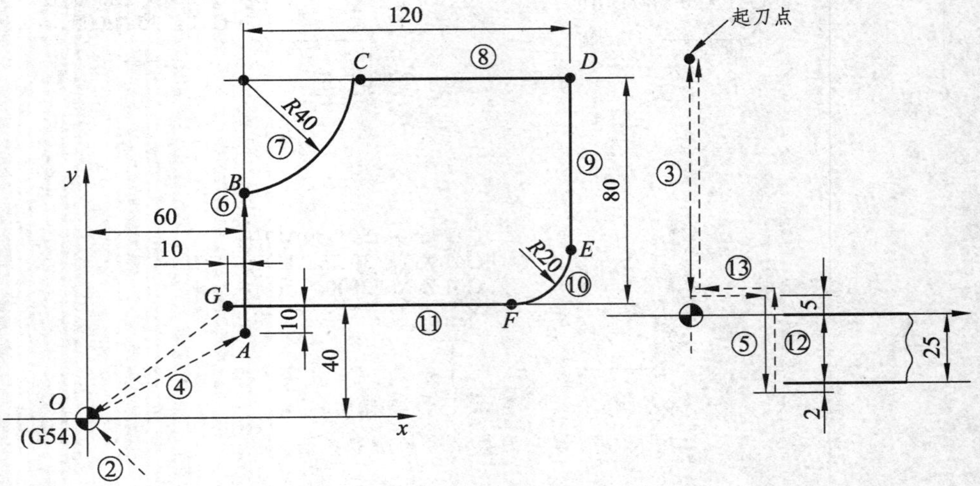

图 5-49　刀具走刀路线

建立如图 5-49 所示的工件坐标系，编制加工程序如下：

O5003；	程序号
G17 G90 G54 G00 X0 Y0 S500；	②
Z5 M03；	③

G41 X60 Y30 D01；	④*O*→*A*
G01 Z-27 F2000；	⑤
Y80 F120；	⑥*A*→*B*
G03 X100 Y120 R40；	⑦*B*→*C*
G01 X180；	⑧*C*→*D*
Y60；	⑨*D*→*E*
G02 X160 Y40 R20；	⑩*E*→*F*
G01 X50；	⑪*F*→*G*
G00 Z5；	⑫
G40 X0 Y0 M05；	*G*→*O*
G91 G28 Z0；	*Z* 轴回参考点
M30；	程序结束

2）刀具长度补偿 G43、G44、G49

数控铣床或加工中心所使用的刀具，因每把刀具的长度都不相同，同时由于刀具的磨损或其他原因会引起刀具长度发生变化，使用刀具长度补偿指令可使每一把刀加工出来的深度尺寸都正确。

建立刀具长度补偿指令格式为：

G43 / G44 } Z__ H__；或 G43 / G44 } H__；

G49(Z__)；

其中：G43 表示长度正补偿，C44 表示长度负补偿，其含义如图 5-50 所示；Z 为 Z 轴移动坐标值；H 为长度补偿号；执行 G43 或 G44 指令时，控制器会到 H 所指定的刀具补偿号内调取刀具长度补偿值，以作为长度补偿的依据，长度补偿值由 CRT/MDI 操作面板在对应的偏置寄存器中设定，可设范围为 0 ~ ± 999.999 mm；G49 取消刀具长度补偿。

G91　G00　G43　Z-150　H01；

指令移动量	– 150
补偿量 H01	25
实际移动量 *A*	– 125

G91　G00　G44　Z-150　H01；

指令移动量	– 150
补偿量 H01	– 25
实际移动量 *B*	– 175

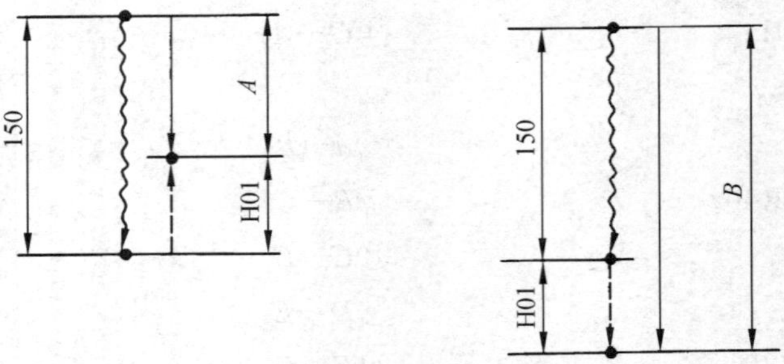

图 5-50　G43、G44 的含义

使用刀具长度补偿功能应注意以下几点：

（1）机床通电后，为取消长度补偿状态。

（2）使用 G43 或 G44 指令进行刀具长度补偿时，只能有 z 轴的移动量，若有其他轴向的移动，则会出现报警。

（3）G43、G44 为续效代码，如欲取消刀具长度补偿，除用 G49 外，也可以用 H00 的办法，这是因为 H00 的偏置量固定为 0。

刀具长度补偿值可通过如下三种方式设定：

第一种方法如图 5-51 所示：事先通过机外对刀法测量出刀具长度（图中 H01 和 H02），作为刀具长度补偿值（该值应为正），输入对应的刀具补偿参数中。此时，工件坐标系（G54）中 Z 值的偏置值应设定为工件原点相对机床原点的 z 向坐标值（该值为负）。

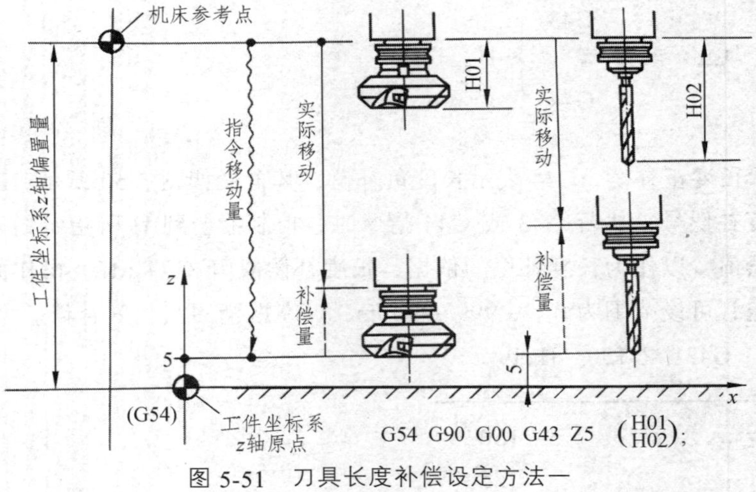

图 5-51　刀具长度补偿设定方法一

第二种方法如图 5-52 所示：将工件坐标系（G54）中 Z 值的偏置值设定为零，即 z 向的工件原点与机床原点重合，通过机内对刀测量出刀具 z 轴返回机床原点时刀位点相对工件基准面的距离（图中 H01、H02 均为负值）作为每把刀具长度补偿值。

第三种方法如图 5-53 所示：将其中一把刀具作为基准刀，其长度补偿值为零，其他刀具补偿值为与基准刀的长度差值（可通过机外对刀测量）。此时应先通过机内对刀法测量出基准刀在 z 轴返回机床原点时刀位点相对工件基准面的距离，并输入工件坐标系（G54）中 Z 值的偏置参数中。

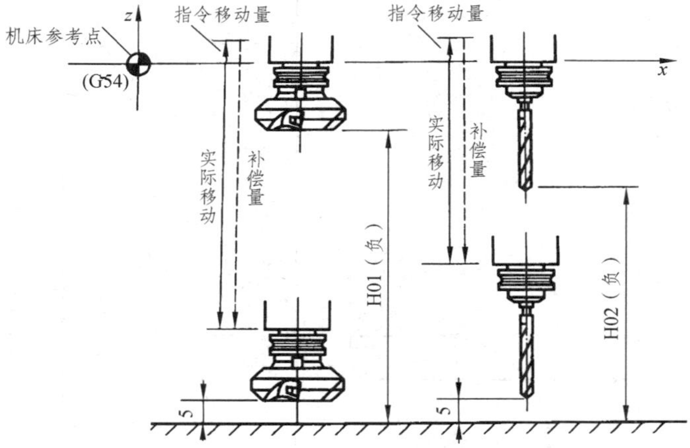

图 5-52　刀具长度补偿设定方法二

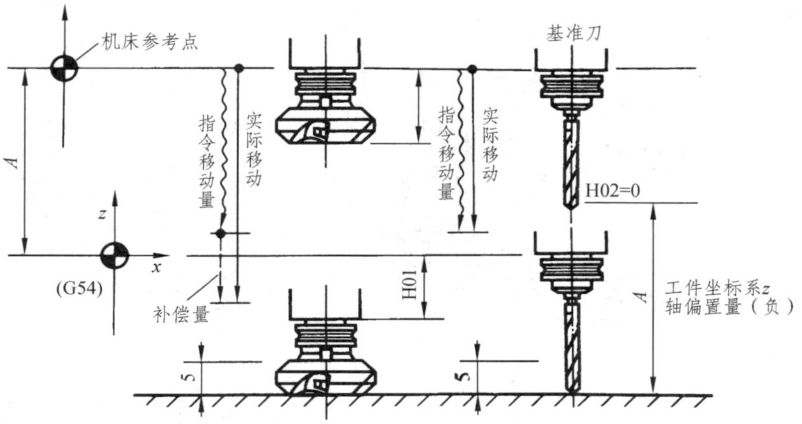

图 5-53　刀具长度补偿设定方法三

【例 5-5】 在立式加工中心上铣削如图 5-54 所示的工件上表面和外轮廓，分别用 ϕ125 mm（6 齿）面铣刀和 ϕ20 mm（3 齿）立铣刀，走刀路线和切削用量如图 5-55 和图 5-56 所示，在配置 FANUC Oi-MC 系统的立式加工中心上加工。试编制加工程序。

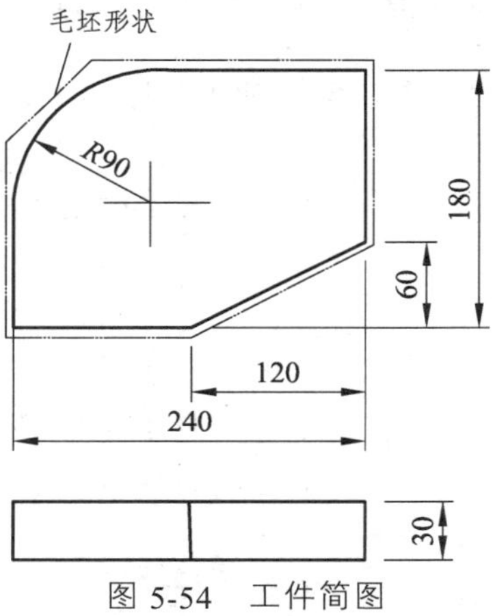

图 5-54　工件简图

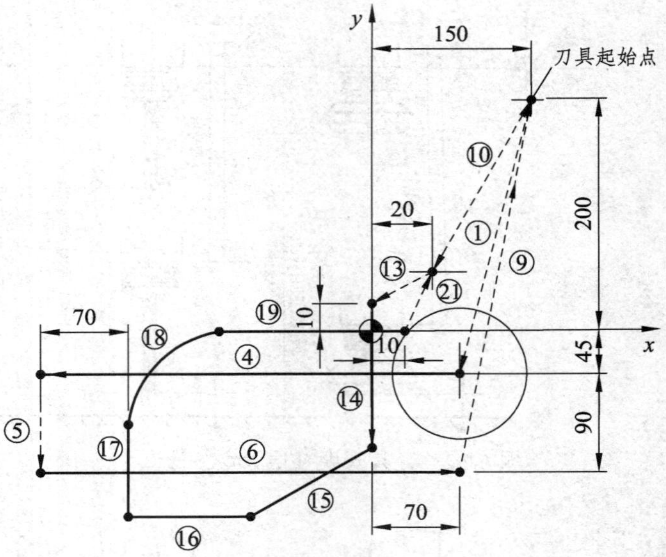

图 5-55　xy 平面走刀路径

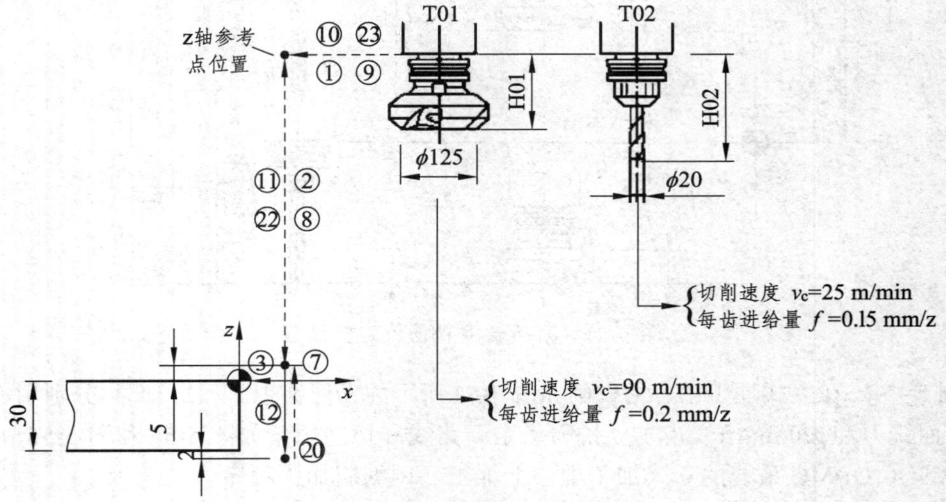

图 5-56　刀具 z 轴方向走刀路线

建立如图 5-56 所示的工件坐标系，编制加工程序如下：

O5004；

N100；　　　　　　　　　　（程序初始设定）

G17 G90 G40 G49 G21；

G91 G28 Z0；

T01；　　　　　　　　　　（选择 T01 号刀）

M06；　　　　　　　　　　（主轴换 T01 号刀）

N101；　　　　　　　　　　（铣顶面程序）

T02；

G90 G54 G00 X70 Y-45 S230；　　　　①

G43 Z5 H01 M03;　　②
G01 Z0 F2000;　　③
X-310 F275;　　④
G00 Y-135 ;　　⑤
G01 X70;　　⑥
G00 Z5 M05;　　⑦
G91 G28 Z0;　　⑧
G90 X150 Y200;　　⑨
(G49);　　（取消长度补偿，可省略）
M06;　　（换 T02 号刀）
N102;　　（铣轮廓程序）
T01;　　（选择 T01 号刀）
G90 G54 G00 X20 Y20 S400;　　⑩
G43 Z5 H02 M03;　　⑪
Z-32 F2000 M08;　　⑫
G41 G01 X0 Y10 D22 F180;　　⑬
Y-120;　　⑭
X-120 Y-180;　　⑮
X-240;　　⑯
Y-90;　　⑰
G02 X150 Y0 R90;　　⑱
G01 X10;　　⑲
G00 Z5 M09;　　⑳
G40 X20 Y20 M05;　　⑳
G91 G28 Z0;　　（返回参考点）
G90 X150 Y200;
M30;　　（程序结束）

5. G27、G28、G29、G30 指令

1）返回参考点检查 G27

数控机床通常是长时间连续运转，为了提高加工的可靠性及保证工件尺寸的正确性，可用 G27 指令来检查工件原点的正确性。

指令格式：

G90（G91）G27 X__Y__Z;

其中：在 G90 方式下 X、Y、Z 值表示机床参考点在工件坐标系的绝对坐标；在 G91 方式下 X、Y、Z 值表示机床参考点相对刀具目前所在位置的增量坐标。

该指令的用法如下：当执行加工完成一循环，在程序结束前执行 G27 指令，则刀具将以快速定位（G00）移动方式自动返回机床参考点，如果刀具到达参考点位置，则操作面板上的参考点返回指示灯亮；若工件原点位置在某一轴向有误差，则该轴对应的指示灯不亮，且系统将自动停止执行程序，发出报警提示（No.92 报警）。

使用 G27 指令时，若先前建立了刀具半径或长度补偿，则必须先用 G40 或 G49 将刀具补偿取消后，才可使用 G27 指令。例如，对于加工中心可编写如下程序：

⋮

M06 T01;　　　　　　　　　　　　（换 1 号刀）

⋮

G40 G49;　　　　　　　　　　　　（取消刀具补偿）

G27 X385.612　Y210.812　Z421.226;　（返回参考点检查）

⋮

2）自动返回参考点 G28

该指令可使坐标轴自动返回参考点。

指令格式：G28 X__Y__Z__;

其中：X、Y、Z 值为返回参考点时所经过的中间点坐标。

指令执行后，所有受控轴都将快速定位到中间点，然后再从中间点回到参考点，如图 5-57 所示。

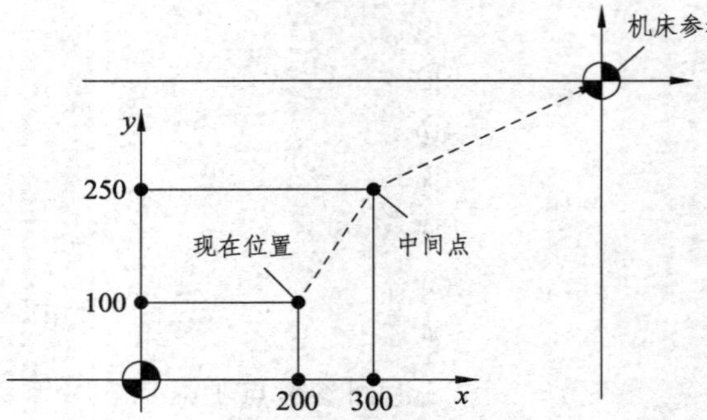

图 5-57　G28 编程

G91 方式编程为：G91 G28 X100 Y150;

G90 方式编程为：G90 G54 G28 X300 Y250;

对于加工中心，G28 指令一般用于自动换刀，在使用该指令时应首先取消刀具补偿功能。如果需要坐标轴从目前位置直接返回参考点，一般用增量坐标方式指令，其程序编制为：

G91 G28 X0 Y0;

3）从参考点返回 G29

该指令的功能是使刀具由机床参考点经过中间点到达目标点。

指令格式：G29 X__Y__Z__;

其中：X、Y、Z 后面的数值是指刀具的目标点坐标。

这里经过的中间点就是 G28 指令所指定的中间点，故刀具可经过这一安全通路到达欲切削加工的目标点位置。所以用 G29 指令之前，必须先用 G28 指令，否则 G29 指令因不知道中间点的位置而发生错误。其使用方法如图 5-58 所示，程序编写如下：

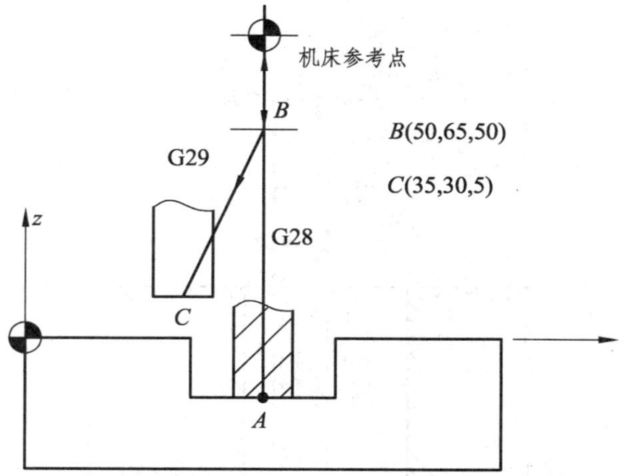

图 5-58　G28、G29 编程

M06 T02；

⋮

G90 G28 Z50；　　　　　　（由 A 点经中间点 B 回到 z 轴机床参考点）

M06 T03；

G29 X35 Y30 Z5；　　　　　（3 号刀由机床参考点经中间点 B 快速定位至 C 点）

⋮

4）第 2、3、4 参考点返回 G30

该指令是由刀具所在位置经过中间点回到参考点。G30 与 G28 指令很类似，差别在于 G28 指令是回归第 1 参考点（机床原点），而 G30 是返回第 2、3、4 参考点。

指令格式为

$$G30\left\{\begin{matrix} P2 \\ P3 \\ P4 \end{matrix}\right\} X\_\_Y\_\_Z\_\_;$$

其中：P2、P3、P4 即选择的第 2、3、4 参考点，选择第 2 参考点时可省略不写 P2；X、Y、Z 后面的数值是指中间点位置坐标。

第 2、3、4 参考点的坐标位置在参数中设定。G30 指令通常在自动换刀时使用，如台中精机有机械手式的 ATC 在换刀时，除了 z 轴必须返回机床原点外，必须指令 y 轴返回第 2 参考点。

6. 固定循环功能

孔加工是数控加工中最常见的加工工序，数控镗铣床和加工中心通常都能完成钻孔、镗孔、铰孔和攻螺纹等加工的固定循环功能。

1）固定循环的基本动作

循环指令通常包括六个基本操作动作，如图 5-59 所示。

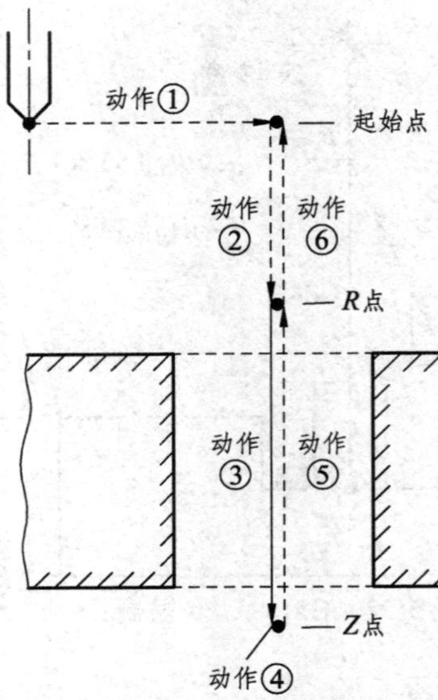

图 5-59　固定循环的基本动作

动作①——x 轴和 y 轴定位：使刀具快速定位到孔加工的位置。

动作②——快进到 R 点：刀具自起始点快速进给到 R 点。

动作③——孔加工：以切削进给的方式执行孔加工的动作。

动作④——孔底动作：包括暂停、主轴准停、刀具移位等动作。

动作⑤——返回到 R 点：继续加工其他孔，且可以安全移动刀具时选择返回 R 点。

动作⑥——返回到起始点：孔加工完成后一般应选择返回起始点。

2）固定循环的程序段格式

G90/91　G98/99　G_ X_ Y_ Z_ R_ Q_ P_ F_ K;

（1）G90（绝对坐标）或 G91（增量坐标）：两种指令的区别是，G90 编程时固定循环指令中地址 R 与 Z 的数据是工件坐标系 Z 轴的坐标值，而 G91 编程方式下，Z、R 的数据是相对前一点的增量值，图 5-60 所示。

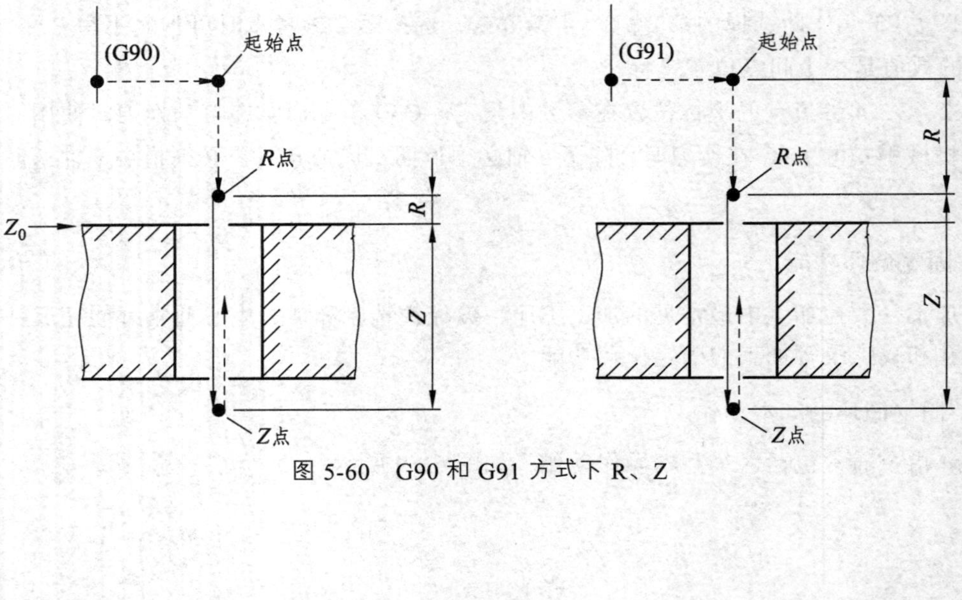

图 5-60　G90 和 G91 方式下 R、Z

（2）返回点平面指令：G98 为返回初始平面，G99 为返回 R 点平面，如图 5-61 所示。起始点是为安全下刀而规定的点，该点到零件表面的距离可以任意设定在一个安全的高度上。当使用同一把刀具加工若干孔时，只有孔间有障碍需要跳跃或全部孔加工完毕时，才使用 G98 使刀具返回到起始点。

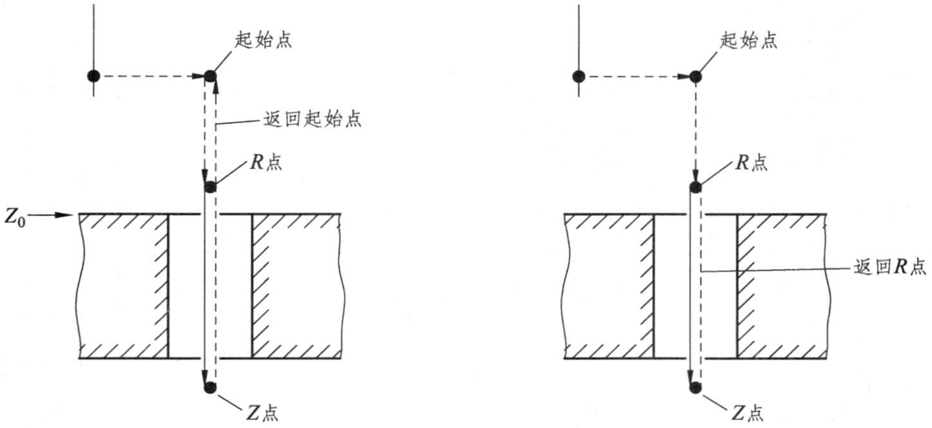

图 5-61　返回平面指令 G98/G99

（3）孔加工方式：根据需要可选择 G73 ~ G89 指令。

（4）X、Y：被加工孔在 xy 平面的坐标位置。

（5）Z：被加工孔的底坐标。G90 时为孔底坐标，G91 时为参考点 R 到孔底的距离。

（6）R：绝对坐标（G90）方式编程中是 R 点的坐标值；增量坐标（G91）方式编程中是起始点到 R 点的距离。

（7）Q：指定每次切削进给深度（G73、G83）或指定刀具位移增量（G76、G87）。

（8）P：指定刀具在孔底的暂停时间。

（9）F：切削进给的进给量。

（10）K：指定固定循环的次数，只循环一次时可省略。

（11）G73 ~ G89 是模态指令，一旦指定，一直有效，直到出现其他孔加工固定循环指令，或固环取消指令（G80），或 G00、G01、G02、G03 等插补指令时才失效。因此，多孔加工时该指令只需指定一次，以后的程序段只给孔的位置即可。

（12）固定循环中的参数（Z、R、Q、P、F）是模态的，当变更固定循环方式时，可用的参数可以继续使用，不需重设。但中间如果隔有 G80 或 G01、G02、G03 指令，则不受固定循环的影响。

（13）在使用固定循环编程时一定要在前面程序段中指定 M03（或 M04），使主轴启动。若在固定循环指令程序段中同时指定后指令 M 代码（如 M05、M09），则该 M 代码不是在循环指令执行完成后才被执行，而是执行完循环指令的第一个动作（x、y 轴向定位）后，即被执行。因此，固定循环指令不能和后指令 M 代码同时出现在同一程序段。

（14）当用 G80 指令取消孔加工固定循环后，那些在固定循环之前的插补模态（如 G00、G01、G02 和 G03）恢复，M05 指令也自动生效（G80 指令可使主轴停转）。

（15）在固定循环中，刀具半径尺寸补偿（G41、G42）无效，刀具长度补偿（G43、G44）有效。

3）固定循环指令

常用的固定循环指令及其基本含义见表 5-5。

表 5-5　固定循环功能指令及动作

指令	动作 3：－Z 向进刀	动作 4：孔底位置的动作	动作 5：+Z 方向退回动作	用途
G73	间歇进给		快速移动	高速深孔啄钻循环
G74	切削进给	主轴停止→主轴正转	切削进给	攻左螺纹循环
G76	切削进给	主轴定向停止	快速移动	精镗孔循环
G80				固定循环取消
G81	切削进给		快速移动	钻孔循环
G82	切削进给	暂停	快速移动	沉孔钻孔循环
G83	间歇进给		快速移动	深孔啄钻循环
G84	切削进给	主轴停止→主轴反转	切削进给	攻右螺纹循环
G85	切削进给		切削进给	铰孔循环
G86	切削进给	主轴停止	快速移动	镗孔循环
G87	切削进给	主轴停止	快速移动	背镗孔循环
G88	切削进给	暂停→主轴停止	手动操作	镗孔循环
G89	切削进给	暂停	切削进给	镗孔循环

（1）高速深孔啄钻循环指令 G73：

指令格式：G73　X__Y__Z__R__Q__F__K__;

说明：执行此指令时如图 5-62 所示，钻头先快速定位至 *xy* 平面所指定的坐标位置，再快速定位到 *R* 点，接着以 F 的进给速度向 *z* 轴下钻 Q 所指定的距离 *Q*（*Q* 值必为正值，用增量值表示），再快速退回 *d* 距离（*d* 值由参数设定，通常为 0.1 mm），依此方式一直钻孔到 Z 所指定的孔底位置。这种通过 *z* 轴的间断进给可以比较容易地实现断屑与排屑且冷却润滑效果佳。

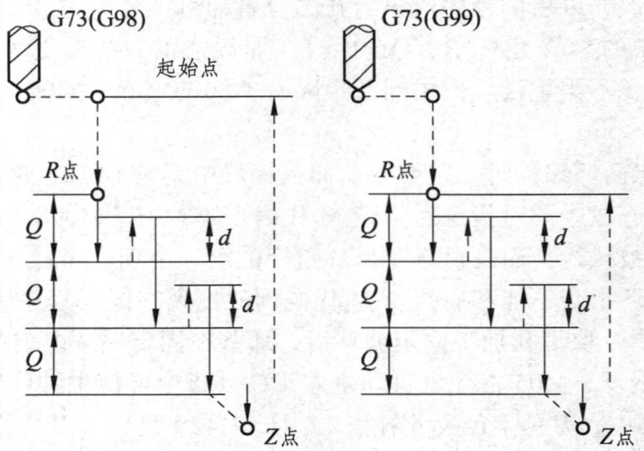

图 5-62　G73 的动作

（2）攻左旋螺纹循环指令 G74：

指令格式：G74　X__Y__Z__R__F__ K__；

说明：此指令用于攻左旋螺纹，故需先使主轴反转，再执行 G74 指令，执行此指令时如图 5-63 所示，刀具先快速定位至 *XY* 所指定的坐标位置，再快速定位到 *R* 点，接着以 F 所指定的进给速率攻螺纹至 Z 所指定的坐标位置后，主轴转换为正转且同时向 *Z* 轴正方向退回至 *R* 点，退至 *R* 点后主轴恢复原来的反转。

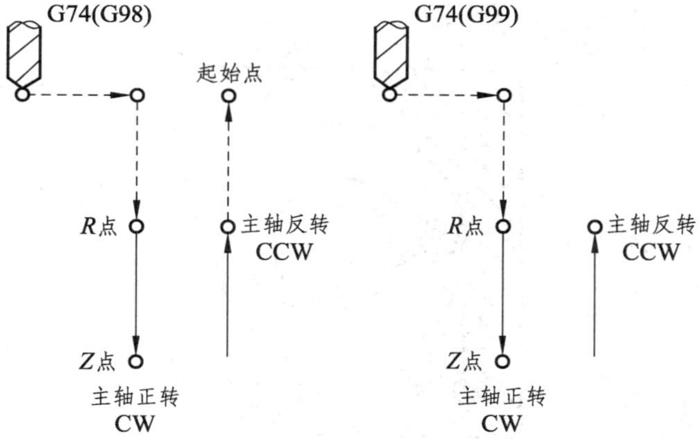

图 5-63　G74 的动作

攻螺纹的进给速度：v_f（mm/min）= 螺纹导程 *P*（mm）× 主轴转速 *n*（r/min）。

（3）精镗孔循环指令（G76）：

指令格式：G76　X__Y__Z__R__Q__P__F__K__；

说明：孔加工动作如图 5-64 所示。图中 P 表示在孔底有暂停，OSS 表示主轴准停，*Q* 值表示刀具移动量。采用这种方式镗孔可以保证提刀时不划伤内孔表面。

执行 G76 指令时，镗刀先快速定位至 XY 所指定的坐标点，再快速定位到 *R* 点，接着以 F 指定的进给速度镗孔至 Z 指定的深度后，主轴准停（定向停止），使刀尖指向一固定的方向后，镗刀中心偏移使刀尖离开加工孔面，这样镗刀以快速定位退出孔外时，不至于刮伤孔面。当镗刀退回到 *R* 点或起始点时，刀具中心即回复原来位置，且主轴恢复转动。

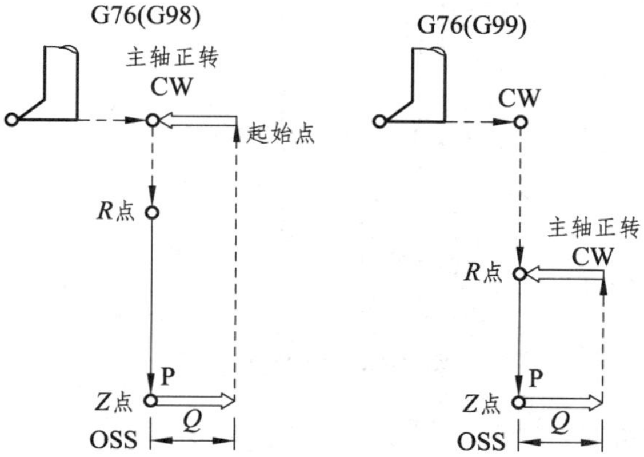

图 5-64　G76 的动作

偏移量 Q 值一定是正值，偏移方向可用参数设定选择 $+x$、$+y$、$-x$ 及 $-y$ 的任何一个方向。FANUC Oi-MC 在参数 No.5101 的#4（RD1）和#5（RD2）中设定偏移方向，一般设定为 $+x$ 方向。指定 Q 值时不能太大，以避免碰撞工件。

这里要特别指出的是，镗刀在装到主轴上后，一定要在 CRT/MDI 方式下执行 M19 指令使主轴准停后，检查刀尖所处的方向，如图 5-65 所示，若与图中位置相反（相差 180°）时，需重新安装刀具使其按图中的定位方向定位。

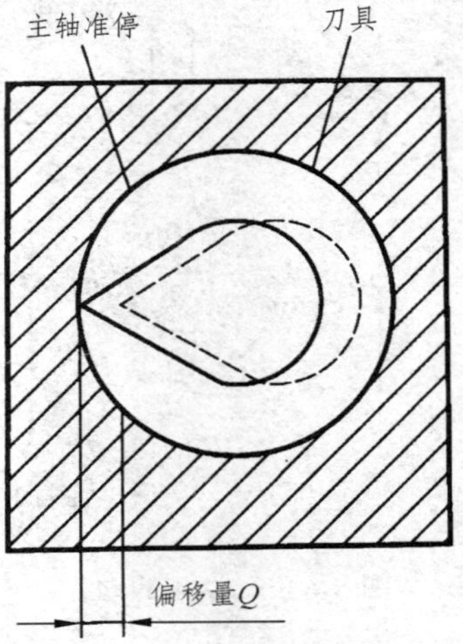

图 5-65　主轴准停与偏移

（4）钻孔循环指令 G81：

指令格式：G81　X__Y__Z__R__F__K__；

说明：孔加工动作如图 5-66 所示，钻头先快速定位至 X、Y 所指定的坐标位置，再快速定位至 R 点，接着以 F 所指定的进给速度向下钻削至 Z 所指定的孔底位置，最后再快速退刀至 R 点或起始点完成循环。此指令属于一般孔钻削加工固定循环指令。

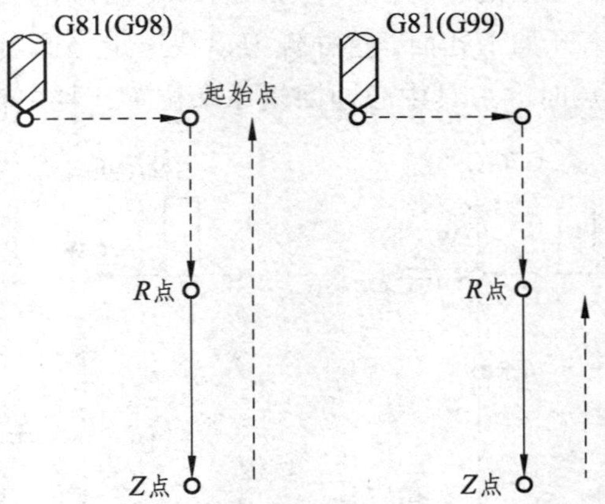

图 5-66　G81 的动作

（5）沉孔钻孔循环指令 G82：

指令格式：G82　X__Y__Z__R__ P__F__K__；

说明：G82 与 G81 的动作轨迹一样，仅在孔底增加了“暂停”时间，因而可以得到准确的孔深尺寸，表面更光滑，适用于锪孔或镗阶梯孔。

（6）深孔啄钻循环指令 G83：

指令格式：G83　X__Y__Z__R__Q__K__；

说明：孔加工动作如图 5-67 所示，此指令适用于加工较深的孔，与 G73 不同的是每次刀具间歇进给后退至 *R* 点，可把切屑带出孔外，以免切屑将钻槽塞满而增加钻削阻力及切削液无法到达切削区。图中的 *d* 值由参数设定（FANUC 0i-MC 由参数 No.5101 设定），当重复进给时，刀具快速下降，到 *d* 规定的距离时转为切削进给，*q* 为每次进给的深度。

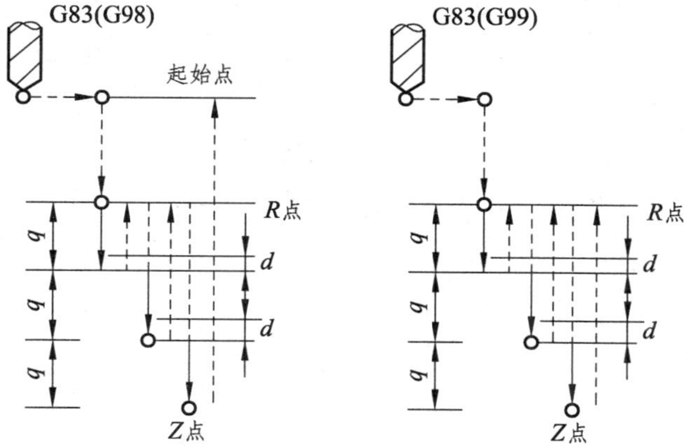

图 5-67　G83 的动作

（7）攻右旋螺纹循环指令 G84：

指令格式：G84　X__Y__Z__R__F__ K__；

说明：此指令用于攻右旋螺纹，故需先使主轴正转，再执行 G84 指令。其与 G74 类似，但主轴旋转方向相反，其循环动作如图 5-68 所示，先快速定位至 X、Y 所指定的位置，再快速定位到时 *R* 点，接着以 F 所指定的进给速度攻螺纹至 Z 所指定的孔底位置，主轴转换为反转且同时向 *z* 轴正方向退回至 *R* 点，退至 *R* 点后主轴恢复原来的正转。

在 G74、G84 攻螺纹循环指令执行过程中，操作面板上的进给率调整旋钮无效，另外即使按下进给暂停键，循环在回复动作结束之前也不会停止。

（8）铰孔循环指令 G85：

指令格式：G85　X__Y__Z__R__F__K __；

说明：孔加工动作与 G81 类似，铰刀先快速定位至 X、Y 所指定的坐标位置，再快速定位至 *R* 点，接着以 F 所指定的进给速度向下铰削至 Z 所指定的孔底位置后，在返回行程中，仍以切削进给方式向上退回，以保证孔壁光滑，其循环动作如图 5-69 所示。此指令适宜铰孔。

（9）镗孔循环指令 G86：

指令格式：G86　X__Y__Z__R__F__K__；

说明：此指令属于一般孔镗削加工固定循环，指令的刀具动作，除了在孔底位置主轴停止并快速返回到 *R* 点或起始点后主轴再启动外，其余与 G81 完全相同，其循环动作如图 5-70 所示。

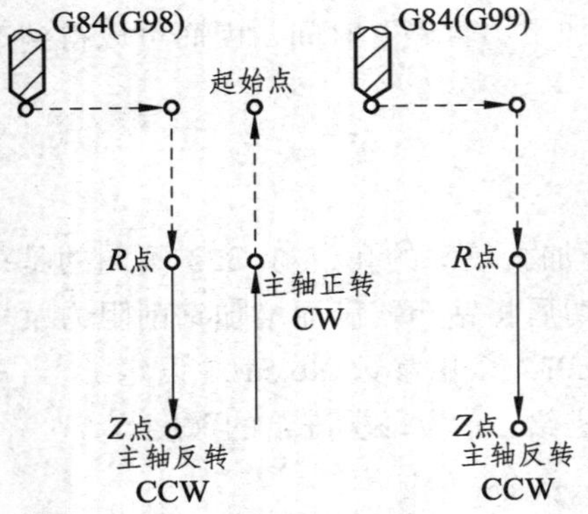

图 5-68　G84 的动作

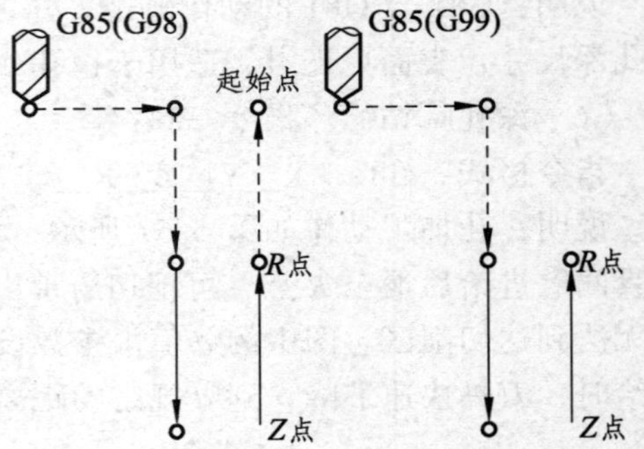

图 5-69　G85 的动作

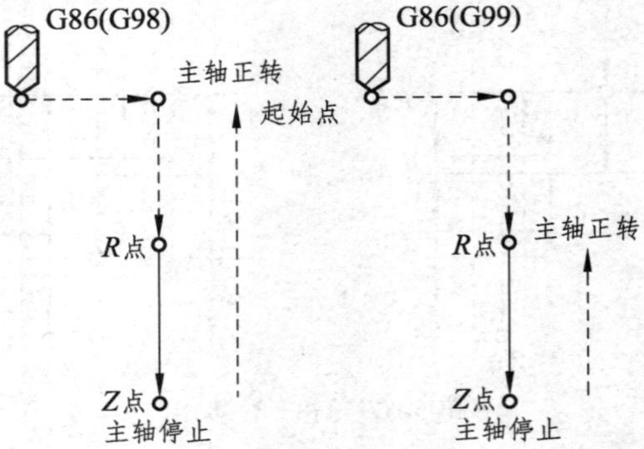

图 5-70　G86 的动作

（10）背镗孔循环 G87：

指令格式：G87　X__Y__Z__R__Q__F__K__；

说明：执行此指令的刀具动作如图 5-71 所示，镗刀快速定位至 X、Y 所指定的坐标位置后主轴定向停止，使刀尖指向一固定的方向，背镗刀中心偏移 Q 所指定的偏移量使刀尖离开加工孔面，接着快速定位至 R 所指定的位置，此时刀具沿刀尖方向偏移，主轴正转，沿 *z* 轴进行正方向镗孔，直到 *Z* 坐标位置，此时主轴定向停止并偏移 Q 指定的偏移量，接着快速定位至起始点后刀具中心移回原位置，主轴正转完成循环。

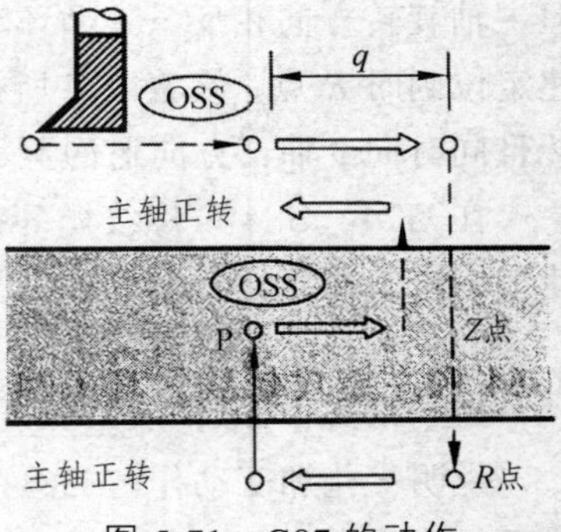

图 5-71　G87 的动作

（11）镗孔循环 G88：

指令格式：G88　X__Y__Z__R__P__F__K__；

说明：执行此指令时如图 5-72 所示，除了在底孔暂停 P 所指定的时间且主轴停止转动外，操作者可用手动微调方式（操作模式要高于 MPG）将刀具偏移后提升。欲恢复程控时，则将操作模式高于“自动执行”下再按下“程序执行”键即可，但此只有 *z* 轴退回至 *R* 点或起始点，X、Y 坐标不会返回。其余与 G82 相同。

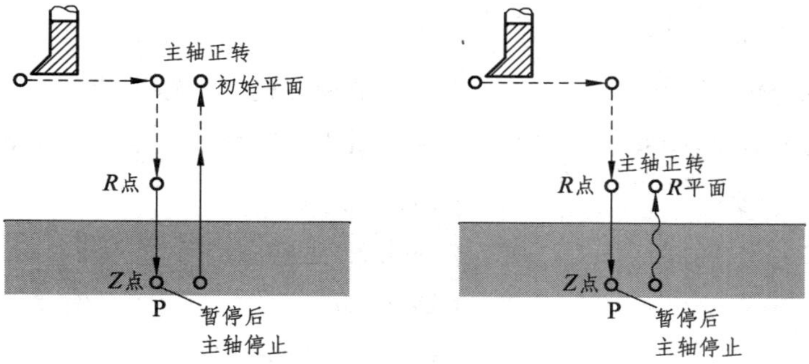

图 5-72　G88 的动作

（12）镗孔循环 G89：

指令格式：G89　X__Y__Z__R__P__F__K__;

说明：执行 G89 指令时如图 5-73 所示，除了在底孔位置暂停 P 所指定的时间外，其余与 G85 相同。

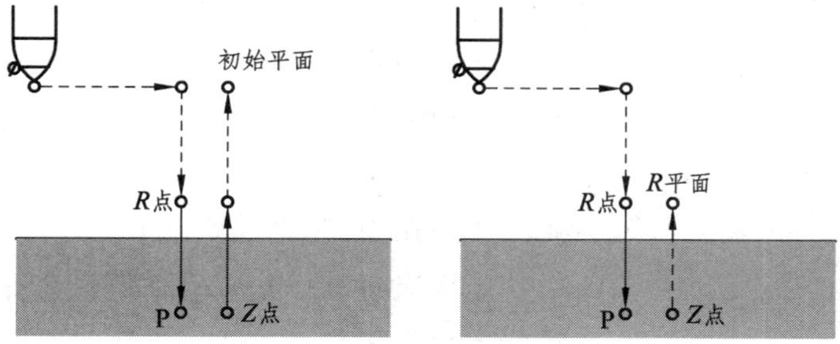

图 5-73　G89 的动作

（13）取消固定循环指令 G80：

指令格式为：G80;

说明：当循环指令不再使用时，应用 G80 指令取消循环，而回复到一般基本指令状态（如 G00、G01、G02、G03 等），此时循环指令中的孔加工数据（如 Z 点、R 点值等）也被取消。

【例 5-6】 加工如图 5-74 所示的 5 个孔，分别用 G81 和 G83 编程。

例 5-6 五孔加工

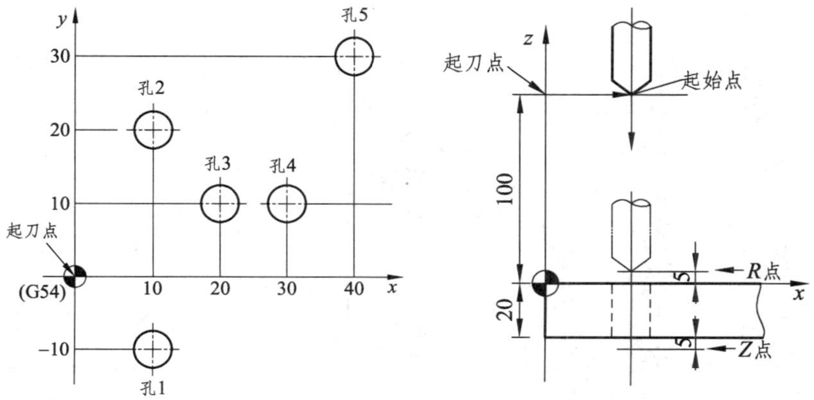

图 5-74　加工 5 个孔

G81 编程（增量坐标方式）如下：

G91 G00 S200 M03；	（增量坐标方式，主轴正转）
G99 G81 X10 Y-10 Z-30 R-95 F150；	（G81 钻孔循环加工孔 1，返回 *R* 点）
Y30；	（钻孔 2）
X10 Y-10；	（钻孔 3）
X10；	（钻孔 4）
G98 X10 Y20；	（钻孔 5，返回起始点）
G80 X-40 Y-30 M05；	（取消循环，快速返回刀具起刀点位置，主轴停）
M30；	（程序结束）

G83 编程（绝对坐标方式）如下：

G90 G54 G00 S200 M03；	（绝对坐标方式，建立工件坐标系，主轴正转）
G99 G83 X10Y-10 Z-25 R5 Q5 F150；	（G82 循环加工孔 1，返回 *R* 点）
Y20；	（钻孔 2）
X20 Y10；	（钻孔 3）
X30；	（钻孔 4）
G98 X40 Y30；	（钻孔 5，返回起始点）
G80 X0 Y0 M05；	（取消循环，快速返回刀具起刀点位置，主轴停）
M30；	（程序结束）

4）固定循环的重复使用

在固定循环指令的最后，用 K（或 L）地址指定重复次数。在增量坐标方式（G91）编程时，如果有间距相同的若干个相同的孔，采用重复次数来编程是很方便的。采用重复次数编程时，要采用 G91、G99 指令方式。

【例 5–7】 加工如图 5-75 所示的 4 个孔，用 G82 编程。

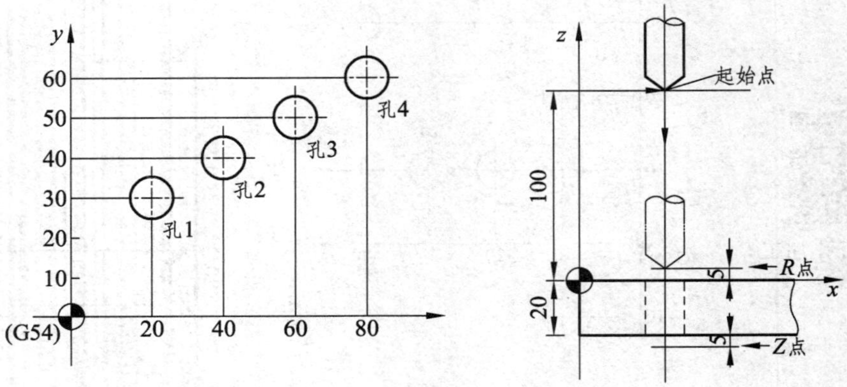

图 5-75　加工 5 个孔

编制程序如下：

G91 G00 S200 M03；	（增量坐标方式，主轴正转）
G99 G82 X20 Y30 Z-30 R-95 P1000 F120；	（G82 固定循环钻孔 1，返回 *R* 点）
X20 Y10 K3；	（G82 固定循环钻孔 2、3、4）
G80 Z95；	（取消循环，刀具快速返回起始点）
X-80 Y-60 M0；	（刀具快速返回工件原点，主轴停）
M30；	（程序结束）

7. 子程序

某些被加工零件中，常常会出现几何形状完全相同的加工轨迹，在程序编制中，将有重复的程序段作为子程序存入，可使程序简单化。主程序执行过程中如果需要某一个子程序，可以通过子程序调用指令来调用该子程序，执行完后返回到主程序，继续执行后面的程序段。

1）子程序的结构

子程序都是由子程序号、子程序内容和子程序结束三部分组成的。

O****;　　（子程序号）

…;

…;　　　（子程序内容）

…;

M99;　　（子程序结束）

在子程序开头指定程序号供主程序调用，子程序的内容格式与主程序相同，在子程序的结尾用 M99 指令结束。

2）子程序的调用

子程序调用指令格式：M98　P****　****;

其中：调用地址 P 后最多可跟 8 位数字，前 4 位为调用次数，后 4 位为子程序号，若 P 后数字小于等于 4 位，则表示调用子程序号，调用次数为 1 次。

例：M98　P100100；　O0100 子程序调用 10 次

　　M98　P50001；　　O0001 子程序调用 5 次

3）子程序的嵌套

为了进一步简化程序，可以让子程序调用另一个子程序，称为子程序嵌套。子程序的嵌套不是无限次的（嵌套级数要视具体数控系统的规定，FANUC 0i MD 可以嵌套 10 级）。

【例 5–8】 如图 5-76 所示，零件上有 4 个形状尺寸相同的方槽，槽深 2 mm、槽宽 8 mm、未注圆角 *R*4，设工件坐标系于工件左下角的上表面，ϕ8 键槽铣刀的初始位置在（0，0，100）处。用子程序编制 4 个槽的加工程序如下：

例 5-8 铣槽

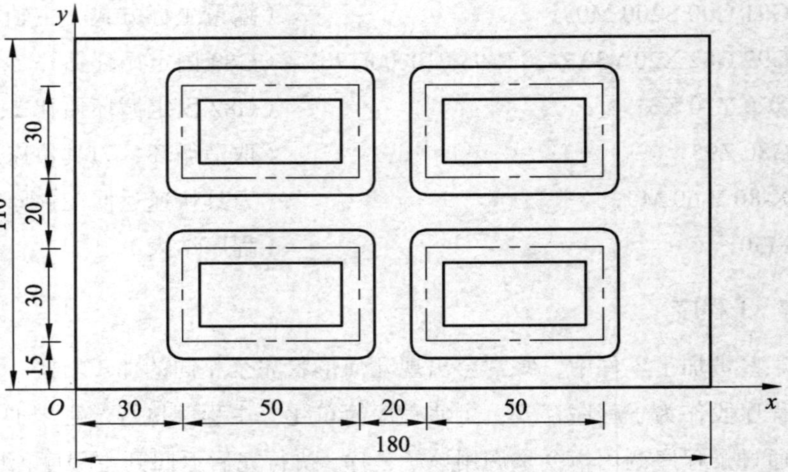

图 5-76　凹槽零件

加工程序：

```
O5008;（主程序）
G54 G90 G17;
M03 S1000 F200;
G00 X0 Y0 Z100;
G43 G00 Z50 H01;
G00 X30 Y15 Z5;
M98 P0001;
G00 X100 Y15;
M98 P0001;
G00 X30 Y65;
M98 P0001;
G00 X100 Y65;
M98 P0001;
G00 X0 Y0;
G49 G00 Z100;
M30;
```

```
O0001;　　（子程序）
G91 G01 Z-7 F100;
Y30;
X50;
Y-30;
X-50;
Z7;
G90;
M99;
```

【例 5-9】 子程序调用在粗精轮廓加工中的应用，如图 5-77 所示，已知轮廓上点在 *xy* 平面上的坐标分别为 *A*（27.5，21.65）、*B*（5，34.64）、*C*（－32.5，12.99）、*D*（－32.5，－12.99）、*E*（5，－34.64）、*F*（27.5，－21.65），工件毛坯为 $\phi100\times20$ 的圆柱体，材料为 45 钢，编程零件加工程序如下：

例 5-9 粗精轮廓加工

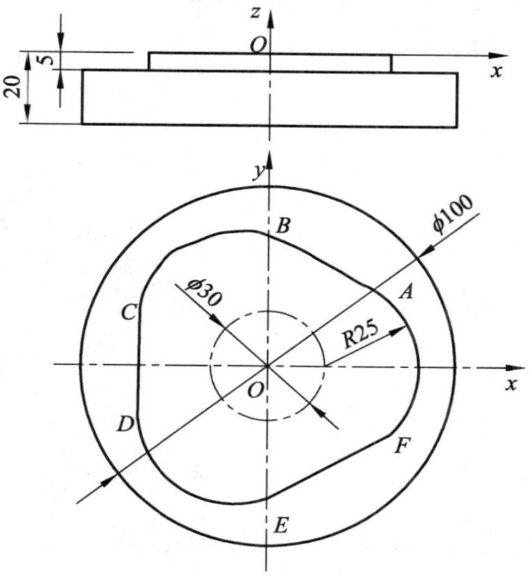

图 5-77　轮廓零件

加工程序：

```
O5009;（主程序）
G54 G90 G17;
M03 S1000 F200;
G00 X80 Y80 Z100;
Z-5;
D01;（第一次调用子程序时刀具偏离编程轨迹的距离）
M98 P0002;
D02;（第二次调用子程序时刀具偏离编程轨迹的距离）
M98 P0002;
G00 Z100;
M30;
```

```
O0002;        （子程序）
G01 G41 X40 Y60;
X40 Y0 F100;
G02 X27.5 Y-21.65 R25;
G01 X5 Y-34.64;
G02 X-32.5 Y-12.99 R25;
G01 Y12.99;
G02 X5 Y34.64 R25;
G01 X27.5 Y21.65;
G02 X40 Y0 R25;
G01 X40 Y-60;
G40 G00 X80 Y80;
M99;
```

8. 极坐标编程

指令格式：

G17 G16　X__ Y__;

G18 G16　X__Z__;

G19 G16　Y__Z__;

G15;

其中：G17、G18、G19 为极坐标指令平面选择；G16 为极坐标系设定；X__Y__、X__ Z__、Y__ Z__指令极坐标系选择平面的轴的地址及其值，第一轴为极坐标半径，第二轴为极坐标角度；G15 为取消极坐标。

【例 5-10】 如图 5-78 所示，用极坐标编程加工轮圆上的螺栓孔。用绝对坐标指令指定角度和半径编程如下：

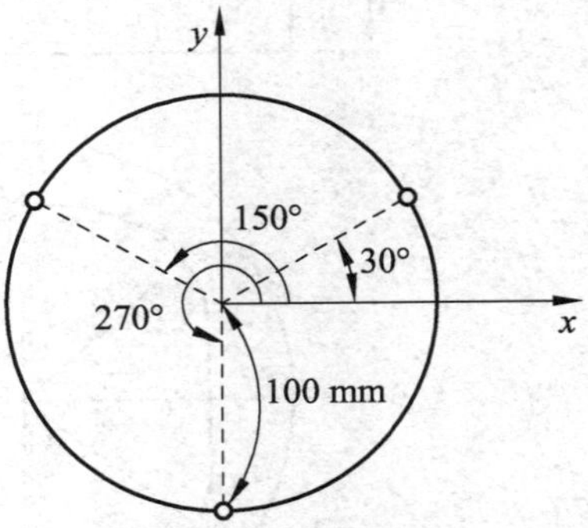

图 5-78 极坐标编程

工件坐标系的零点被设为极坐标系的原点。

用绝对坐标指令指定角度和半径编程如下：

N10 G17 G90 G16；（极坐标指令和选择 *xy* 平面，设定工件原点作为极坐标系原点）

N20 G81 X100 Y30 Z-20 R-5 F200； （钻第一孔）

N30 Y150； （钻第二孔）

N40 Y270； （钻第三孔）

N50 G15 G80； （取消极坐标和循环）

用增量坐标指令角度，用绝对坐标指令角度编程如下：

N10 G17 G90 G16；（极坐标指令和选择 *xy* 平面，设定工件原点作为极坐标系原点）

N20 G81 x100 Y30 Z-20 R-5 F200； （钻第一孔）

N30 G91 Y120； （钻第二孔）

N40 Y120； （钻第三孔）

N50 G15 G80； （取消极坐标和循环）

复习思考题

一、填空题

1. 加工中心是一种带________和________的数控机床。

2. 刀具位置补偿包括_________和__________。

3. 使用返回参考点指令 G28 时，应__________，否则机床无法返回参考点。

4. 在返回动作中，用 G98 指定刀具返回________；用 G99 指定刀具返回________。

5. 铣刀的分类方法很多，若按铣刀的结构分类，可分为整体铣刀、镶齿铣刀和________铣刀。

6. 编程时可将重复出现的程序编程________，使用时可以由________多次重复调用。

7. 在数控铣床上加工整圆时，为避免工件表面产生刀痕，刀具从起始点沿圆弧表面的进入，进行圆弧铣削加工；整圆加工完毕退刀时，顺着圆弧表面的________退出。

二、判断题

1. 用 G50 设定工件坐标系时，起刀点与工件坐标系的位置无关。 (　　)
2. 被加工零件轮廓上的内转角尺寸是要尽量统一。 (　　)
3. 固定循环功能中的 K 指重复加工次数，一般在增量方式下使用。 (　　)
4. 圆弧插补中，对于整圆，其起点和终点相重合，用 R 编程无法定义，所以只能用圆心坐标编程。 (　　)
5. 四坐标数控铣床是在三坐标数控铣床上增加一个数控回转工作台。 (　　)
6. G40 是数控编程中的刀具左补偿指令。 (　　)
7. 判断刀具左右偏移指令时，必须对着刀具前进方向判断。 (　　)
8. 在机床接通电源后，通常都要做回零操作，使刀具或工作台退离到机床参考点。 (　　)
9. 程序指令 G90 G28 Z5.0；代表 Z 轴移动 5 mm。 (　　)
10. 程序中 G04 X1.5；代表暂停 1.5 s。 (　　)
11. 指令 G43、G44、G49 为刀具半径左、右补正与消除。 (　　)
12. 粗铣削与精铣削之主轴转速应相同。 (　　)

三、选择题

1. 子程序调用指令 M98 P50412 的含义为（　　）。

　A. 调用 504 号子程序 12 次　　B. 调用 0412 号子程序 5 次

　C. 调用 5041 号子程序 2 次　　D. 调用 412 号子程序 50 次

2. G28、G29 的含义为（　　）。

　A. G28 从参考点返回，G29 返回机床参考点

　B. G28 返回机床参考点，G29 从参考点返回

　C. G28 从原点返回，G29 返回机床原点

　D. G28 返回机床原点，G29 从原点返回

3. 球头铣刀加工内凹曲面时，其球半径通常要（　　）被加工曲面的曲率半径。

　A. 小于　　B. 大于　　C. 等于　　D. 不受限制

4. G91　G00　X50.0　Z－20.0 表示（　　）。

　A. 刀具按进给速度移至机床坐标系 $X=50$ mm，$Z=-20$ mm 点

　B. 刀具快速移至机床坐标系 $X=50$ mm，$Z=-20$ mm 点

　C. 刀具快速向 X 正方向移动 50 mm，再 Z 负方向移动 20 mm

　D. 编程错误

5. 沿刀具前进方向观察，刀具偏在工件轮廓的左边是（　　）指令。

A. G40　　B. G41　　C. G42

6. 刀具长度正补偿是（　　）指令。

A. G43　　B. G44　　C. G49

7. 在铣削工件时，若铣刀的旋转方向与工件的进给方向相反称为（　　）。

A. 顺铣　　B. 逆铣　　C. 横铣　　D. 纵铣。

8. 在数控铣床上，刀具从机床原点快速位移到编程原点上应选择（　　）指令。

A. G00　　B. G01　　C. G02

9. G19 系选择（　　）。

A. XY 平面　　B. XZ 平面　　C. YZ 平面　　D. 曲面

10. G90 G28 X_ Z；其中 X_ Z 的值是表示（　　）。

A. 复归点坐标　　B. 机械原点坐标

C. 程序原点坐标　　D. 中间点坐标

11. 孔加工循环结束后，刀具返回参考平面的指令为（　　）。

A. G96　　B. G97　　C. G98　　D. G99

12. 在 G41 和 G42 指令的程序段只能使用的指令是（　　）。

A. G00 或 G01　　B. G02 或 G03　　C. G01 或 G02　　D. G00 或 G03

四、编程题

1. 根据相关指令编写图 5-79 ~ 图 5 ~ 82 的数控铣削加工程序。

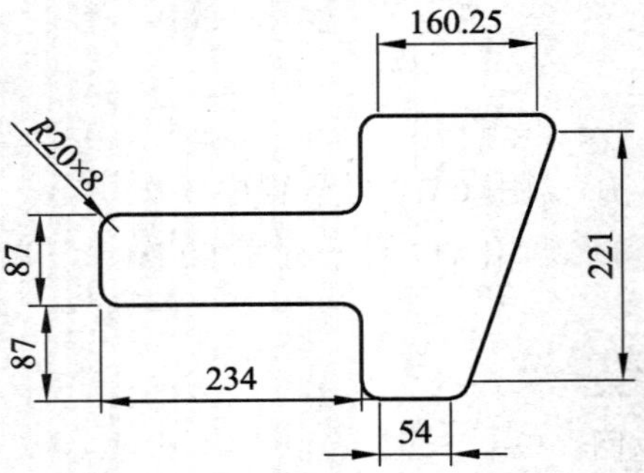

图 5-79　习题 1

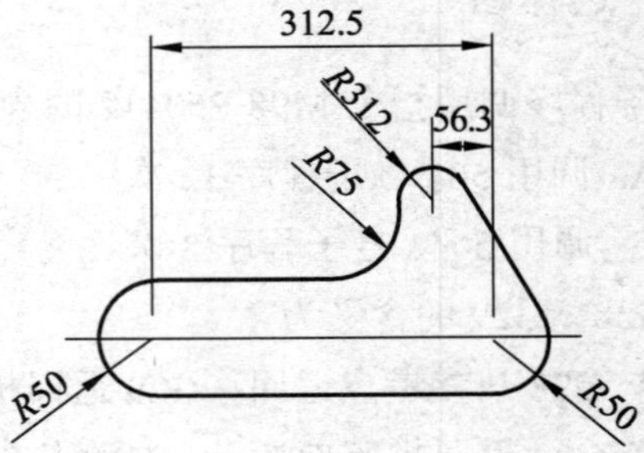

图 5-80　习题 2

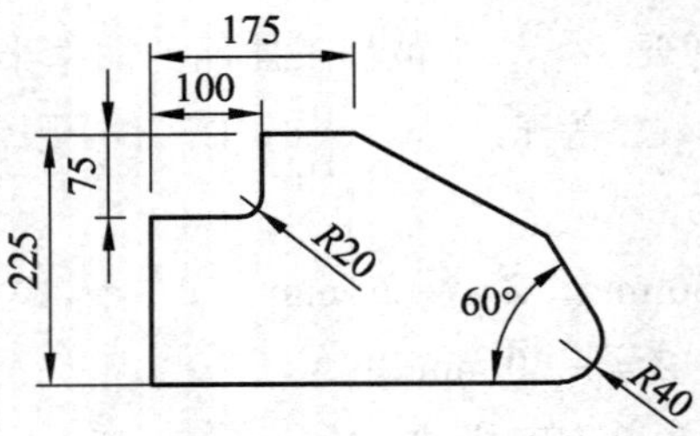

图 5-81　习题 3

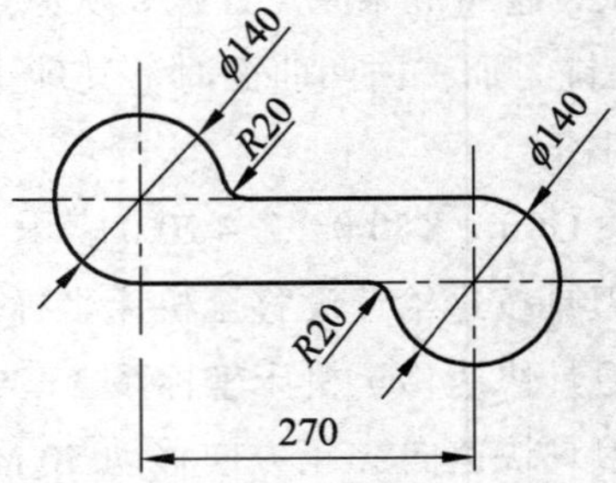

图 5-82　习题 4

2. 利用循环指令编制如图 5-83 所示螺纹孔的加工程序。设刀具起点距工作表面 100 mm，切削深度为 10 mm 的通孔。

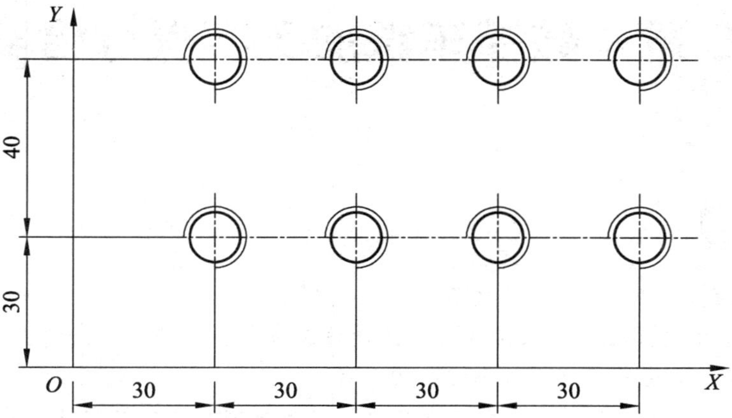

图 5-83　加工螺纹孔

第 6 章　数控车铣加工实操综合实例

本章导学

1. 理解掌握数控车床安全操作规程。

2. 熟悉 GSK980TD 数控车床仿真软件的操作面板，会正确对刀，建立刀补。

3. 会在软件中选用常用可转位车刀、刀片等。

4. 能对常见轴套类零件进行分析，正确制定数控车削加工工艺路线，并正确选择车削用量及相关参数。

5. 编制零件的数控车削加工程序，并能用仿真软件实现加工。

6.1　数控车床安全操作规程

1. 安全操作注意事项

（1）工作时穿好工作服并扎紧袖口，穿好安全鞋，戴好工作帽且长头发要放入帽内，以及戴好防护镜，严禁戴手套操作机床。

（2）不要移动或损坏安装在机床上的警告标牌。

（3）不要在机床周围放置障碍物，工作空间应足够大。

（4）某一项工作如需要两人或多人共同完成时，应注意相互间的协调。

（5）不允许采用压缩空气清洗机床、电气柜及 NC 单元。

（6）任何人员违反上述规定或学院的规章制度，实习指导人员或设备管理员有权停止其使用、操作，并根据情节轻重，报学院相关部门处理。

2. 工作前的准备工作

（1）机床开始工作前要预热，认真检查润滑系统工作是否正常，若机床长时间未开动，可先采用手动方式向各部分供油润滑。

（2）使用的刀具应与机床允许的规格相符，有严重破损的刀具要及时更换。

（3）调整刀具，所用工具不要遗忘在机床内。

（4）检查大尺寸轴类零件的中心孔是否合适，以免发生危险。

（5）刀具安装好后应进行一、二次试切削。

（6）认真检查卡盘夹紧的工作状态。

（7）机床开动前，必须关好机床防护门。

3. 工作过程中的安全事项

（1）禁止用手接触刀尖和铁屑，铁屑必须要用铁钩子或毛刷来清理。

（2）禁止用手或其他任何方式接触正在旋转的主轴、工件或其他运动部位。

（3）禁止加工过程中测量、变速，更不能用棉丝擦拭工件，也不能清扫机床。

（4）车床运转中，操作者不得离开岗位，机床发现异常现象立即停车。

（5）经常检查轴承温度，过高时应找有关人员进行检查。

（6）在加工过程中，不允许打开机床防护门。

（7）严格遵守岗位责任制，机床由专人使用，未经同意不得擅自使用。

（8）工件伸出车床 100 mm 以外时，须在伸出位置设防护物。

（9）禁止进行尝试性操作。

（10）手动原点回归时，注意机床各轴位置要距离原点 -100 mm 以上，机床原点回归顺序为：先 $+x$ 轴，后 $+z$ 轴。

（11）使用手轮或快速移动方式移动各轴位置时，一定要看清机床 x、z 轴各方向 +、- 号标牌后再移动。移动时，先慢转手轮观察机床移动方向无误后方可加快移动速度。

（12）编完程序或将程序输入机床后，须先进行图形模拟，准确无误后再要进行机床试运行，并且刀具应离开工件端面 200 mm 以上。

（13）程序运行注意事项：

① 对刀应准确无误，刀具补偿号应与程序调用刀具号相符。

② 检查机床各功能按键的位置是否正确。

③ 光标要放在主程序开头。

④ 加注适量冷却液。

⑤ 站立位置应合适，启动程序时，右手做按停止按钮准备，程序在运行当中手不能离开停止按钮，如有紧急情况立即按下停止按钮。

（14）加工过程中应认真观察切削及冷却状况，确保机床、刀具的正常运行及工件的质量。关闭防护门以免铁屑、润滑油飞出。

（15）在程序运行中须暂停测量工件尺寸时，要待机床完全停止、主轴停转后方可进行测量，以免发生人身事故。

（16）关机时，要等主轴停转 3 min 后方可关机。

（17）未经许可禁止打开电气箱。

（18）各手动润滑点必须按说明书要求润滑。

（19）修改程序的钥匙在程序调整完后要立即拿掉，不得插在机床上，以免无意改动程序。

（20）机床若数天不使用，则每隔一天应对 NC 及 CRT 部分通电 2 ~ 3 h。

4. 工作完成后的注意事项

（1）清除切屑、擦拭机床，使机床与环境保持清洁状态。

（2）注意检查或更换磨损坏了的机床导轨上的油察板。

（3）检查润滑油、冷却液的状态，及时添加或更换。

（4）依次关掉机床操作面板上的电源和总电源。

具体留待实训环节以现场实际的数控车床、数控铣床及加工中心为介绍对象，介绍数控机床安全操作规程，理论联系实际，对数控机床的安全操作规程有更深入的认识。

6.2 综合实例

6.2.1 台阶与圆弧加工

编写如图 6-1 所示零件的加工程序。

毛坯尺寸：$\phi35\times160$。

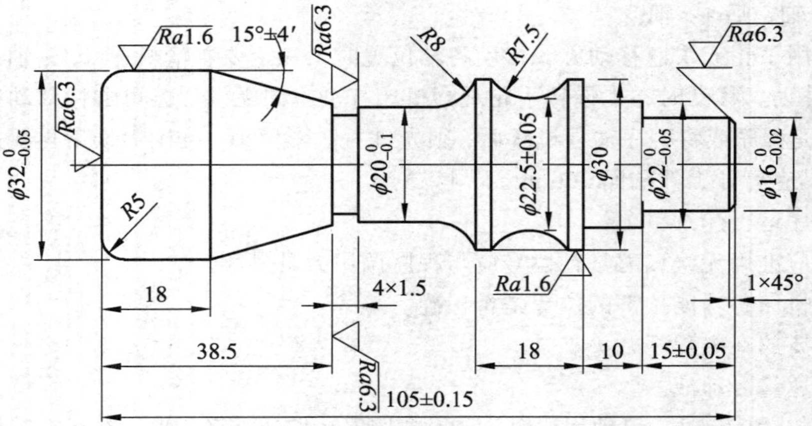

图 6-1 台阶与圆弧加工

1. 分析零件图，确定工件的装夹方式及加工工艺路线

该工件可一次装夹并加工所有外形轮廓，具体加工工序为：

工序一：车零件端面并保证总长。以工件左端$\phi35$ mm 的外圆毛坯面作为安装基准，工件伸出 115 mm 夹于车床卡盘上进行加工；

工序二：粗车$\phi32\times109$ mm 外圆—$\phi30\times43$ mm 外圆—$\phi22\times25$ mm 外圆—$\phi16\times15$ mm 外圆—凹圆弧 $R7.5$ 圆弧—$R8$ 圆弧、$\phi20$ 外圆、锥度；

工序三：倒角—由右向左精车整个外圆轮廓；

工序四：切槽 4×1.5—左端 $R5$ 圆弧—切断。

2. 选择刀具并确定对刀点

（1）外圆轮廓粗精加工及倒角为 35°菱形硬质合金车刀；

（2）切槽与切断为 4 mm 切断刀，选左刀尖作为对刀点。

3. 刀削用量的选择（见表 6–1）

表 6-1　刀削用量

加工内容	刀具号	刀具规格	主轴转速 n /（r/min）	进给速度 F /（mm/min）	切削深度 a_p /mm
车端面	T01	35°菱形车刀	500	80	0.5
粗车外圆	T01	35°菱形车刀	500	100	1.6
精车外圆	T01	35°菱形车刀	800	100	0.5
切槽与切断	T02	4 mm	400	80	

仿真加工 1

4. 设定编程坐标原点，填写加工程序清单

设零件右端面回转中心 O 点为工件坐标系原点。

GSK980TDa 系统加工程序见表 6-2。

表 6-2　加工程序

程序内容		程序说明
O0001	**/1 号外圆轮廓加工程序/**	**程序名**
N10	T0101	换 1 号刀并执行 1 号刀补，T0101 为 35°菱形车刀
N20	M03　S500	主轴正转，转速为 500 r/min
N30	G00　X36　Z5	快速点定位到程序起点 X36 Z5
N40	G71　U0.8　R1	轴向粗车循环，X 向背吃刀量为 1.6 mm，退刀 2 mm
N50	G71　P60　Q150　U0.5　F100	轴向循环起段号 60 开始，段号 150 结束。X 向留 0.5 mm 精加工余量、Z 向余量 0 mm。进给速度为 100 mm/min
N60	G01　X14	
N70	Z0	
N80	U2　W-1	
N90	Z-15	
N100	X22	
N110	W-10	
N120	X30	
N130	Z-80	
N140	X32	
N150	Z-110	

续表

程序内容		程序说明
O0001	**/1 号外圆轮廓加工程序/**	**程序名**
N160	G70 P60 Q150 S800	轴向精加工各台阶外圆，主轴转速 800 r/mim
N170	G00 X37.5 Z-27.5 S500	快速点定位到 *R*7.5 圆弧加工起点，转速 500 r/min
N180	M98 P52001	调用 O2001 子程序 5 次加工 *R*7.5 圆弧
N190	G00 X40 Z-43	快速点定位到 *R*8 圆弧起点，加工凹圆弧、外圆、锥度
N200	M98 P52002	调用 O2002 子程序循环 5 次加工 *R*8 圆弧、ϕ20 外圆、锥度
N210	G00 X80 Z200	快速退刀到 X80 Z200
N220	M30	程序结束
O2001	**/2 号子程序 1/**	**程序名**
N10	G01 U-1.5 F80	*X* 向进刀 1.5 mm，进给速度为 80 mm/min
N20	G02 U0 W-13 R7.5	*R*7.5 凹圆弧加工
N30	G00 U5	快速 *X* 向退刀 5 mm
N40	W13	快速退回到循环起点
N50	U-5	
N60	M99	子程序结束
O2002	**/2 号子程序 2/**	**程序名**
N10	G01 U-2 F80	*X* 向进刀 2 mm，进给速度为 80 mm/min
N20	G02 U-10 W-7.42 R8	车削 *R*7.5 凹圆弧
N30	G01 Z-66.5	车削 ϕ20 外圆
N40	U12 W-20.5	15°锥度外圆加工
N50	G00 U10	快速 *X* 向退刀 10 mm
N60	Z-43	快速退回到循环起点
N70	U-12	
N80	M99	子程序结束
O0003	**/3 号切槽、切断程序/**	**程序名**
N10	T0202	换 2 号刀并执行 2 号刀补，T0202 为 4 mm 切断刀
N20	M03 S400	主轴正转，转速为 400 r/min
N30	G00 X35 Z-66.5	快速点定位到程序起点 X36 Z5
N40	X22	*X* 向快速定位到切槽起点
N50	X17 F80	切槽 4×1.5 mm，进给速度为 80 mm/min
N60	G00 X35	快速退刀到 ϕ35
N70	Z-109	快速点定位到 Z-109 切断起点

续表

程序内容		程序说明
O0003	**/3 号切槽、切断程序/**	**程序名**
N80	G01　X20　F80	切槽到ϕ20，为加工 *R*5 圆弧做退刀准备
N90	G00　X33	快速退刀到ϕ33
N100	Z-107	快速点定位到 *R*5 圆弧粗加工起点
N110	G01　X29　F80	粗加工 *R*5 圆弧，进给速度为 80 mm/min
N120	X32	退刀到ϕ32
N130	Z-104	移动到 *R*5 圆弧加工起点
N140	G03　U-10 W-5　R5	精加工 *R*5 圆弧
N150	G01　X0	切断工件
N160	G00　X100	X 向快速点定位退出车刀
N170	Z100	Z 向快速点定位退出车刀
N180	M30	程序结束

6.2.2　台阶、圆弧和螺纹加工

编写如图 6-2 所示零件的加工程序。

毛坯尺寸：$\phi35\times112$。

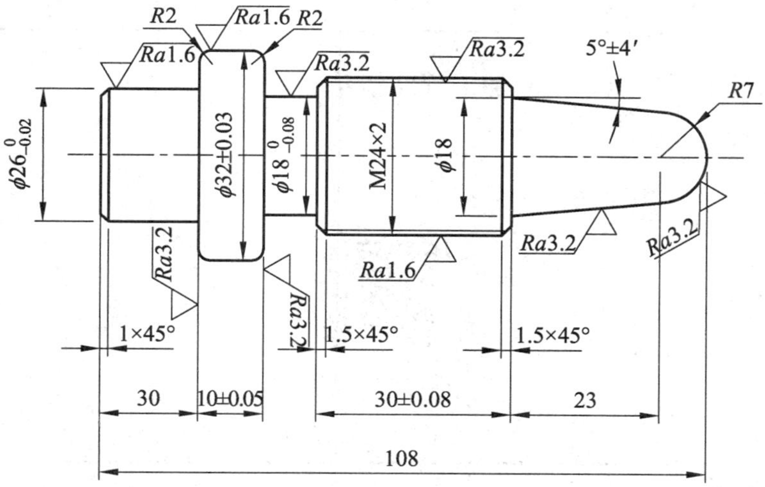

图 6-2　台阶、圆弧和螺纹加工

1. 分析零件图，确定工件的装夹方式及加工工艺路线

该工件先加工左端ϕ26 外圆、*R*2 及ϕ32 外圆，再调头加工右端外圆轮廓，具体加工工序为：

工序一：车零件左端面。以工件ϕ35 mm 外圆毛坯面作为安装基准，工件伸出 50 mm 夹于车床卡盘上，进行端面加工；

工序二：粗车$\phi 26\times 30$ mm 外圆—$\phi 32\times 40$ mm 外圆；
工序三：倒角—由右向左精加工整个外轮廓；
工序四：调头夹持已加工外圆$\phi 26\times 30$ mm，车削端面并保证总长；
工序五：粗车螺纹外圆、锥度、$R7$ 圆弧；
工序六：精加工 $R7$ 圆弧、锥度、倒角、螺纹外圆及 $R2$ 圆弧；
工序七：切削螺纹退刀槽$\phi 18\times 8$ mm；
工序八：粗、精加工 M24×2 三角螺纹。

2. 选择刀具并确定对刀点

（1）外圆轮廓粗精加工及倒角为 90°外圆硬质合金车刀；
（2）切槽与切断为 4 mm 切断刀，选左刀尖作为对刀点；
（3）螺纹车刀为 60°硬质合金车刀。

3. 刀削用量的选择（见表 6–3）

表 6-3　刀削用量

加工内容	刀具号	刀具规格	主轴转速 n /（r/min）	进给速度 F /（mm/min）	切削深度 a_p /mm
粗车外圆	T01	90°外圆车刀	500	100	1.6
精车外圆	T01	90°外圆车刀	800	80	0.5
切槽与切断	T02	4 mm	400	80	4
螺纹车刀	T03	60°螺纹车刀	500	2	1 ~ 0.2

4. 设定编程坐标原点，填写加工程序清单

设零件右端面回转中心 O 点为工件坐标系原点。
GSK980TDa 系统加工程序见表 6-4。

仿真加工 2

表 6-4　加工程序

程序内容		程序说明
O0001	/加工左端外圆程序/	程序名
N10	T0101 M03 S500	换 1 号刀并执行 1 号刀补，T0101 为 90°外圆车刀；主轴正轴，转速 500 r/min
N20	G00 X35 Z5	快速点定位到程序起点 X35 Z5
N30	G71 U0.8 R1	轴向粗车循环，X 向背吃刀量为 1.6 mm，退刀 2 mm

续表

程序内容		程序说明
O0001	/加工左端外圆程序/	**程序名**
N40	G71 P50 Q110 U0.5 F100	轴向循环起段号 50 开始，段号 120 结束。X 向留 0.5 mm 精加工余量，Z 向余量 0 mm。进给速度为 100 mm/min
N50	G00 X24 S800	
N60	G01 Z0	
N70	X26 Z-1	
N80	Z-40	
N90	X28	
N100	G03 X32 W-2 R2	
N110	G01 Z-60	
N120	G00 X35 Z5 S800	确定 G70 循环起点，调整主轴转速 800 r/min
N130	G70 P50 Q110	轴向精加工各外圆轮廓
N140	G00 X80 Z100	刀具快速退回至换刀点
N150	M30	程序结束
O0002	/加工右端轮廓程序/	**程序名**
N10	T0101 M03 S600	换 1 号刀并执行 1 号刀补，主轴正转，转速 500 r/min
N20	G00 X35 Z5	快速点定位到程序起点 X35 Z5
N30	G71 U0.8 R1 F100	轴向粗车循环，X 向背吃刀量为 1.6 mm，退刀 2 mm
N40	G71 P50 Q130 U0.5	轴向循环起段号 50 开始，段号 130 结束。X 向留 0.5 mm 精加工余量，Z 向余量 0 mm。进给速度为 100 mm/min
N50	G00 X0	
N60	G01 Z0 F80	
N70	G03 X13.95 Z-6.39 R7	
N80	G01 X18 Z-30	
N90	X21	
N100	X24 W-1.5	
N110	Z-68	
N120	X28	
N130	G03 X32 W-2 R2	
N140	G00 X35 Z5 S800	确定 G70 循环起点，调整主轴转速 800 r/min
N150	G70 P50 Q130	轴向精加工各外圆轮廓
N160	G00 X80 Z200	刀具快速退回至换刀点
N170	M30	程序结束

续表

程序内容		程序说明
O003	/切槽加工程序/	程序名
N10	T0202 M03 S400	换 2 号刀并执行 2 号刀补，主轴正转，转速 400 r/min
N20	G00 X35 Z5	快速点定位到程序起点 X35 Z5
N30	Z-64	快速点定位到切槽起点 X26 Z-64
N40	X26	
N50	G01 X18 F50	切槽第一刀至ϕ18 外圆，进给速度 50 mm/min
N60	G00 X26	快速退刀
N70	W-4	向左移动 4 mm 槽宽
N80	G01 X18	切槽第二刀ϕ18 外圆，进给速度 50 mm/min
N90	G00 X26	快速退刀
N100	G00 X24 Z-62.5	快速点定位到倒角起点
N110	G01 X21 W-1.5 F50	倒角 C1.5，进给速度 50 mm/min
N120	G00 X100	X 向快速点定位退出车刀
N130	Z200	Z 向快速点定位退出车刀
N140	M30	程序结束
O004	/螺纹加工程序/	程序名
N10	T0303 M03 S500	换 3 号刀并执行 3 号刀补，主轴正转，转速 500 r/min
N20	G00 X35 Z5	快速点定位到程序起点 X35 Z5
N30	Z-20	快速点定位到螺纹加工起点
N40	G92 X23.2 Z-60 F2	螺纹矩形循环加工，螺距为 2 mm
N50	X22.5	螺纹切削第二刀
N60	X22.1	螺纹切削第三刀
N70	X21.8	螺纹切削第四刀
N80	G00 X80 Z200	刀具快速退回至换刀点
N90	M30	程序结束

6.2.3 复合零件加工

在数控车床的加工过程中，复合零件是由多种结构组合，加工工艺较为复杂。在加工过程中，需经过多次装夹，使用多种刀具，才能完成零件各表面的切削加工。

复合零件要求加工形状不一的表面较多，采用的刀具也较多，因此操作者应尽可能发挥每把刀的最大效能，达到“一刀多用”的目的，尽量减小刀具的数目。

在数控车床上加工零件，由于加工对象复杂多样，特别是轮廓曲线的形状及位置千变万化，因而在制定具体零件加工工艺时，应根据具体条件区别对待、灵活处理，才能达到优质、高效、低成本。

加工如图 6-3 所示的零件，编写出加工工艺与加工程序。

毛坯尺寸：$\phi50\times75$。

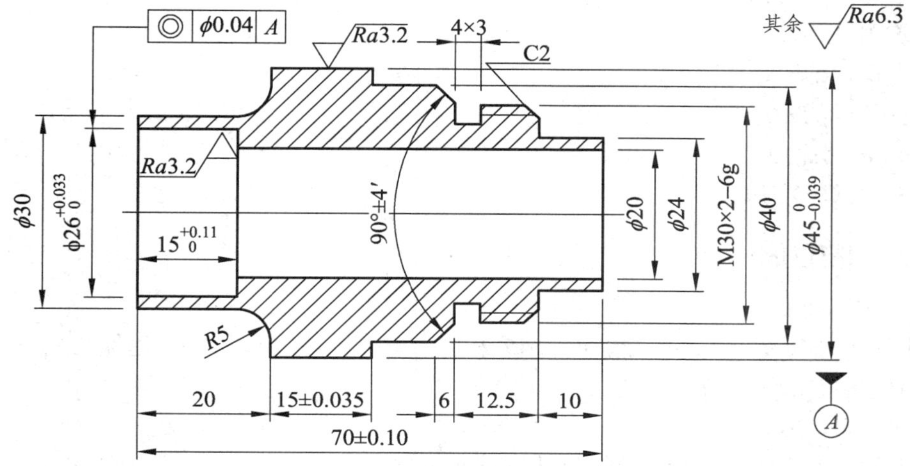

图 6-3　复合零件

1. 零件分析

该零件主要由外圆、内孔、圆锥、槽、外螺纹等表面构成。

其中：尺寸要求高的是左端内孔$\phi26$与$\phi45$的外圆，同时$\phi26$内孔与$\phi45$外圆有同轴度要求。这两处要求表面粗糙度也是最高的，精度为 3.2 μm，其余为 6.3 μm。

由此得出：这两处表面应先加工出$\phi45$ 外圆，再以其做定位基准加工$\phi26$ 内孔，以保证其位置精度。

2. 毛坯设定

根据生产类型为单件生产，加工过程中需要掉头，确定更改毛坯尺寸为$\phi50\times75$，材料：45 钢。

3. 装夹方案

根据零件图分析，确定装夹方案为：

（1）先夹左端至$\phi45$，加工$\phi40$ 外圆、$\phi24$ 外圆、槽与螺纹，同时完成内孔$\phi20$ 的加工；

（2）掉头装夹以$\phi45$ 表面为基准，加工$\phi26$ 孔及$\phi30$、$R5$ 外表面。

4. 加工工艺确定

根据零件表面结构，加工路线为：

（1）夹左端，加工毛坯面至$\phi46$，平端面；

（2）夹左端$\phi 46$ 表面，钻通孔$\phi 20$，从左至右粗精加工$\phi 24$、$\phi 30$、圆锥、$\phi 40$、$\phi 45$ 外表面，退刀槽 4×3 及螺纹。

（3）掉头平端面，控制总长至 70。

（4）夹$\phi 45$ 表面，粗精镗孔$\phi 26$，粗精加工$\phi 30$、圆弧 $R5$ 外表面。

5. 刀具选择

（1）90°外圆车刀；

（2）$\phi 3$ 中心钻；

（3）$\phi 20$ 麻花钻；

（4）内孔镗刀；

（5）4 mm 切槽刀；

（6）60°外螺纹刀。

6. 确定切削用量

（1）背吃刀量：

① 粗加工外圆 $a_p = 2$ mm，精加工$\phi 45$ 表面 $a_p = 0.5$ mm，精加工其他外圆 $a_p = 0.3$ mm；

② 粗镗内孔 $a_p = 1$ mm，精镗 $a_p = 0.3$ mm；

③ 钻孔 $a_p = 20$ mm。

④ 螺纹按 $d_{小} = d_{大} - 1.32P$ 计算尺寸，逐步递减。

（2）进给速度：

粗加工 $F = 100$ mm/min，精加工 $F = 80$ mm/min。

（3）主轴转速：

粗加工外表面 $n = 500$ r/min，精加工 $n = 800$ r/min。

7. 填写工艺卡片（见表 6-5 和表 6-6）

表 6-5　数控加工刀具卡

单位		数控加工刀具卡片	产品名称				零件图号	
			零件名称					
序号	刀具号	刀具名称	刀具		补偿值		刀补号	
			直径	长度	直径	长度	直径	长度
1	T01	90°外圆车刀						
2	T02	4 mm 切槽刀						
3	T03	60°外螺纹刀						
4	T04	内孔镗刀		30				
5	T05	$\phi 3$ 中心钻	$\phi 3$					
6	T06	$\phi 20$ 麻花钻	$\phi 20$	80				

表 6-6 工序卡片

单 位	数控加工工序卡片		产品名称	零件名称	材料	零件图号
			综合练习		45#钢	
工序	程序编号	夹具名称	夹具编号	设备名称	编制	审 核
		三爪卡盘		GSK360		
工步	工步内容	刀具号	刀具规格	主轴转速	进给速度	背吃刀量
1	夹左端，加工端面及毛坯外表面至ϕ46	T01	90°外圆车刀	500	100	2
2	夹右端面，钻中心孔	T02	ϕ3 中心钻	1000	100	3
3	钻通孔ϕ20		ϕ20 麻花钻	500	100	20
4	粗车ϕ24、ϕ30、ϕ40、ϕ45 及圆锥留 0.5 mm 余量	T01	90°圆车刀	500	100	2
5	精车外圆ϕ24、ϕ30、ϕ40 及圆锥	T01	90°外圆车刀	800	80	0.5
6	退刀槽 4×3	T02	4 mm 切槽刀	400	50	3
7	外螺纹 M30×2	T03	60°外螺纹车刀	500	2	
8	掉头夹ϕ45，车端面至 70 长度要求	T01	90°外圆车刀	500	100	2
9	粗镗ϕ26 孔留 0.3 mm 余量	T04	内孔镗刀	400	80	1
10	精镗ϕ26 孔至尺寸	T04	内孔镗刀	600	60	0.3
11	粗车外圆ϕ30、R5 留 0.5 mm 余量	T01	90°外圆车刀	500	100	2
12	精车外圆ϕ30、R5	T01	90°外圆车刀	800	80	0.5

8. 设定编程坐标原点，填写加工程序清单

设零件右端面回转中心 O 点为工件坐标系原点。

GSK980TDa 系统加工程序见表 6-7。

仿真加工 3

表 6-7 加工程序

程序内容		程序说明
O0001	**/1 号右端加工程序/**	**程序名**
N10	T0101	换 1 号刀并执行 1 号刀补，T0101 为 90°外圆车刀
N20	M03 S500	主轴正转，转速为 500 r/min
N30	G00 X50 Z5	快速点定位到程序起点 X50 Z5
N40	G71 U1 R1	轴向粗车循环，X 向背吃刀量为 2 mm，退刀 2 mm

续表

程序内容		程序说明
O0001	/1 号右端加工程序/	程序名
N50	G71　P60　Q160　U0.5　F100	轴向循环起段号 60 开始，段号 160 结束。X 向留 0.5 mm 精加工余量，Z 向余量 0 mm。进给速度为 100 mm/min
N60	G01　X24	
N70	Z0	
N80	Z-10	
N90	X26	
N100	X30 W-2	
N110	Z-22.5	
N120	X30	
N130	X40 W-6	
N140	X32 Z-35	
N150	X45	
N160	Z-70	
N170	G00 X50 Z5 S800	确定 G70 循环起点，调整主轴转速 800 r/min
N180	G70 P60 Q160	轴向精加工各外圆轮廓
N190	G00 X100 Z200	刀具快速退回至换刀点
N200	M30	程序结束
O0002	/2 号切槽、螺纹加工程序/	程序名
N10	T0202	换 2 号刀并执行 2 号刀补，T0202 为 4 mm 切断刀
N20	M03　S400	主轴正转，转速为 400 r/min
N30	G00　X50　Z-22.5	快速点定位到程序起点
N40	X32	X 向快速定位到切槽起点
N50	G01　X24　F50	切槽 4×3 mm，进给速度 50 mm/min
N60	G00　X100	X 向快速点定位退出车刀
N70	Z200	Z 向快速点定位至换刀点
N80	M00	程序暂停
N90	M05	主轴停止，测量螺纹退刀槽
N100	T0303	换 3 号刀并执行 3 号刀补，T0303 为 60°螺纹车刀
N110	G00 X40 Z-5　M03	快速点定位到螺纹加工起点，并启动主轴
N120	G92 X29 Z-20 F2	螺纹矩形循环加工，螺距为 2 mm
N130	X28.3	螺纹切削第二刀
N140	X27.8	螺纹切削第三刀

续表

程序内容		程序说明
O0002	**/2 号切槽、螺纹加工程序/**	**程序名**
N150	X27.5	螺纹切削第四刀
N160	X27.36	螺纹切削第五刀
N170	G00 X100 Z200	刀具快速退回至换刀点
N180	M30	程序结束
O0003	**/3 号左端内孔加工程序/**	**程序名**
N10	T0404	换 4 号刀并执行 4 号刀补，T0404 为内孔镗刀
N20	M03 S400	主轴正转，转速为 400 r/min
N30	G00 X20 Z10	快速点定位到程序起点 X20 Z10
N40	G71 U0.5 R1	轴向粗车循环，X 向背吃刀量为 1 mm，退刀 2 mm
N50	G71 P60 Q80 U-0.3 F80	轴向循环起段号 60 开始，段号 80 结束。X 向留 0.3 mm 精加工余量，Z 向余量 0 mm。进给速度为 80 mm/min
N60	G00 X26	
N70	G01 Z0 F60	
N80	Z-15	
N90	M00	程序暂停
N100	M05	主轴停止，测量内孔直径
N110	G00 X20 Z10 M03	确定 G70 循环起点，启动主轴
N120	G70 P60 Q80 S600	轴向精加工内孔轮廓，调整主轴转速 600 r/min
N130	G00 Z200	刀具快速退回至换刀点
N140	M30	程序结束
O0004	**/4 号左端外轮廓程序/**	**程序名**
N10	T0101	换 1 号刀并执行 1 号刀补，T0101 为 90°外圆车刀
N20	M03 S500	主轴正转，转速为 500 r/min
N30	G00 X50 Z5	快速点定位到程序起点 X50 Z5
N40	G71 U1 R1	轴向粗车循环，X 向背吃刀量为 2 mm，退刀 2 mm
N50	G71 P60 Q100 U0.5 F100	轴向循环起段号 60 开始，段号 160 结束。X 向留 0.5 mm 精加工余量，Z 向余量 0 mm。进给速度为 100 mm/min
N60	G01 X30 F80	
N70	Z0	
N80	Z-15	
N90	G02 U10 W-5 R5	
N100	X45	

续表

程序内容		程序说明
O0004	/4 号左端外轮廓程序/	**程序名**
N110	M00	程序暂停
N120	M05	主轴停止，测量粗车外圆直径
N130	G00 X50 Z5 M03	确定 G70 循环起点，启动主轴
N140	G70 P60 Q100 S800	轴向精加工外圆轮廓，调整主轴转速 800 r/min
N150	G00 X100 Z200	刀具快速退回至换刀点
N160	M30	程序结束

9. 编程及加工注意事项

（1）在夹ϕ45 mm 外圆柱面时，应采用相应措施，以避免夹伤已加工的圆柱表面。

（2）在镗削ϕ26 × 15 mm 内孔表面时，镗孔刀的伸出长度不宜太长，以增强其刚性。

（3）在车退刀槽和螺纹时，应注意其表面精度的控制。

（4）工件需调头加工，应注意其装夹部位和程序零点设置的位置。

（5）复合零件编程加工时，注意编程加工技巧。

6.2.4 圆弧图形加工

编写如图 6-4 所示零件的加工程序。

毛坯：100 × 100 × 50（铝料）。

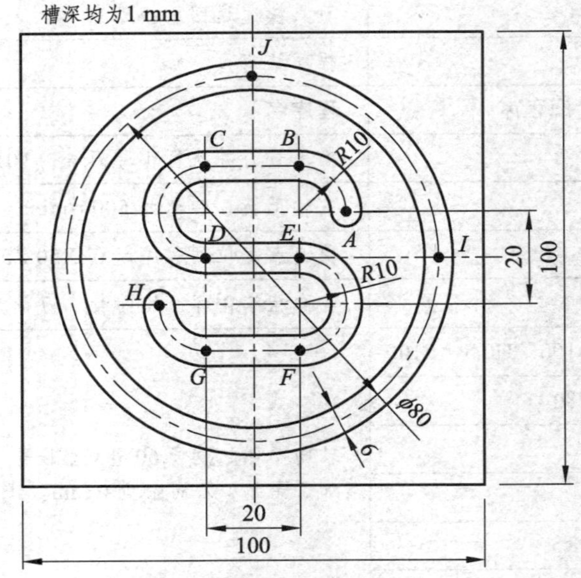

图 6-4 圆弧图形加工

1. 分析零件图，确定工件的装夹方式及加工工艺路线

该工件毛坯尺寸为：长 100 mm，宽 100 mm，厚 50 mm，主要由圆弧和直线轮廓组成。加工内容为沟槽：宽 6 mm，深 1 mm。该零件为铝材，切削加工性能较好。

由零件图可知，以零件下端面为定位基准，加工上表面沟槽。零件的装夹方式采用机用台虎钳，具体加工工序为：

工序一：加工“S”沟槽。

（1）由圆弧起点 *A*（X20，Y10）作为起点逆时针加工到 *B* 点 *R*10 圆弧，切入深度为 0.5 mm；

（2）由 *B* 点顺时针加工到 *A* 点 *R*10 圆弧，切入深度至 1 mm；

（3）由 *A* 点逆时针加工圆弧到 *B* 点；

（4）由 *B* 点直线加工至 *C* 点；

（5）由 *C* 点逆时针加工到 *D* 点 *R*10 圆弧；

（6）由 *D* 点直线加工至 *E* 点；

（7）由 *E* 点顺时针加工到 *F* 点 *R*10 圆弧；

（8）由 *F* 点直线加工至 *G* 点；

（9）由 *G* 点顺时针加工至 *H* 点 *R*10 圆弧。

工序二：加工 ϕ80 沟槽。

（1）刀具移至 *I* 点（X40，Y0）逆时针加工圆弧至 *J* 点，切入深度 0.5 mm；

（2）由 *J* 点顺时针加工圆弧至 *I* 点，切入深度至 1 mm；

（3）最后以 *I* 点为起点，加工整圆 ϕ80。

VNUC 加工中心仿真软件对刀操作教程

2. 刀具选择

沟槽加工选用直径为 ϕ6 mm 的高速钢立铣刀。

3. 刀削用量的选择（见表 6–8）

表 6-8　刀削用量

刀具号	主轴转速 n /（r/min）	进给速度 F /（mm/min）	切削深度 a_p /mm
T01	3 000	600	0.5

4. 设定编程坐标原点，填写加工程序清单

仿真加工 4

设零件上表面中心 O 点为工件坐标系原点。

FANUC Oi 系统加工程序见表 6-9。

表 6-9 加工程序

程序内容	程序说明
O0001	圆弧加工程序
N10 G54 G01 X0. Y0. Z10. F1500	初始化设置，并建立工件坐标系
N20 M03 S3000	主轴正转，转速为 3 000 r/min
N30 G01 X20. Y10. Z0. F600	刀具到 $R10$ 圆弧起点 A
N40 G03 X10. Y20. Z-0.5 R10.	逆时针加工圆弧 $R10$ A 点到 B 点，切入 0.5 mm 深
N50 G02 X20. Y10. Z-1. R10.	顺时针加工圆弧 $R10$ B 点到 A 点，切入 1 mm 深
N60 G03 X10. Y20. R10.	由 A 到 H 圆弧和直线加工 S 形沟槽
N70 G01 X-10. Y20. F600	
N80 G03 X-10. Y0. R10.	
N90 G01 X10. Y0. F600	
N100 G02 X10. Y-20. R10.	
N110 G01 X-10. Y-20. F600	
N120 G02 X-20. Y-10. R10.	
N130 G01 X-20. Y-10. Z20. F600	刀具快速退至安全高度
N140 X40. Y0.	移动刀具至整圆 $\phi80$ 加工起点 I 处
N150 Z0. F600	
N160 G03 X0. Y40. Z-0.5 R40.	逆时针加工圆弧 $\phi80$ I 点到 J 点，切入 0.5 mm 深
N170 G02 X40. Y0. Z-1. R40.	顺时针加工圆弧 $\phi80$ J 点到 I 点，切入 1 mm 深
N180 G03 X40. Y0. I-40. J0.	由 I 点开始加工整圆 $\phi80$
N200 G00 Z200.	刀具快速退至安全高度
N210 M30	程序结束

参考文献

[1] 王文凯. 数控铣加工技术[M]. 上海：上海科学技术出版社，2011.
[2] 徐世东，侯海华. 数控铣加工项目实践[M]. 杭州：浙江大学出版社，2015.
[3] 涂志标，黎胜容. 典型零件数控铣加工生产实例[M]. 北京：机械工业出版，2011.
[4] 王占平. 图解数控铣镗加工技术[M]. 北京：机械工业出版，2012.
[5] 付晋. 数控铣床加工工艺与编程[M]. 北京：机械工业出版，2009.
[6] 宋凤敏，时培刚，宋祥玲，等. 数控铣床编程与操作[M]. 北京：机械工业出版，2017.
[7] 张亚力. 数控铣床/加工中心编程与零件加工[M]. 北京：化学工业出版社，2011.
[8] 刘蔡保. 数控铣床（加工中心）编程与操作[M]. 北京：化学工业出版社，2011.
[9] 张方阳. 数控铣床/加工中心编程与加工[M]. 北京：清华大学出版社，2010.
[10] 于志德，李兴凯. 数控铣床与加工中心编程及加工[M]. 北京：化学工业出版社，2014.
[11] 吴天林，刘巨栋. 数控铣床/加工中心加工工艺与编程[M]. 北京：机械工业出版，2014.
[12] 孙德英. 数控铣床加工程序编制与应用[M]. 北京：机械工业出版，2014.